だれにでも
わかりやすく
やさしく
やくにたつ

図面って、どない読むねん！ LEVEL00

第2版

現場設計者が教える図面を読みとるテクニック

山田　学 著
Yamada Manabu

日刊工業新聞社

図面はエンジニアの暗号文??

図面を広げて客先の担当者と電話で会話している声が聞こえてきます。
「えーっと、右のほうにある、ガーッと行ってピュッと曲がってるとこがあるでしょ？ヾ(〃°▽°)ノアセアセ…」
電話のように対面して図面を見ながら説明ができないシチュエーションでは、言葉とニュアンスだけで相手に意図を説明しなければいけません。
上記の会話は、一部の地域では通用するかもしれませんが、技術の世界では通用しません。

図面の中には投影図に加えて寸法線や専門用語で書かれた注記、各種製図の作法に則った記号などがちりばめられており、製図の知識をもたない人にとっては、まるで暗号文か宝の地図のように見えてしまいます。
もちろん、設計者はわざと難解で暗号のような図面を描いているわけではなく、言語や文化の違う世界の人たちにでも理解ができるよう、世界共通の伝達手段として、描き手の意思を投影図や文字・記号として正確に読み手に伝えようと努力して図面を描いているのです。

設計者が正しい図面を描いていても、読み手が製図の作法も知らずに勝手な解釈で読み解くと、まるでバラエティー番組の“伝言ゲーム”のように意図する内容が全く違うように解釈されてしまい、正しいモノづくりが行われません。

そう、図面を読むということは、形状を的確に理解し、第三者に表現できる能力が必要なのです。まずは図面にある図形の部分的な要素である基本的な形状の名称や専門用語を知り、製図で使う記号や注記が意味するところまでを知らなければ、“図面が読める”とは言えません。

会社の組織の中で、図面を使って業務を行うのは設計者だけではなく、設計に関係なさそうな担当者までが図面を使って業務を行っています。

図面を使って業務を行う人たちには次のような部門の担当者が該当し、その立場によって図面を見る目的が異なります。

・設計………………… 製品の機能を保証するために寸法基準や公差、材質、表面処理など、品質・安全・環境などを保証し、コストを実現させる
・生産管理………… 加工条件や納期、コスト、得手不得手などから総合的に判断し、社内製作か外注製作の決定、外注の場合、最適な外注先を選定する
・生産技術部門…… 加工法や加工機械の選択、加工工程の設計、治具の必要性、加工コストの見積もり、生産性向上を策定する
・加工部門………… 加工法や加工機械の選択、加工工程の設計、治具の必要性、生産性向上を策定する
・検査部門………… 計測法や計測機器を選択し、効率よい検査を策定する
・品質保証………… 製品の機能を保証するための公差や材質、表面処理などを確認し、品質・安全・環境を保証する
・営業………………… 客先設計者との打ち合わせ、コストの妥当性説明などを行う

製図には誰が描いても読み手が同じように解釈できる、つまり答えをひとつにするためのルールがあります。

ところが現実問題として、企業ごとにより良い図面になるように改定され、その企業独自の〝ローカルルール〟が採用されています。つまり、国家規格である日本工業規格の定めるＪＩＳ製図どおりの図面が世の中に流通しているわけではないので厄介なことです。

さて、ある部品の投影図と寸法線だけを取り出したものを下記に示しました。

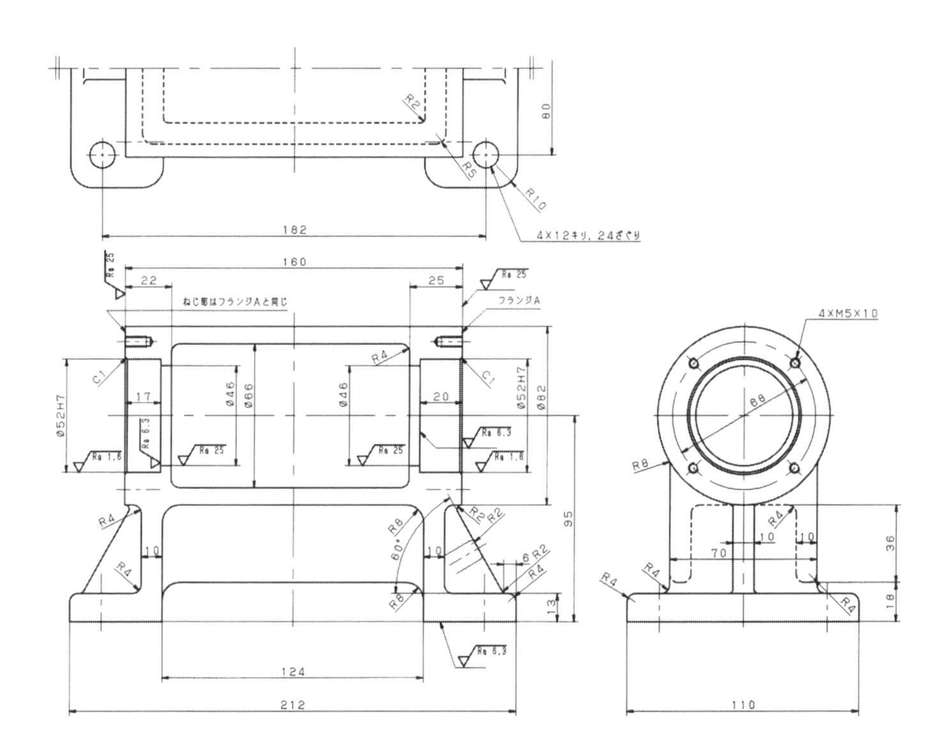

読者の皆さんはこの図を見てどう思いますか？

「寸法線が多いし、いろんな記号があってさっぱり意味わからん！」「どんな形状をした部品なのか想像もできへん！」（ノー"ー）ノ　┫　゜・∵。と叫びたくなりますよね。

図面を読むときに悩む項目は、次のようなものがあります。
「どんな形状なの？」「投影図にある記号は何？」「寸法数値の前後に書いてある記号やアルファベットは何？」「幾何公差の記号ってどういう意味？」などなど、言い出したらキリがないほど、わからないことだらけです。

図面を読み解くということは、投影図と寸法線だけを見るものだと早合点してはいけません。実は、図面には投影図と寸法線以外に、図枠や表題欄があり、それらも大変重要な役割を持ち、図面を読む人に大きなヒントを与えてくれるのです。

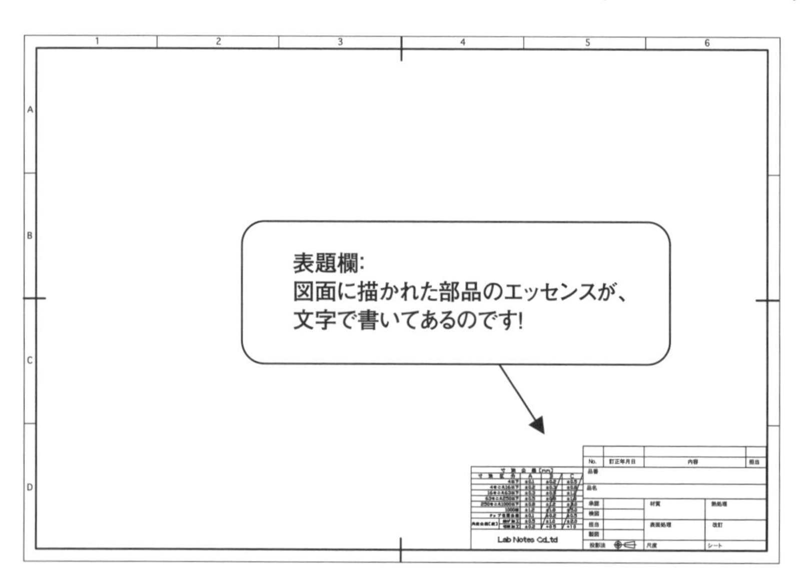

実は、難しい形状や投影図でも、それをひも解くと単純な形状の集合体なのです。先に出た難しそうな図面の立体形状を見てみましょう。その立体形状から要素ごとにパーツを分解してみると単純な形状であることがわかります。

そう、難しい形状だからといって、何も恐れることはないのです。

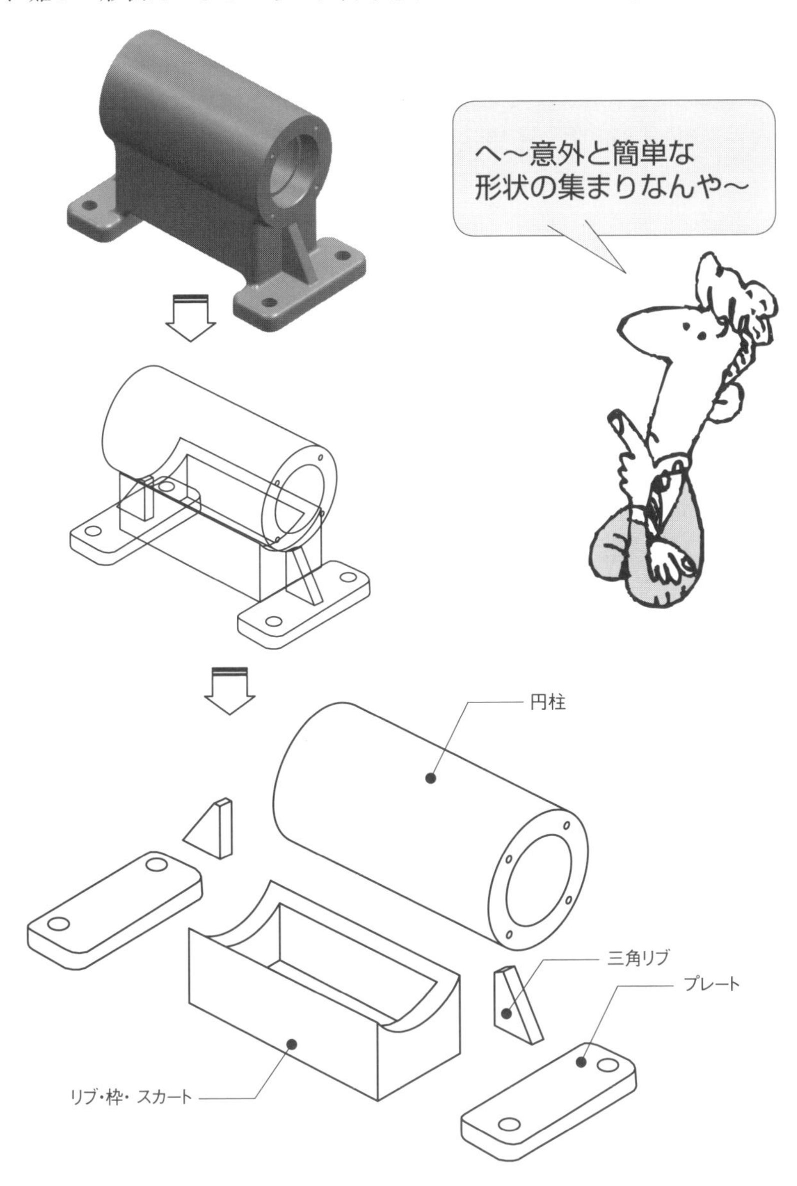

拙著「図面って、どない描くねん！」シリーズの書籍の位置づけを下表に示します。レベル0（図解力・製図力おちゃのこさいさい）、レベル1（図面って、どない描くねん！）、レベル2（図面って、どない描くねん！LEVEL2）は、世界標準であるJIS製図に則り、正確に図面を描くことを目的にした書籍です。しかしながら、ルールブックが全てではなく、ルールにないものは設計者自身で考え、図面に盛り込むことも必要であるとして「図面って、どない描くねん！ Plus＋」があります。本書は、レベル00と最下位番号ながら、実はレベル0〜レベル2に加えて、レベルPlus＋までを含めて、最上位に位置づけされます。ローカルルールも蔓延している設計現場の実情も盛り込み、実務優先に特化した書籍といえます。

本書を活用し、図面によく用いられる用語や投影図、各種記号を理解し、最終的に難しい図面を読み解ける読解力を養っていただきたいと願っています。

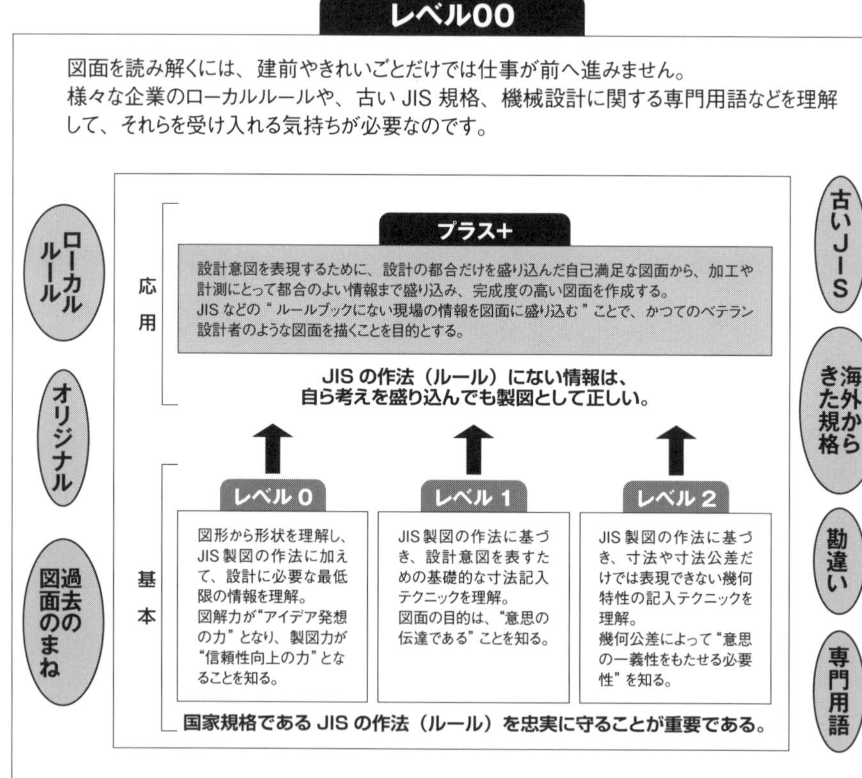

今回、初版から第2版を発刊するにあたって、変更点を説明いたします。

・書籍の流れが理解しづらい構成であったため、初心者がより理解しやすいように知っておきたい情報から順になるよう再構築いたしました。

・JISの改定により新しい記号などが増えたため、それらを反映しました。

読者の皆様からのご意見や問題点のフィードバックなど、ホームページを通して紹介し、情報の共有化やサポートができ、少しでも良いものにしたいと念じております。

「Lab notes by六自由度」
書籍サポートページ
https://www.labnotes.co.jp/

最後に本書の執筆にあたり、お世話いただいた日刊工業新聞社出版局の方々にお礼を申し上げます。

2020年7月

山田学

目次 CONTENTS

第1章

図面を見る前に知っとかなあかんことがあるねん!

図面を見たら、訳のわからん言葉がたくさんあって、何が何だかわからへん!

(ノ≧o≦)ノ ┫゜・∵。

製造業に入社すると、学生時代に使っていた常識や、世間で使われる用語などと異なった言い回しがあります。まずは、図面を見る前に知っておかないといけない単位や用語を学習しましょう。

(*¯∀¯)"b" チッチッチッ

第1章	1	業務プロセスにおける図面

日本の製造業で使われている図面は世界で通用するん？

図面とは

「JIS Q 9000:2015（ISO 9000:2015）品質マネジメントシステム-基本及び用語」によると、図面は文書（document）や仕様書（specification）の1つに定義されています。

また、「JIS Z 8114:1999 製図-製図用語」によると、図面とは、「情報媒体、規則に従って図または線図で表した、そして多くの場合に尺度に従って描いた技術情報」と定義されています。

製図のルール：JIS ≒ ISO

日本で描かれている図面は、JISで制定された製図のルールに従っており、原則としてISOで制定された製図のルールとほぼ同じであると理解してください。したがって、本書で解説する内容は基本、世界標準の製図のルールです。

しかし、JIS製図のルールが100％全ての製造業の図面の内容を網羅しているわけではありません。そのため、その企業独自の記号や言い回し、新旧記号が混在した中で図面が運用されているのが実態です。加えて、いままでの日本の図面には幾何公差がほとんど用いられてきませんでした。2016年より、“グローバル図面”への転換が叫ばれ、現在は大手企業から順に幾何公差を多用する図面に切り替わりつつあります。

製造業で用いられる現場用語や現場の声

JIS（ジス）……Japanese Industrial Standards（日本産業規格）のこと。日本の産業製品に関する規格や測定法などが定められた日本の国家規格。2019年7月1日の法改正により、日本工業規格から名称が変更された。

ISO（アイ・エス・オー）……International Organization for Standardization（国際標準化機構）のこと。ISOはスイスに本部がある非営利の民間機関で、様々な国際規格を制定している。

図面は業務プロセスのどこで使われるん？

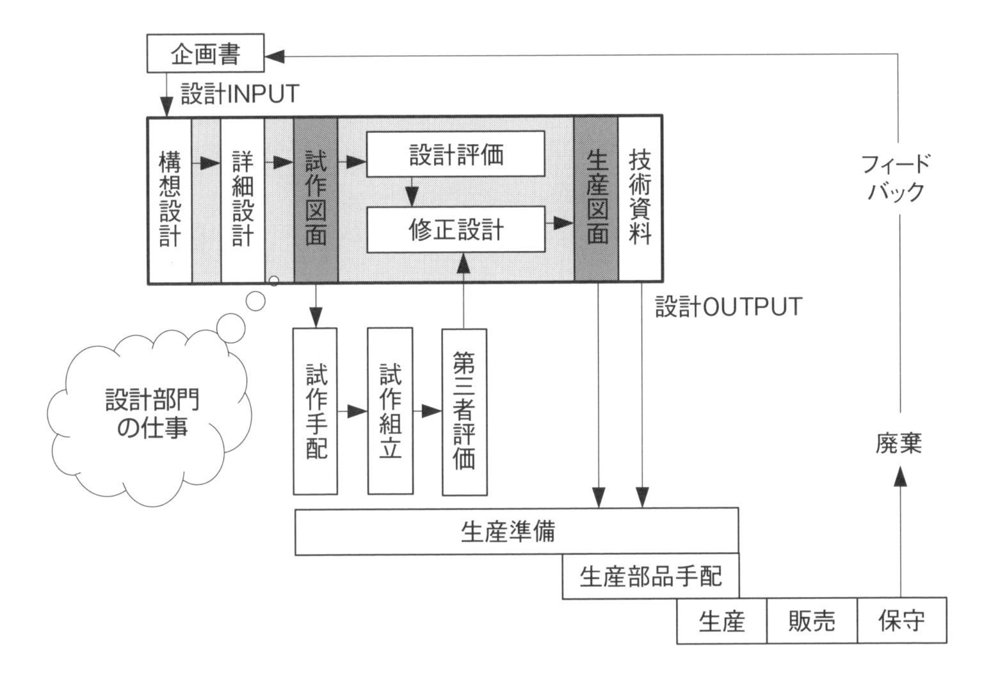

上図は、ISO9001による一般的な「製品開発のライフサイクル」を表しています。

図面は設計工程の中で、試作製品（プロトタイプ）の製作と、本格生産製品の製作の前に出図されます。

後工程の部門では、これらの図面を基に部品を手配・加工/検査・組立を行うのです。

製造業で用いられる現場用語や現場の声

ISO9001……QMS：Quality Management System（品質マネジメントシステム）のこと。顧客満足度を向上させるために、工程ごとの流れや責任元を明確にして、それらを守っていくという、自社独自の業務管理システム。
ISO9001を取得することは企業のステータスになります。工場の壁にかかっている看板や垂れ幕、企業のホームページ、名刺などから「ISO9001取得」という言葉を見つけてみましょう。

図面には何が書かれてんの？

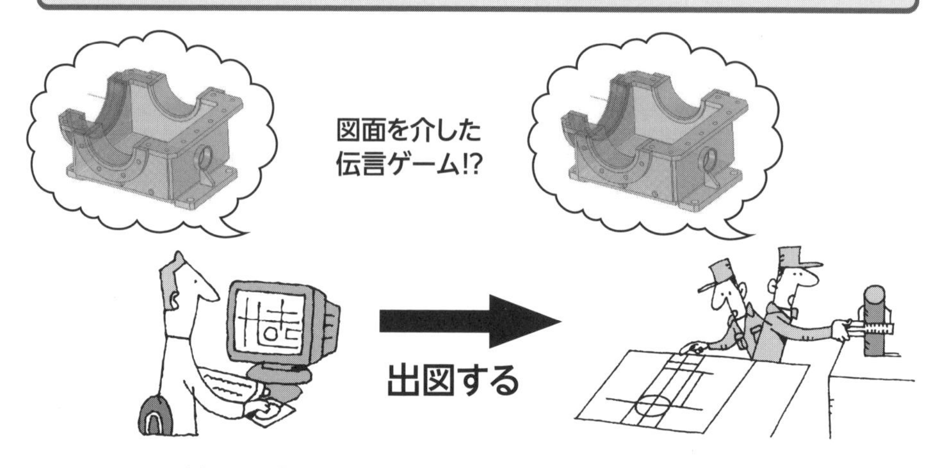

図面の目的は、「設計意図の伝達」です。

図面に書かれている情報を5W1H式でまとめてみましょう。

5W1H	情報の内容	情報の場所
When（いつ）	図面作成日／図面変更日	表題欄／改正記事欄
Where（どこで）	企業名（図面製作元）	
Who（誰が）	製図担当者／承認者など	
What（何を）	投影対象物	投影図、寸法
Why（なぜ）	変更理由	改正記事欄
How（どのように）	加工方法／検査方法など	各種記号（ねじ記号や表面粗さ記号、溶接記号など）、寸法の公差、注記

製造業で用いられる現場用語や現場の声

出図（しゅつず）……設計部門から後工程（購買や調達部門…試作や量産部品を手配する部署）へ承認された図面を提出すること。
設計部門は、この出図日程を守るべく日夜設計作業を進めていきます。
出図日は設計部門にとって最も大きなイベントの一つです。

第1章	2	図面の様式や書式

図面に使う単位にはどんなものがあるのん？

大きさや位置……mm（ミリメートル）
角度……　°（度）　′（分）　″（秒）
表面粗さ…μm（マイクロメートル ← ミクロンと同じ）

図面に使われる単位は、上記に示す5種類です。
換算の例を紹介しましょう。

1m（100cm）	→	1000mm
10cm	→	100mm
1mm	→	1000μm
0.1mm	→	100μm
0.001mm	→	1μm
1°（度）	→	60′（分）
1′（分）	→	60″（秒）

製造業では、10cmのことを「ヒャク（100mm）」、1mのことを「セン（1000mm）」っていうんや！

製造業で用いられる現場用語や現場の声

SI単位……International System of Units（国際単位）のこと。世界標準として長さはm（メートル）を使います。しかし製造業ではmの1/1000であるmm（ミリメートル）を標準として使用します。

公差の度合い……ベテラン設計者やベテラン加工者ほど、昔ながらの言い方をします。次の言葉の意味を理解しておきましょう。

「100分台（ぶんだい）でええんか？」……1/100mm台、つまり10～数10μmのこと

「1000分台で仕上げなあかんのか？」……1/1000mm台、つまり数μmレベルのこと

φ(@°▽°@) メモメモ

公差に使われる数値の単位

寸法公差として指示される数値も、寸法数値と同様に単位「mm（ミリメートル）」が使われます。特に精度の高い公差値になると、ゼロがたくさんついてイメージしにくくなります。

また、設計者など他の技術者と、例えば「20±0.005」という公差数値について話をするとき、設計者は、「にじゅう、プラマイ、5みくろん」ということが多いと思います。そう、わざわざ「プラマイ、れいてんゼロゼロ5」のように言葉で発するとイメージしにくいためです。

※「ミクロン」と「マイクロメートル」は同義語ですが、国際単位系では、「マイクロメートル」が正しい呼び方になります。

図面を見慣れない人にとって、「mm（ミリメートル）」と「μm（マイクロメートル）」の切りかえが難しいと思います。

下記に、変換表を示します。イメージとして覚えることからはじめてください！

・長さ寸法や表面粗さに使われる単位

寸法に使われる ↓　　表面粗さに使われる ↓

メートル (m)	センチメートル (cm)	ミリメートル (mm)	マイクロメートル (μm)
1	100	1000	(無意味なため省略)
0.1	10	100	
0.01	1	10	
(無意味なため省略)	0.1	1	1000
(無意味なため省略)		0.1	100
		0.01	10
		0.001	1

・角度寸法に使われる単位

度(°)	分(′)	秒(″)
1	60	3600
0.8	48	(無意味なため省略)
0.5	30	
0.1	6	
(無意味なため省略)	1	60

図面に使う用紙はどんな種類があるん？

呼び	短辺×長辺
A0	841×1189
A1	594×841
A2	420×594
A3	297×420
A4	210×297

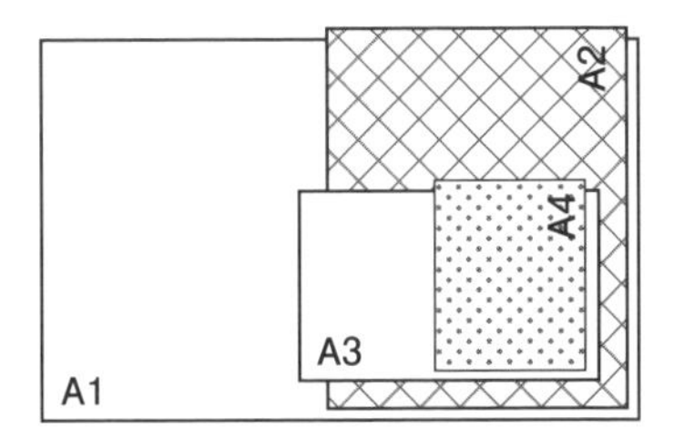

図面用紙の大きさは、A列（A-series）のうち、A0～A4までの5種類を標準として使用します。

数値が小さくなるに従い、面積が2倍になって大きくなります。

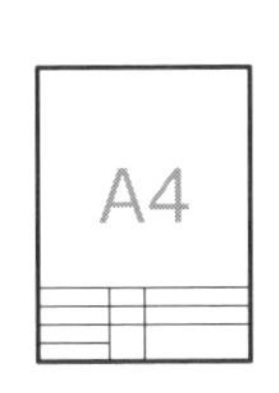

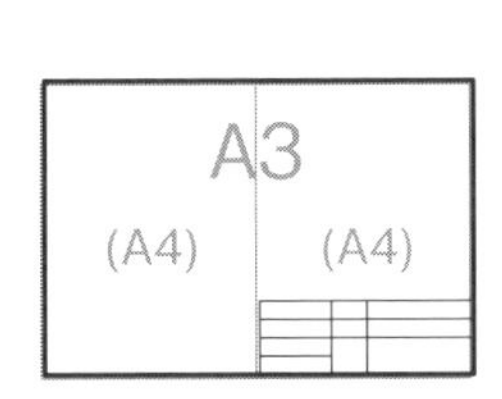

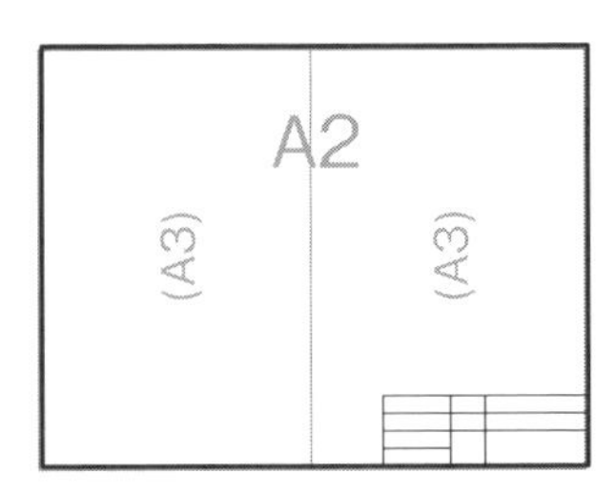

世の中にはA列の大きさの紙がたくさん使われています。

一般的にコピー用紙で最もよく使われるのがA4サイズで、その次がA3サイズになります。

ちなみに、A2サイズは、新聞紙の片面より少し大きいサイズ、A1サイズは、新聞紙の両面より少し大きいサイズになります。

本書はA4の半分のサイズなのでA5です。A5の半分が文庫本のA6サイズです。

■D(￣ー￣*)コーヒーブレイク

コピー機の倍率

A4とA3では２倍の面積差があるので、図面を拡大、あるいは縮小コピーする場合に、200%、あるいは50%と設定してしまいがちですが、実は右図のように長辺同士、あるいは短辺同士の長さ比較になりますので、141%、あるいは70%で倍率設定をしなければいけません。

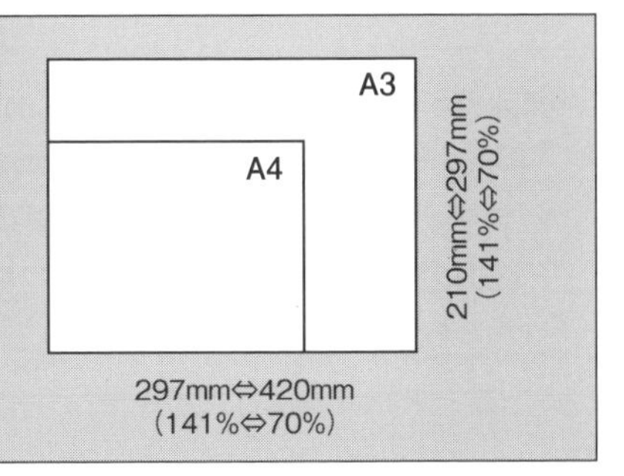

図面を紙で提出するときって、どない折ったらええのん？

ひえ～
客先からプリントアウト
した図面を送れって
言われたけど、変な折り方
したら失礼に当たるかな～
表題欄が表に出るように
折るのが基本や！

最近ではCADデータをPDF（電子文書のためのフォーマット）に変換して、関連部門などに電子メールに添付して送付することが多いのですが、複写図を客先などに郵送したり手渡ししたりする場面も必ず発生します。

JISに図面の折り方が参考として記載されています。

その時に悩むのが、大きな図面の折り方、図面が汚れないように印刷面を内側に折りたくなるのですが、図面に限っては印刷面を外側に向け、最終的に表題欄が見えるように折るのです！

JISに図面の折り方が参考として記載されています。

図面の折り方には次の3種類があります。

・基本折り……複写図を、一般的に折りたたむ方法
・ファイル折り……複写図を、綴じ代を設けて折りたたむ方法
・図面袋折り……複写図を、主に綴じ穴のあるA4の袋の大きさに入るよう折りたたむ方法

基本折り

単位 mm

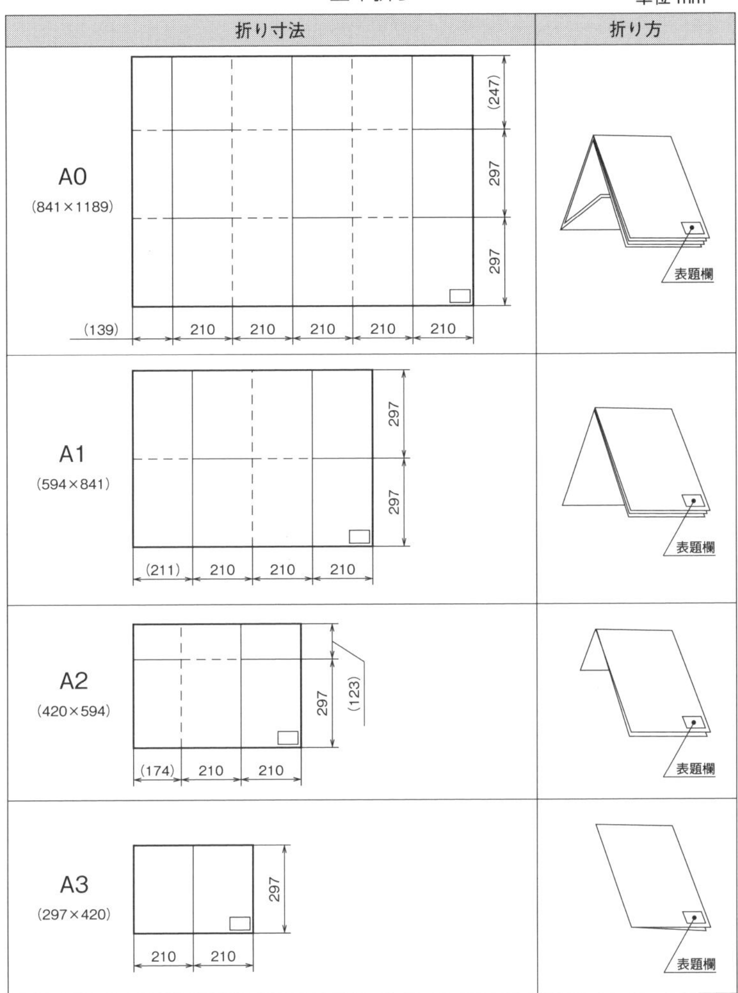

図面の表題欄は、全ての折り方について、最上面の右下に位置して読めるように折ります。

実線は山折り、破線は谷折りを示します。

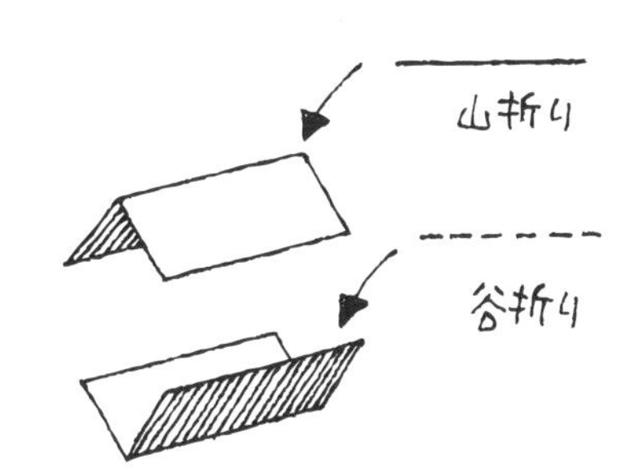

図面の書式に決まりごとがあるん？

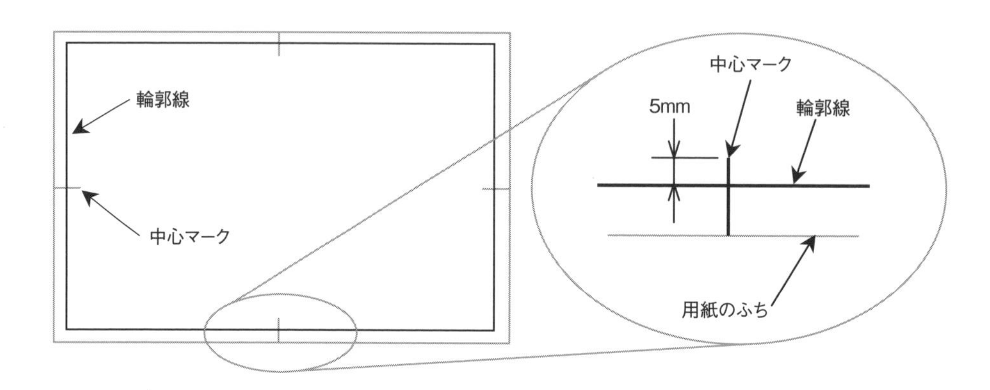

製図用紙の縁（ふち）は使用しているうちに破れなどの破損が生じやすいため、図面に輪郭線が設けられています。

輪郭線はA0サイズとA1サイズは4周をそれぞれ20ｍｍあけて描き、A2～A4サイズは4周をそれぞれ10ｍｍあけて描かれます。ただし、とじ代を設ける必要のある場合は、A2～A4サイズにおいて図面を見る方向から見て左端のみ20mmあけて描かれます。

また、図面をマイクロフィルムに撮影したり、複写したりするときの便宜のため、図面の各辺の中央に太い実線で中心マークをつけると決められています。

電話で図面の問い合わせや質問するときにどうやって説明したらええん？

実際の現場で発生するシチュエーションとして、取引先から図面に関する問い合わせの電話があり、互いに同じ図面を見ながら声の会話だけで説明しなければいけない状況を想定してみましょう。

この場合、相手が目の前にいないため、「図面のココがこうなんです」というように指をさして説明することができません。そのためにどこの部分のことなのか、どの形状のことを話しているのかを正確に伝えなければ、それ以降の話が前へ行きませんし、もしかしたら相手が違う部位を見て、話がかみ合わないまま、誤解して作業してしまう危険性もはらんでいます。

φ(@°▽°@) メモメモ

図面を見るときの決まりごと

図面に示されている要素の正しい言葉を知らなければ図面について応答ができません。説明したい部分の場所や線の種類、形状を明確に相手に伝える必要があります。それらを明確にするのが、格子参照方式であり、線の種類であり、形状の名称なのです。

輪郭線の外にあるアルファベットと数値はなんなん？

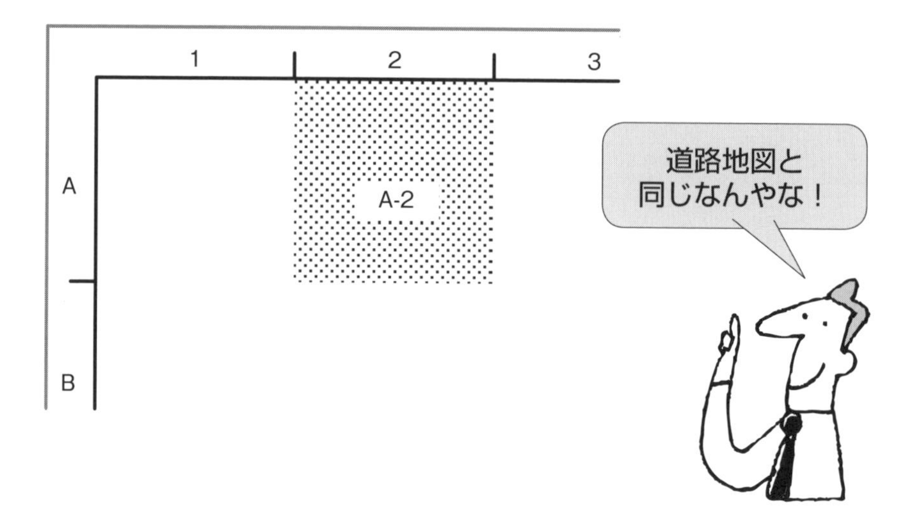

輪郭線の外側に図面上の区画分けを表す格子参照方式（こうしさんしょうほうしき）と呼ばれる記号があり、一般の道路地図でも利用されている方式です。

図面を正面から見て左から横の辺に沿って1・2・3とアラビア数字を、また縦の辺に沿ってA・B・Cと大文字アルファベットが割り当てられ、それらが交差する四角い領域をアルファベットと数字を組み合わせて、例えば「Aの2のエリア」と呼びます。

図面には、説明を
しやすくするための
工夫が施されてるんやで！

φ(@°▽°@) メモメモ

格子参照方式が記載されていない図面を使っている企業も存在します。

図面に使う線の種類にはどんなんがあんのん？

実線（じっせん）	⇨ 太い実線	―――――――
	⇨ 細い実線	―――――――
破線（はせん）	⇨ 太い破線	- - - - - - -
	⇨ 細い破線	- - - - - - -
一点鎖線（いってんさせん）	⇨ 太い一点鎖線	―-―-―-―
	⇨ 細い一点鎖線	―-―-―-―
二点鎖線（にてんさせん）	⇨ 細い二点鎖線	―--―--―

図面で使う線は、上記の4種類に対して極太線（ごくぶとせん）と太線（ふとせん）、細線（ほそせん）を組み合わせた計7種類の線を使い分けます。

ふとせん、
ほそせんって、
べたな言い方
するんやな～

それから、
破線のことを
点線っていうたら
あかんで！

■D(¯ー¯*)コーヒーブレイク

点線（てんせん）

JIS Z 8114で規定する線に関する用語の中に点線という種類があります。点線とは、「ごく短い線（点をイメージ）の要素をわずかなすき間で並べた線」と定義されます。機械図面に使うことはありません。したがって、点線とは呼ばずに破線と呼ぶように注意しましょう。

点線の例）　・・・・・・・・・・・・・・・・・・・・・・・・・・・

図面に使う線はどんな意味をもってるん？

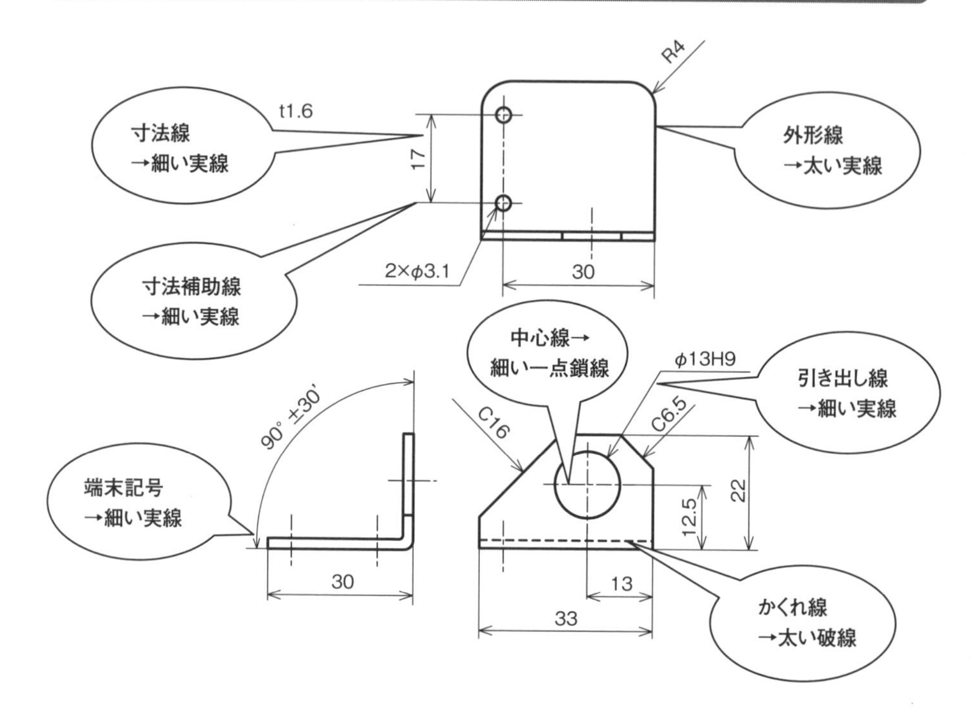

形状を表す投影図の線は、実際に見えるものを太い実線で、かくれた線を太い破線（あるいは細い破線）で表します。

その他、特殊な例として、次のように使う場合もあります。

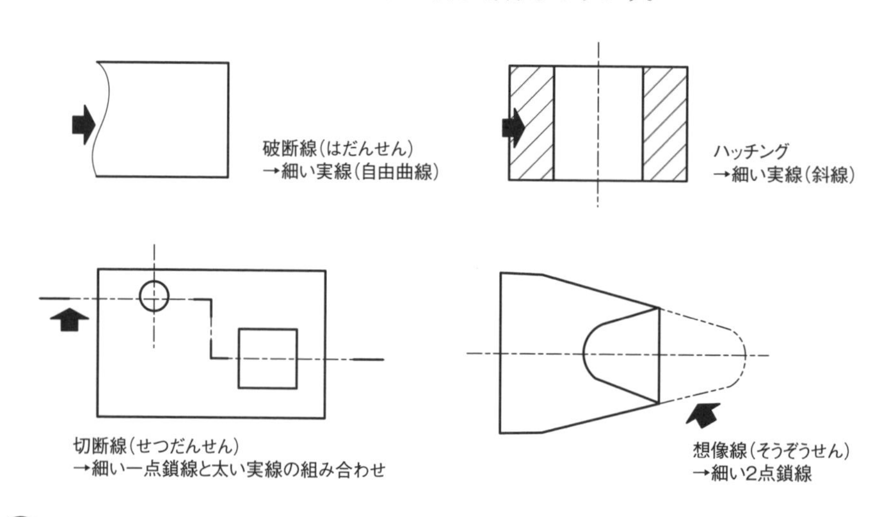

第1章 | 3 |

基本的な図形の名称

図形の名称にはどんなんがあったっけ？

図形（ずけい）

図形とは、点・線・多角形・円・円錐曲線・球・多面体などの幾何学に使われる要素を使って描き表された図のことである。

まずは、2次元の図形の名称について復習しましょう。

1）多角形（たかくけい）

正三角形

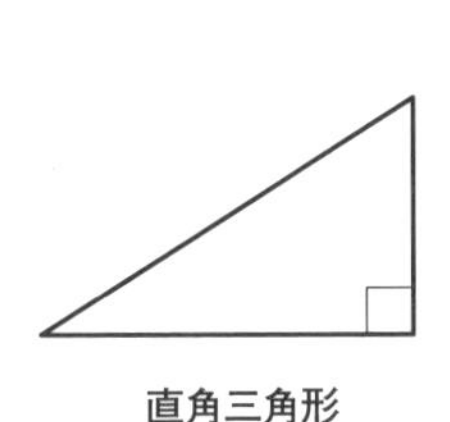
直角三角形

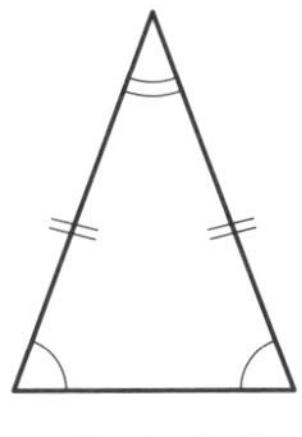
二等辺三角形

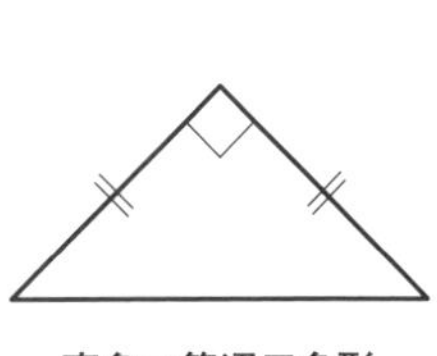
直角二等辺三角形

多角形とは、平面上にある線分によって閉じた領域を表す図形のことです。製図で用いられる代表的な多角形は、三角形、四角形、六角形などがあります。

①**三角形（さんかくけい）**・・・同一平面上にある3本の直線で囲まれた図形です。

- 正三角形（せいさんかくけい）・・・3つの辺の長さが等しく3つの内角が全て60°である三角形。
- 直角三角形（ちょっかくさんかくけい）・・・一つの内角が直角（90°）である三角形。
- 二等辺三角形（にとうへんさんかくけい）・・・3つの辺のうち、2つが同じ長さをもつ三角形。
- 直角二等辺三角形（ちょっかくにとうへんさんかくけい）・・・2つの辺が同じ長さをもつ直角三角形。

②**四角形（しかくけい）**・・・同一平面上にある4本の直線で囲まれた図形です。

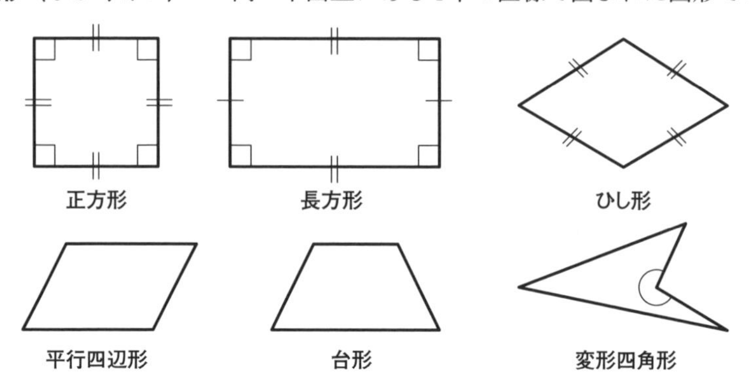

・正方形（せいほうけい）・・・4つの辺の長さが等しく、4つの内角がそれぞれ90°の四辺形。正四角形ともいいます。
・長方形（ちょうほうけい）・・・4つの内角がそれぞれ90°の四辺形。長方形の一種に正方形があります。4つの角度がすべて等しい形状を矩形（くけい）とも呼びます。
・ひし形（ひしがた）・・・4つの辺の長さが等しい四辺形。
・平行四辺形（へいこうしへんけい）・・・二組の対辺が平行である四辺形。
・台形（だいけい）・・・1組の平行な対辺をもつ四辺形。
・変形四辺形（へんけいしへんけい）・・・180°を超える内角をもつ四辺形。

③**その他の多角形**

・五角形（ごかくけい）・・・同一平面上にある5本の直線で囲まれた図形。
・六角形（ろっかくけい）・・・同一平面上にある6本の直線で囲まれた図形。機械分野ではボルトの頭や棒材に使われ、比較的使用頻度の多い形状です。
・八角形（はちかくけい）・・・同一平面上にある8本の直線で囲まれた図形。

2）円形（えんけい）

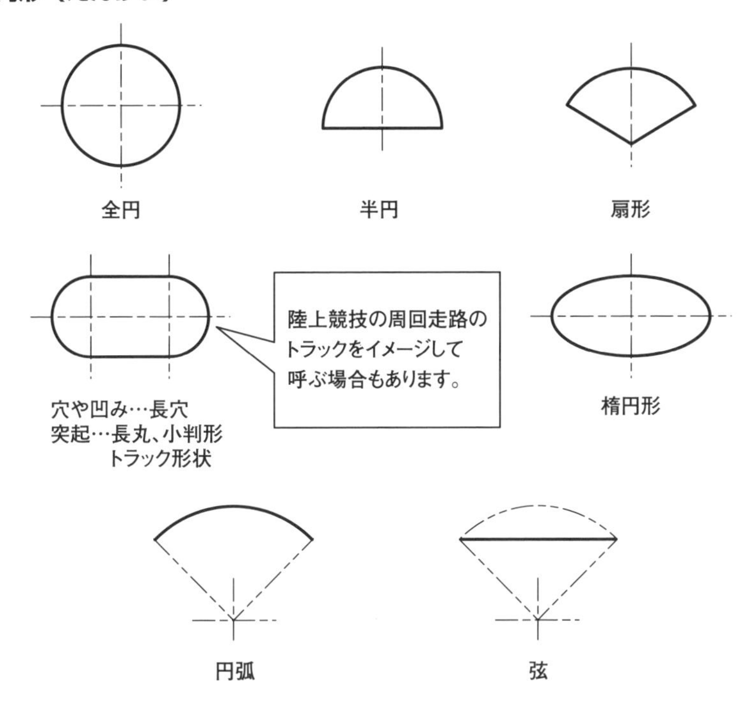

円形とは、平面上のある点から等距離の点の集合によって表す図形のことです。製図で用いられる代表的な円形に関連する形状は、全円、半円、扇形、円弧、弦などがあります。

・全円（ぜんえん）・・・欠けた部分のない円形。

・半円（はんえん）・・・円を二等分したものの片方。

・扇形（せんけい・おうぎがた）・・・扇を開いたような形状。

・長穴（ながあな）・・・穴のように貫通あるいは陥没している場合は長穴（ながあな）と呼びます。突起形状に対して最適な読み方がなく、設計者でもハテナ？と首を傾げてしまうほどです。そこで突起形状を表す意味で“長丸（ながまる）”や“小判型（こばんがた）”、“トラック形状”と表現する場合があります。

・楕円形（だえんけい）・・・全円を少し押しつぶした形状。

・円弧（えんこ）・・・円周の一部である曲線。

・弦（げん）・・・円周の曲線上の２点を結ぶ直線。

参考として図の隅に立体形状（3Dモデル）が配置される場合があります。3次元空間上に存在する基本形状についても復習しておきましょう。

3）六面体（ろくめんたい）

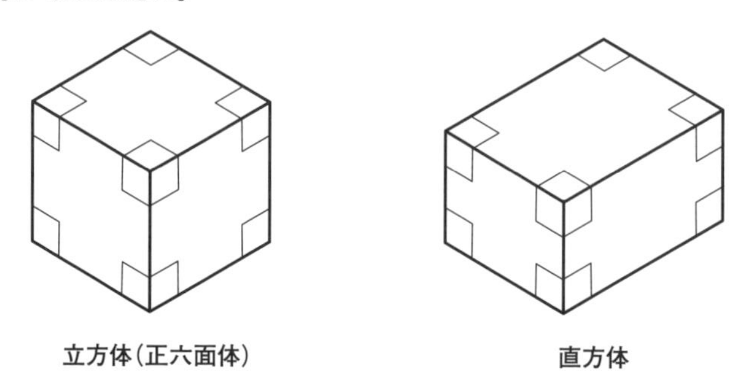

立方体（正六面体）　　直方体

六面体とは、サイコロのように6枚の平面で囲まれた図形です。設計で用いられる代表的な六面体に関連する形状は、立方体、直方体などがあります。

・立方体（りっぽうたい）…6面全てが正方形で囲まれ、隣り合う面が直角に交わる立体形状。正六面体とも呼びます。
・直方体（ちょくほうたい）…6面全てが長方形で囲まれ、隣り合う面が直角に交わる立体形状。直方体の一種に立方体があります。

4）柱体（ちゅうたい）

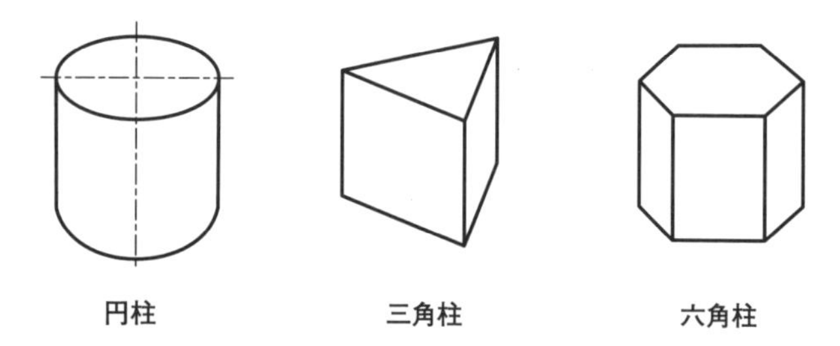

円柱　　三角柱　　六角柱

柱体とは、ある面とそれに対向する面に合同な平面形状をもつ筒状の図形です。設計で用いられる代表的な柱体に関連する形状は、円柱、六角柱などがあります。

・円柱（えんちゅう）‥対向する2面に円形をもつ立体形状。
・三角柱（さんかくちゅう）…対向する2面に三角形をもつ立体形状。
・四角柱（しかくちゅう）…対向する2面に四角形をもつ立体形状。六面体と同じ意味となります。
・六角柱（ろっかくちゅう）…対向する2面に六角形をもつ立体形状。

5）錐体（すいたい）

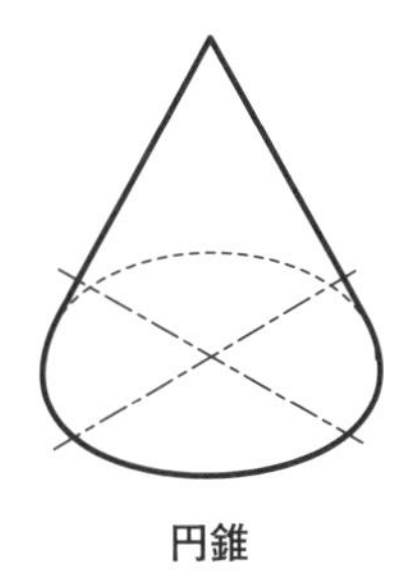

円錐

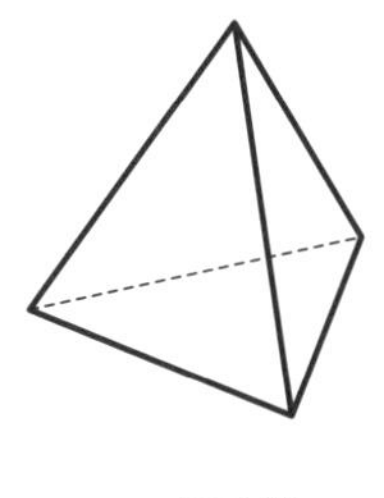

三角錐

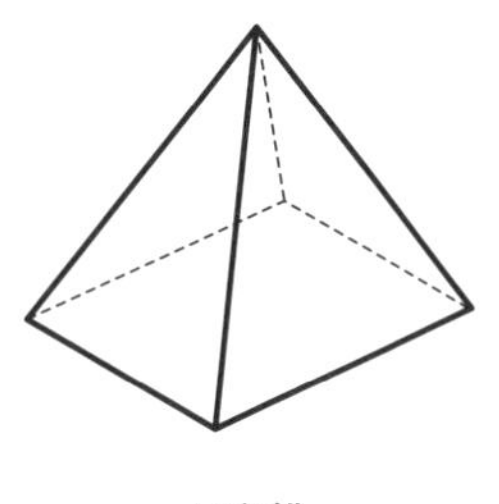

四角錐

錐体とは、多角形や円形など囲まれた形体の全ての点から平面外にある一点を結んだ図形です。設計で用いられる代表的な錐体に関連する形状は、円錐、角錐などがあります。

・円錐（えんすい）･･･円形の円周上にある全ての点と円形外にある一点を結んだ立体形状。
・三角錐（さんかくすい）･･･三角形の線上にある全ての点と円形外にある一点を結んだ立体形状。
・四角錐（しかくすい）･･･四角形の線上にある全ての点と円形外にある一点を結んだ立体形状。

6）球体（きゅうたい）

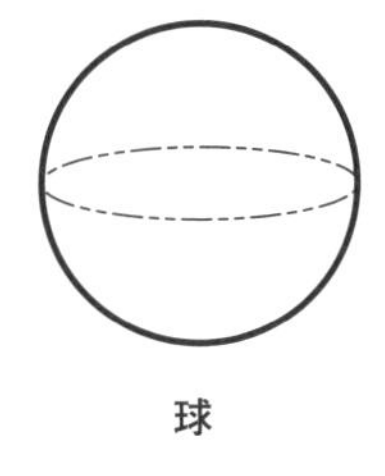

球

半球

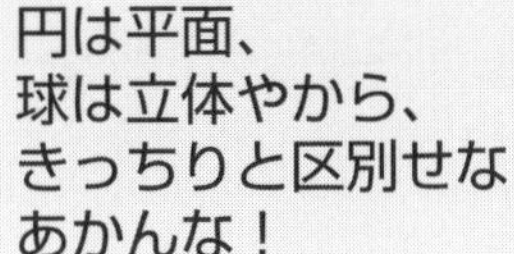

円は平面、
球は立体やから、
きっちりと区別せな
あかんな！

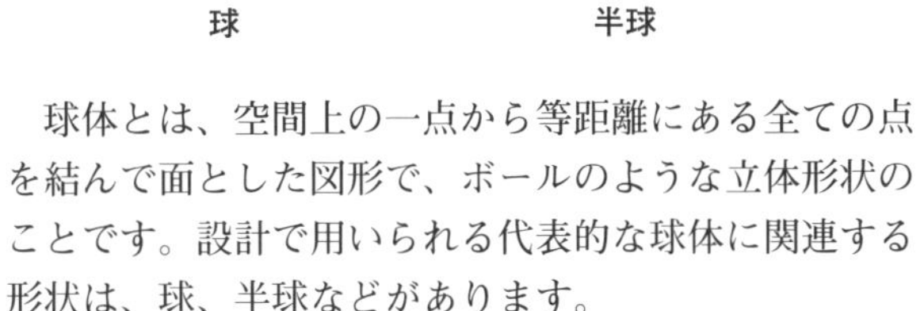

球体とは、空間上の一点から等距離にある全ての点を結んで面とした図形で、ボールのような立体形状のことです。設計で用いられる代表的な球体に関連する形状は、球、半球などがあります。

・球（きゅう）･･･上記説明に同じ。
・半球（はんきゅう）･･･球を二等分したもの。

第1章	4	現場で多用する形状の専門用語

現場で多用する形状の専門用語

フランジ?ボス?リブ?…はぁ?

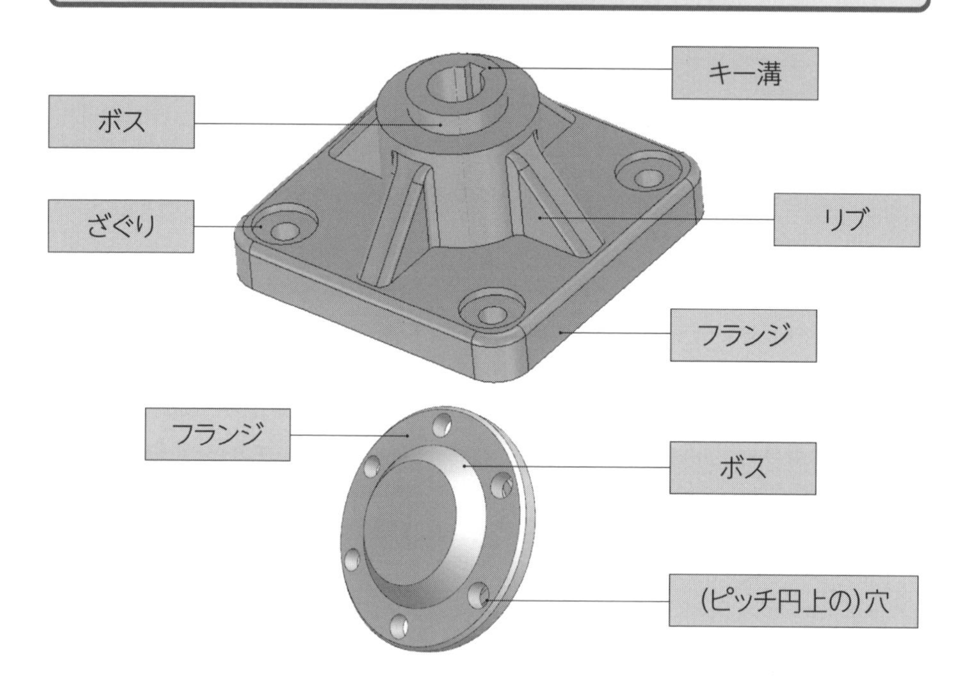

第2章で説明する「部品名称」になることはほとんどありませんが、その形状に由来する独特の名称が設計や加工の現場で多用されます。

部位の名称	その意味
フランジ	円筒形状や四角い形状の取り付けを目的として張り出したツバのような形状。
ボス	主に円筒形状の突出部分。四角い形状の突出部もボスというときがある
リブ	肉厚を増やすことなく剛性や強度アップを目的にした補強部分。
キー溝	軸とその他の部品の回転ずれを固着するための鍵穴形状の溝。
ざぐり	ボルトやナットの座面をきれいに仕上げたり、ねじ頭を隠したりする円形の凹み。
(ピッチ円上の)穴	取り付け穴やねじなどを円周上に配置した穴のこと。 ピッチ円については第5章(P.90)で説明します。

φ(@°▽°@) メモメモ

キー溝

キー溝とは、軸と穴にまたがって挿入するキーを収める溝のことです。軸に加工するものと歯車などの穴に加工するものがあります。

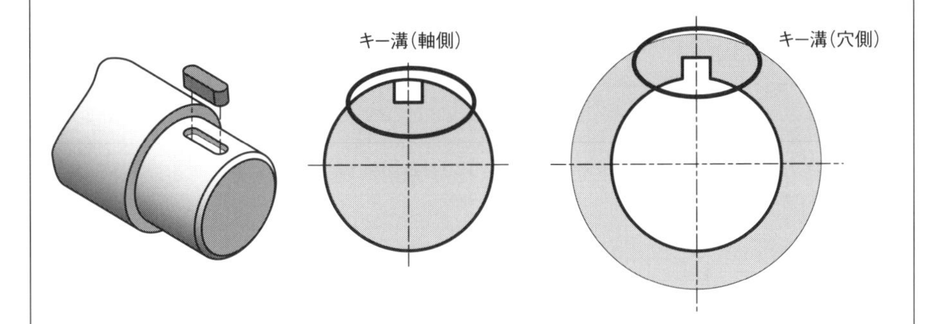

軸径によってを使用するキーの目安がJISで決まっています。軸径20mmの場合、下記のような寸法関係となります。

205ページの歯車の図面は、キー溝の穴は軸が挿入される穴の下端からキー溝の上端までを指示した例で、下図の指示例と合わせて、キー溝の寸法記入はこれら2種類が一般的に指示されます。

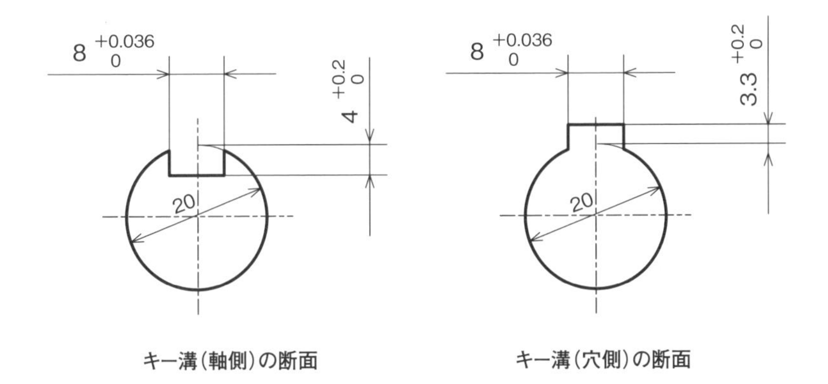

キー溝（軸側）の断面　　キー溝（穴側）の断面

φ(@°▽°@) メモメモ

板金の形状の呼び方

板金部品とは、薄板を加工して製作されたものをいいます。その形状の特徴から板金特有の呼び方があります。

・**平板（ひらいた）**（曲がりのない板）
プレートとも呼ばれます。

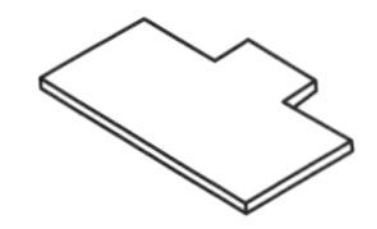

・**アングル**（一方が直角に曲がった板）
L字曲げとも呼ばれます。

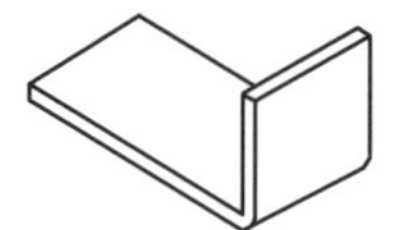

・**チャンネル**（両方が直角に曲がった板）
コの字曲げとも呼ばれます。

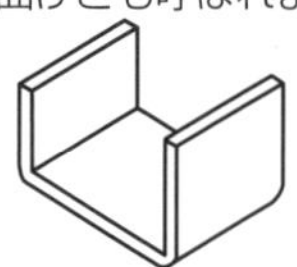

・**U字曲げ**（曲げ部がU形状の板）

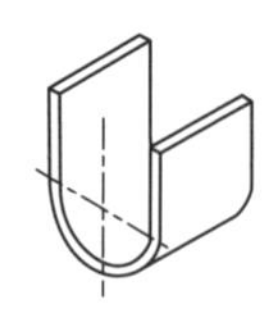

・**Z曲げ**（反対に2回曲げした板）

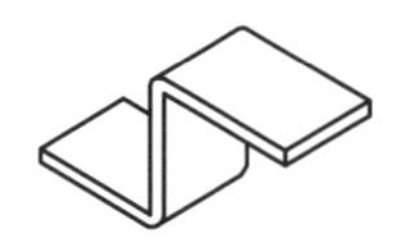

・**鋭角曲げ**（平板から90°以上曲げた板）

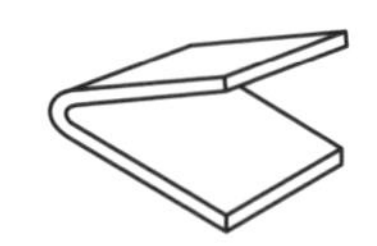

・**ヘミング**（曲げ部を折り返した形状）

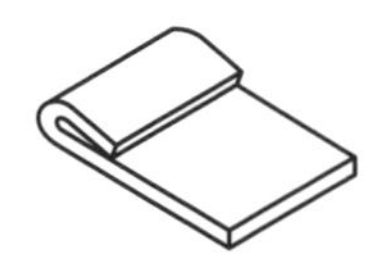

・**打ち抜き穴**（板金に開いた穴のこと）

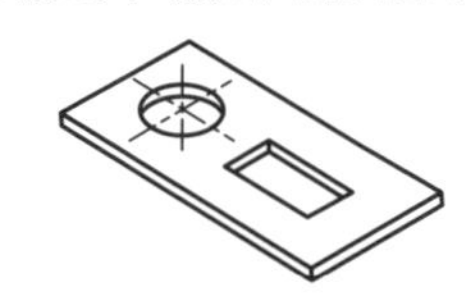

・**切り欠き**（板金に開いた狭い溝のこと）

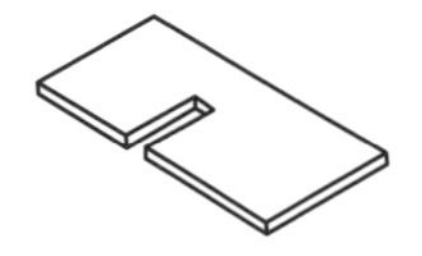

・**ダルマ穴**（大小の円を連結した穴）

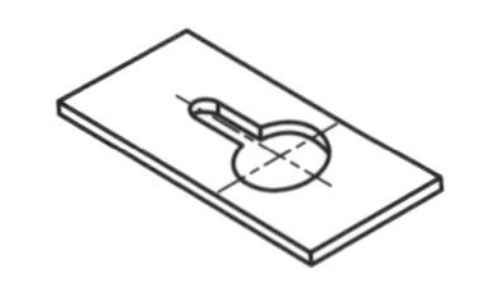

・**Dカット**（D型の抜き穴）
軸の回り止めなどに使用する。

・**ダブルDカット**（2直線を持つ円弧穴）
軸の回り止めなどに使用する。

第2章

図面を読み解くヒントは表題欄にあるねん!

図面を見ると目が泳いでしまって、
どこの何を見ればいいのか訳わからへん!

(ノ≧ο≦)ノ ┤゜・:.。

目が泳ぐ前に、表題欄から情報を得ましょう。
これらの情報を得たうえで図面を見ると
少しは見やすくなるはずです。

(*￣∀￣)"b" チッチッチッ

第2章	1	表題欄の情報から イメージする

図面はどうやったら読めるようになるの？

機械図面は、投影図の実形を、外形は「太い実線」で、かくれ線は「太い（細い）破線」で描かれています。寸法線は「細い実線」で描かれますので、線の“太い細い”で投影図はある程度見極めることが可能です。

しかし、CADの画面上ではきれいに線の太さが区別されていても、紙に印刷する段階でプリンタの性能や仕様によって、線の“太い細い”の区別がつきにくくなる場合がよくあり、図形を読み取る際の障害になります。

見分けがつきにくい投影図をいきなり探さなくても、投影図以外に図形をイメージすることを助けてくれる情報を利用するとよいでしょう。

その情報とは、表題欄に記載されている部品名称であり、材質であり、図面サイズと尺度の関係です。

これらの情報を活用しない手はありません。投影図を理解する前に次の手順を経ることで、図面が読み解きやすくなります。

①部品名称　→　②材質記号　→　③図面サイズと尺度　→…→　④投影図

イメージを膨らませて…

具体的な機械図面のサンプルを見てみましょう。

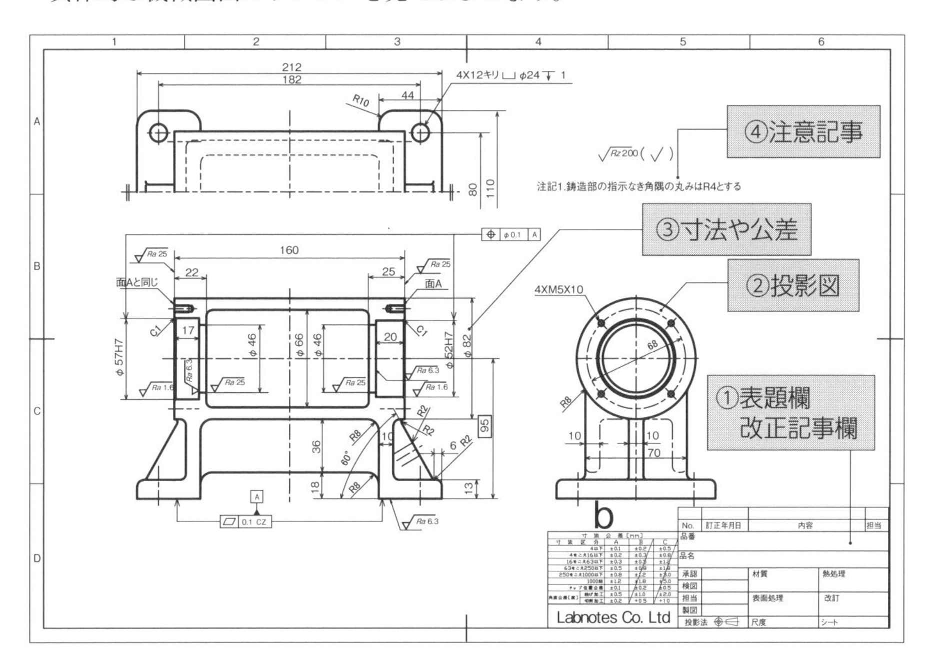

ベテラン設計者など図面に慣れ親しんでいる人は、いきなり投影図や寸法を見て、それがどんな部品であるかを瞬時にイメージできます。

しかし、図面に慣れてない人は、目が泳いでしまって、どこから読み解いてよいのかわからなくなります。

そこで、次の順序でイメージを膨らませるとよいでしょう。

①表題欄／改正記事欄……事前情報を得ておく
②投影図……部品の形状をイメージする
③寸法や公差……部品の大きさや要求する精度（加工の難しさ）を知る
④注意記事……加工や計測など注意すべき点などの情報を得る

製造業で用いられる現場用語や現場の声

「注意記事」のことを、「注記」や「記事」と書く企業もあります。

表題欄にはどんな情報が書かれてるん？

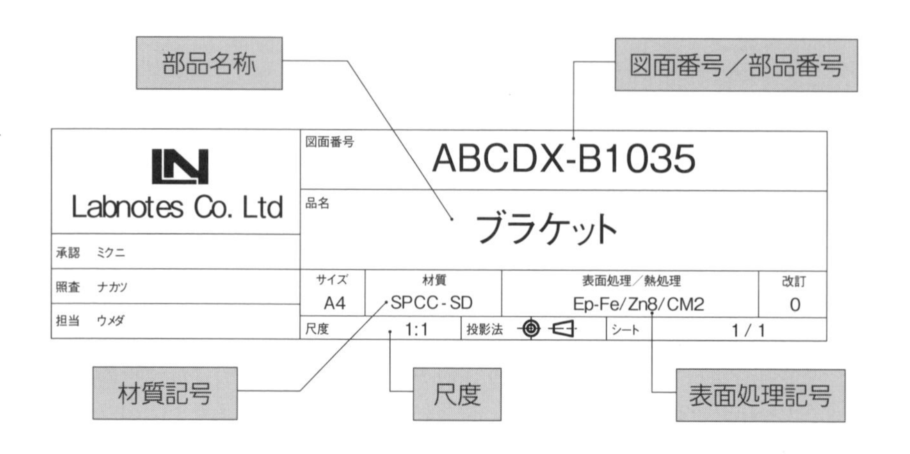

表題欄の書式は、JISで規定されていません。

そのため、会社ごとに表題欄の中のレイアウトや記入する項目にばらつきがあると思ってください。

一般的に表題欄には、次のような項目を記載します。

- 投影法
- 版数（はんすう）
- 部品（図面）番号
- 表面処理の記号
- 設計担当者の名前
- 承認者の名前
- 企業名
- 3D モデル No.
- 尺度（しゃくど）
- 部品名称
- 材料記号
- 製図者の名前
- 検図者の名前
- 日付
- 普通許容差
- 単位

最近は、3Dモデルデータの番号も書くときあるで！

表題欄

製造業で用いられる現場用語や現場の声

「図面番号/部品番号」のことを、「図番」や「部番」という企業もあります。
「尺度」のことを、「スケール」という企業もあります。
「表面処理」は、装飾や錆止めを目的とした「めっき」と、表面を硬くする「熱処理」に大別されます。熱処理のことを「焼入れ」という人もいます。

図面番号や部品番号ってなんなん？

企業によって、部品番号と呼んだり図面番号と呼んだりすることがあり、どちらも同じ意味で使われることが多いといえます。その企業の中で唯一の番号です。

そのため、部品手配した際に入荷したのか、あるいは在庫があるのかを管理するための番号となります。

代表的な加工方法を知る

部品って、どうやって作ってるん？

部品の形状に合わせて、加工性やコスト、寸法や形状の精度を考慮して、最適な加工方法で部品は作られます。

1）加工の方法と種類

代表的な加工の方式と種類を示します。

加工法	加工の種類	イメージ
切削（せっさく）加工	・旋盤（せんばん）加工 ・フライス盤加工 ・ボール盤加工 ・研削盤（けんさくばん）加工 ・ブローチ盤加工	
塑性（そせい）加工	・せん断加工（シャーリング） ・打ち抜き加工（パンチング） ・曲げ加工（ベンディング） ・引き抜き ・鍛造（たんぞう） ・絞り（しぼり）	
成形（せいけい）加工	・鋳造（ちゅうぞう） ・ダイカスト ・射出成型（しゃしゅつせいけい）	
特殊（とくしゅ）加工	・放電（ほうでん）加工 ・レーザ加工 ・電子ビーム加工	
接合（せつごう）加工	・溶融（ようゆう）接合 ・液相（えきそう）接合 （ろう付け、はんだ付け） ・圧接（あっせつ） ・接着（せっちゃく）	母材 母材

2) 旋盤加工

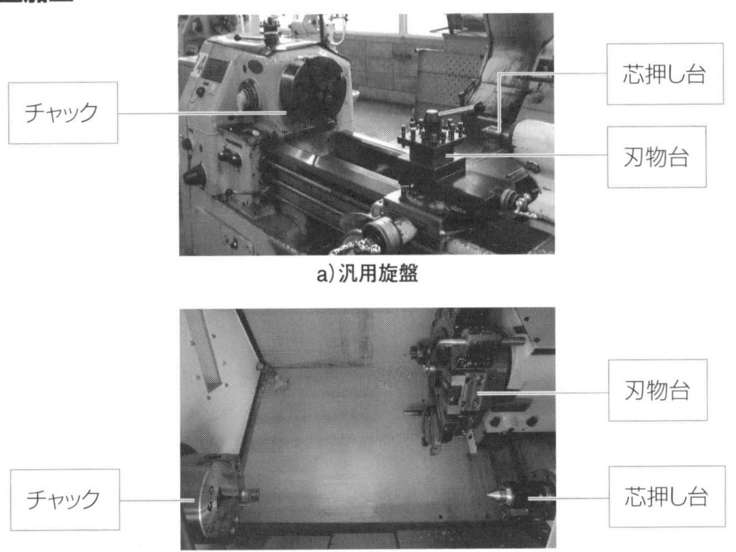

a) 汎用旋盤

b) NC 旋盤（またはターニングセンタ）

旋盤は、主に円筒軸の外径や内径、円筒溝、ねじなどを加工することができ、数値制御できるNC旋盤（またはターニングセンタ）はひょうたん形状や球のような自由曲面加工もできます。

旋盤は、作業者から見て左側に材料を固定するチャック、右側に刃物を固定する刃物台、チャックの正面に同軸上に配置された芯押し台がある構造となります。

3）フライス盤加工

a) 立形汎用フライス盤

b) 立形NC フライス盤（またはマシニングセンタ）

フライス盤は、主にブロック形状部品の上面や側面、溝、穴などを加工することができ、数値制御できるNCフライス盤（またはマシニングセンタ）は自由曲面加工もできます。

一般的によく使われる立形フライス盤は、ワークを固定するバイス、XYZの3軸上で移動するテーブル、その上方に配置された刃物を取り付ける主軸を持つ構造となります。

3）曲げ加工（ベンディング）

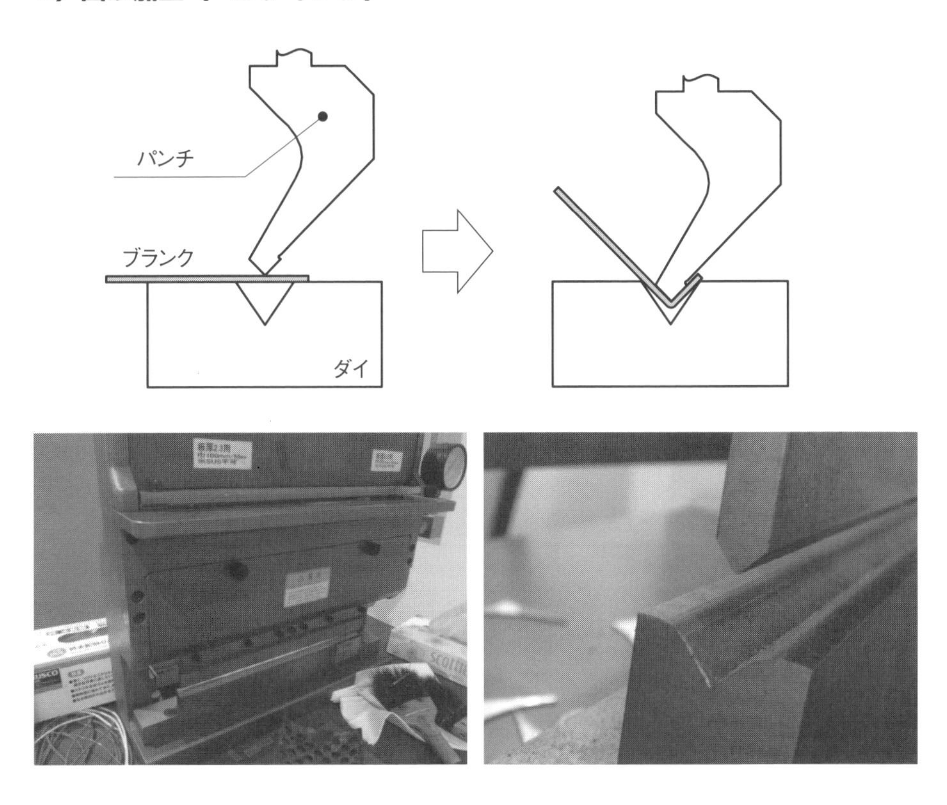

曲げ加工は、ブランクと呼ばれる、事前に穴や外形など必要な形状に打ち抜いた平板を、プレスブレーキ（通称：PBまたはブレーキ、ベンダーともいう）で曲げることが一般的です。

第2章	3	部品名称は 雰囲気で名付けられる

部品名称って、どんな決まりごとがあるん？

部品名称とは、その部品の通称名、いわゆる愛称のようなもので、設計者の感覚（センス）で名付けられます。

部品番号では、どんな形状なのか想像することもできませんが、部品名称で呼ぶことで形状や機能がイメージしやすくなります。

1）軸（じく）、丸棒（まるぼう）、シャフト、段付き軸、ピン、段付きピン

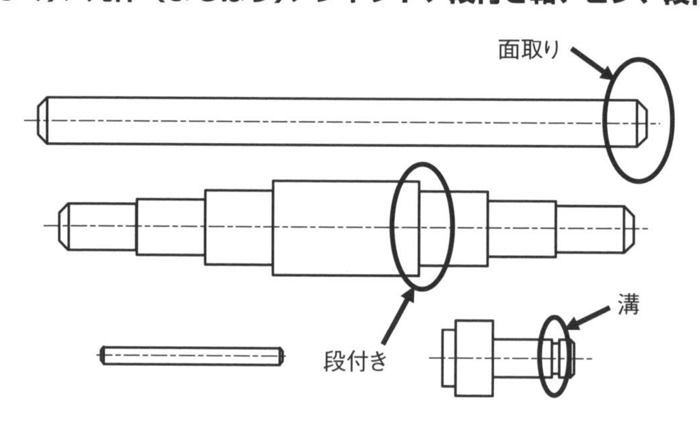

円筒軸は、機械製品の構造や機構に用いられ、動的に使用する場合は回転軸として、静的に使用する場合は構造物の位置決めや支えの役割を果たす構造物の総称として使用します。

軸というネーミングの場合、ある程度の太さと長さのある丸棒をイメージします。

ピンというネーミングの場合、比較的細くて短い丸棒をイメージします。

そのほかに高速回転し、厳しい振れ公差などが要求される精密な軸をスピンドルと呼ぶこともあります

製造業で用いられる現場用語や現場の声

形状からイメージして名称を付けた場合、軸やピンと呼ばれます。
機能からイメージして名称を付けた場合、動力軸やスピンドル、ステーなどと呼ばれます。

2）ブラケット、金具、固定板、止め板、当て板、リンク板、アーム

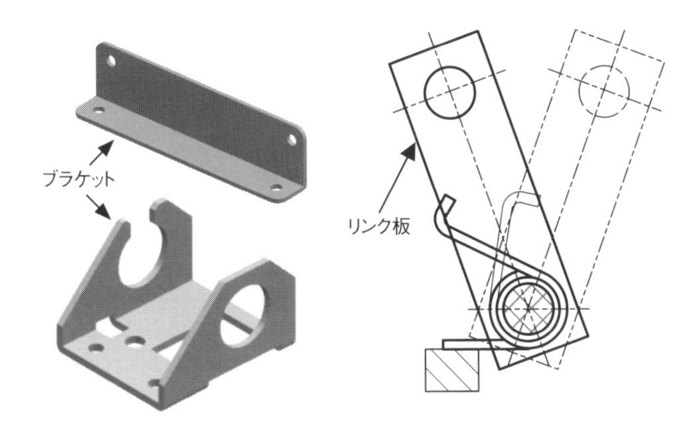

板金や板状に加工された部品の総称として使用されます。

ブラケットとは、部品を固定するための金具（かなぐ）をイメージします。後述するステーと混用して使用される場合もあります。

リンク板とは、リンク機構などで回転や揺動する長細い板状の部品をイメージします。アーム（腕）と呼ぶこともあります。

φ(@°▽°@) メモメモ

ナックルアーム

ナックルアームとは、自動車のステアリング機構において、タイロッドが接続され前輪を保持し操舵角を与えるリンクアームのことをいいます。

右の写真は、自動車のステアリング機構に使われるナックルアームのブランクです。

※ブランクとは、鋳物や板金など、機械加工直前の部品のこと

ナックルアームのブランク

3）ステー・支柱（しちゅう）

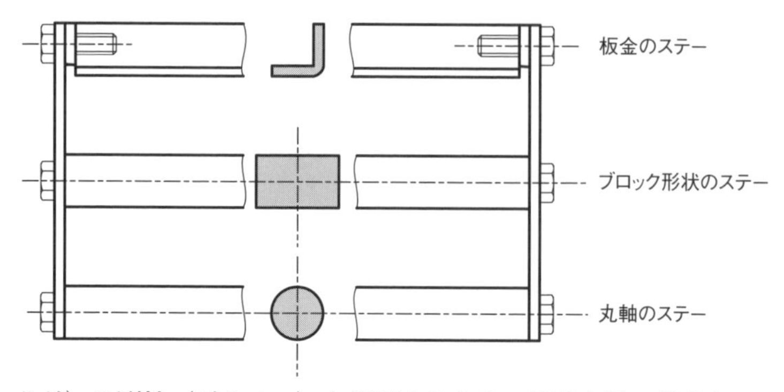

強度（きょうど）や剛性（ごうせい）を保証するための補強金具の総称をいいます。一般的に2つの部品を橋渡しする板金やブロック形状の部品、丸軸や六角軸をイメージします。板金部品の場合、ブラケットと似たような解釈で使用される場合があります。

※強度とは、外力を与えたときに破壊するかどうかの強さの度合いをいいます。

※剛性とは、外力を与えたときに変形するかどうかの強さの度合いをいいます。

4) ハウジング、ブロック

一般的に軸受外輪と組み合わさる鋳物でできた比較的大きな部品やブロック形状の部品、取り付け部など土台側の部品の総称をいいます。軸受箱とも呼ばれます。

軸受箱という意味で、プランマブロックと呼ぶ製品も存在します。

矩形もブロックと呼ばれます。

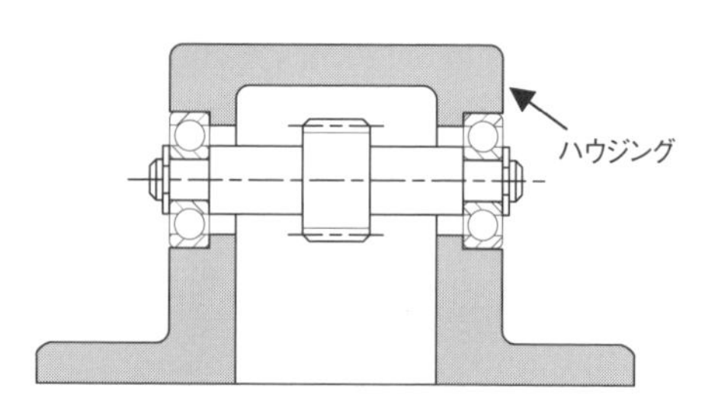

φ(@°▽°@)　メモメモ

プランマブロック

プランマブロックとは、内部に自動調心軸受を配置した金属製の軸受箱のことをいいます。JISやISO（国際標準化機構）、DIN（ドイツ規格協会）などに規定されているものもあります。設備などの産業機械に用いられる機械要素です。

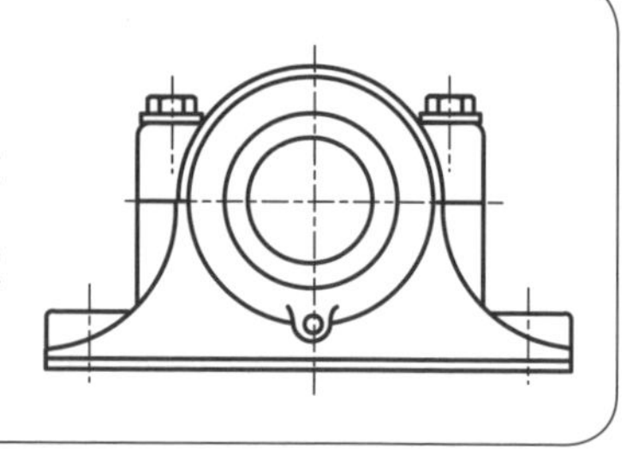

5）フレーム、筐体（きょうたい）、ケース

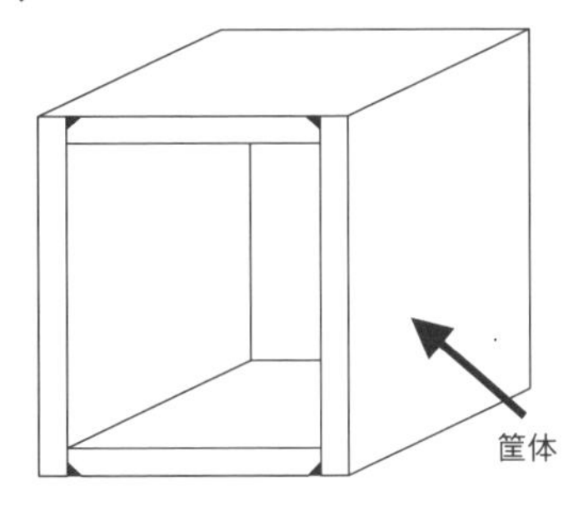

機械構造物の支えとなる比較的大きな部品の総称として使用します。
フレームとは、構造物の骨組みの部品をイメージします。
筐体とは、構造物を構成する形状の部品をイメージします。

製造業で用いられる現場用語や現場の声

筐体の概念として、溶接などを使って一品物の箱形状の物を意味したり、フレーム構造の部品を複数のねじや溶接で固定しカバーをつけたりしたものを意味する場合などがあり、明確に使い分けされていません。

6）エルボとチーズ

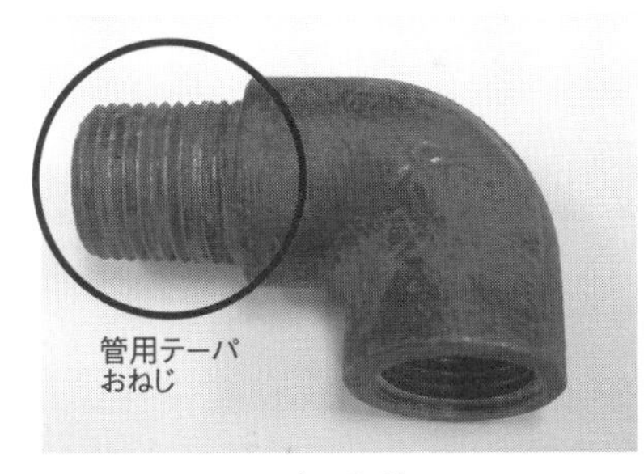

a）エルボ

b）チーズ

エルボとは、角度の付いた配管をつなげるための曲率半径が比較的小さな管継ぎ手をイメージします。エルボは英語のElbow（肘：ひじ）から由来しています。

チーズとは、T字型の継ぎ手をイメージします。チーズは英語のtees（T形）から由来しています。継ぎ手にあるねじは、後で説明する管用（くだよう）テーパねじが使用されます。

管用ねじについては、第5章で説明します。

7）歯車とプーリとカム

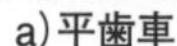
a）平歯車

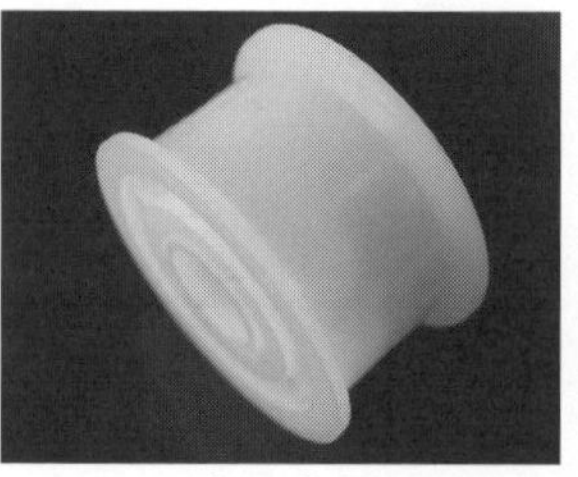

b）平プーリ

c）タイミングプーリ

d）カム板

e）カムシャフト

回転動力を伝達するための機械要素で、円筒状部品の総称として使用します。

歯車とは、円筒表面に凹凸をつけ、それらが次々とかみ合うことで運動を伝達するもので、一般的に円筒形状をしています。

プーリとは、ベルトなどと組み合わせて回転運動を伝達する滑車の役割を果たすものです。表面に凹凸のない平プーリや歯を付けたタイミングプーリなどがあります。歯車同様、円筒形状をしています。

カムとは、円筒表面に任意の輪郭形状を持たせ、その輪郭面に相手部品を接触させることで運動を伝達するものです。厚みの薄い円板形状や軸と一体化したものなどがあります。

8）ばね

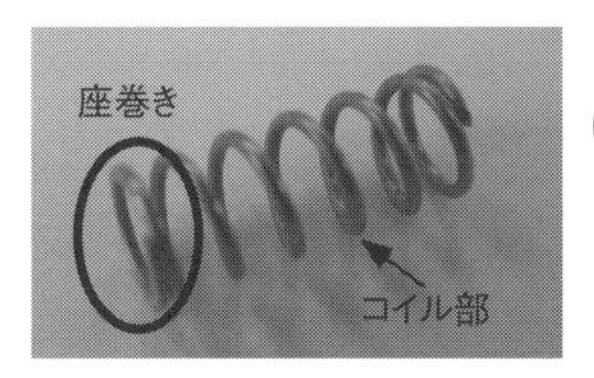

a）圧縮コイルばね

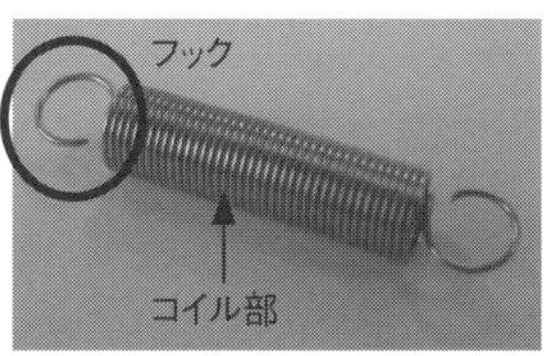

b）引張りコイルばね

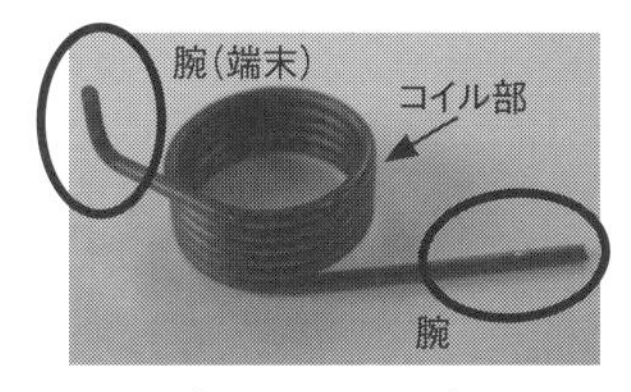

c）ねじりコイルばね

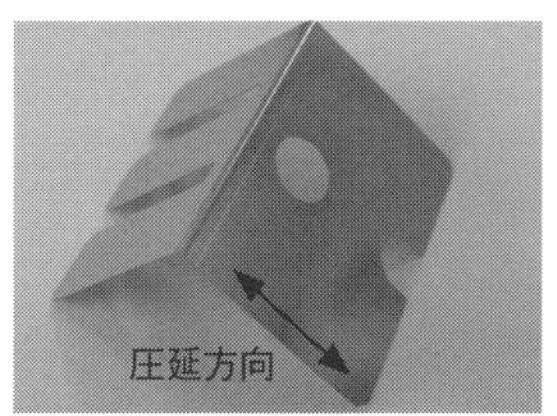

d）板ばね

金属やゴムなどの材料が持っている変形しても元に戻るという弾性（だんせい）を利用し、エネルギーの吸収や蓄積する機械要素の総称として使用します。

圧縮コイルばねとは、素材の線を円筒状に巻き、圧縮する方向に力を作用さるものです。

引張りコイルばねとは、素材の線を円筒状に密着して巻いたばねに引っ張りの力を作用させるものです。両端末にフックを持つ形状が特徴です。

ねじりコイルばねとは、円筒ばねの中心線に対して、回転方向の力を作用させるものです。円筒部の端部は腕と呼ばれる引っ掛け部があります。

板ばねとは、金属板をたわませて、その反力を利用するものです。板金形状をしています。

φ(@°▽°@)　メモメモ

圧延（あつえん）方向

曲げの線と圧延方向が平行になると、曲げ部に割れが発生しやすくなります。そのため、板ばねの図面には圧延方向を曲げに対して直角あるいは45°とするよう指示されます。ロール方向やロール目方向と呼ぶこともあります。

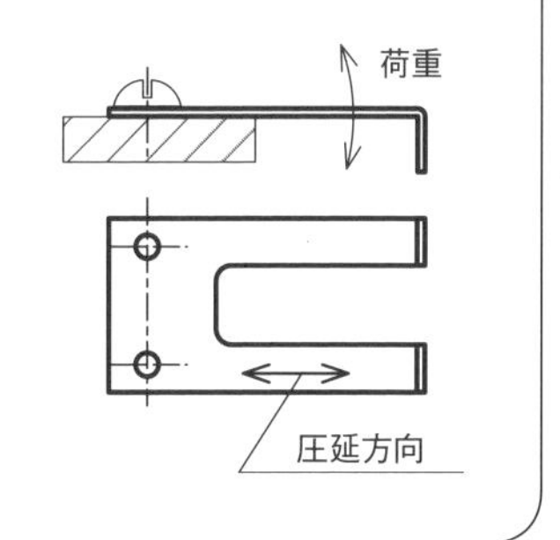

※圧延とは、回転ローラー間に金属を通過させて板状などに変形させる加工法です。圧延により素材に方向性が出てヤング率に差が出ます。

第2章 4

材質や表面処理記号という暗号

材質記号って、何を意味してるん？

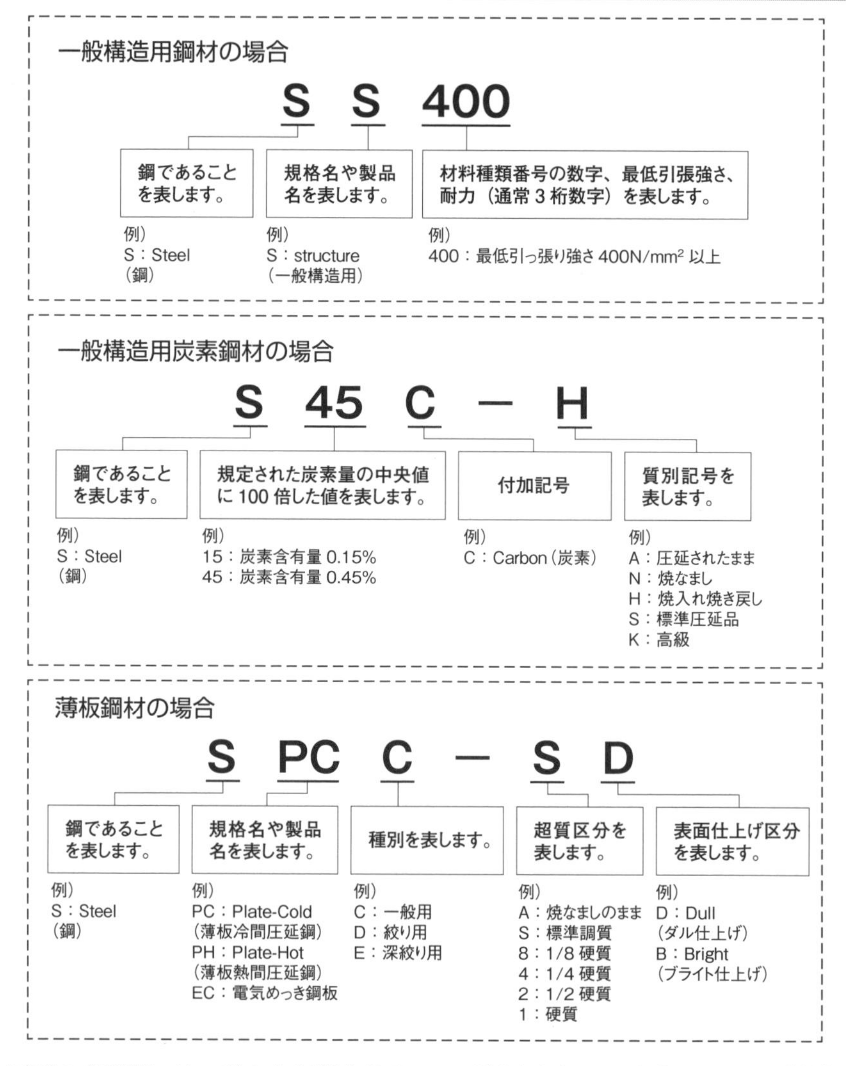

一般構造用鋼材の場合
S S 400
鋼であることを表します。
規格名や製品名を表します。
材料種類番号の数字、最低引張強さ、耐力（通常3桁数字）を表します。
例）
S：Steel
（鋼）
例）
S：structure
（一般構造用）
例）
400：最低引っ張り強さ400N/mm2 以上
一般構造用炭素鋼材の場合
S 45 C − H
鋼であることを表します。
規定された炭素量の中央値に100倍した値を表します。
付加記号
質別記号を表します。
例）
S：Steel
（鋼）
例）
15：炭素含有量0.15%
45：炭素含有量0.45%
例）
C：Carbon（炭素）
例）
A：圧延されたまま
N：焼なまし
H：焼入れ焼き戻し
S：標準圧延品
K：高級
薄板鋼材の場合
S PC C − S D
鋼であることを表します。
規格名や製品名を表します。
種別を表します。
超質区分を表します。
表面仕上げ区分を表します。
例）
S：Steel
（鋼）
例）
PC：Plate-Cold
（薄板冷間圧延鋼）
PH：Plate-Hot
（薄板熱間圧延鋼）
EC：電気めっき鋼板
例）
C：一般用
D：絞り用
E：深絞り用
例）
A：焼なましのまま
S：標準調質
8：1/8 硬質
4：1/4 硬質
2：1/2 硬質
1：硬質
例）
D：Dull
（ダル仕上げ）
B：Bright
（ブライト仕上げ）

図面の表題欄には、どんな材料を使うのかが記入されています。しかし「鉄」や「アルミ」、「プラスチック」というような世間一般で使っているような言葉ではなく、材料の特性を表す材質記号で表記されています。

代表的な鉄鋼材料（てっこうざいりょう）の材質記号を示します。

棒材、型材、板材

SS	一般構造用圧延鋼材	SS400
SM	溶接構造用圧延鋼材	SM400A、SM490A、SM490YB、SM520C
SGD	みがき棒鋼	SGD290-D、SGD400-D
SPH	熱間圧延軟鋼及び鋼帯	SPHC、SPHD、SPHE
SPC	冷間圧延軟鋼及び鋼帯	SPCC、SPCD、SPCE
SGC	塗装溶融亜鉛めっき鋼板及び鋼帯	SGCC、SGCH、SGCD1、SGC340
SWH	一般構造用溶接軽量H形鋼	SWH400、SWH400L

鋼管

SCM - TK	機械構造用合金鋼鋼管	SCM420TK、SCM415TK
STK	一般構造用炭素鋼管	STK400、STK500
STKM	機械構造用炭素鋼鋼管	STKM11A、STKM12A
SGP	配管用炭素鋼鋼管	SGP
STPG	圧力配管用炭素鋼鋼管	STPG370、STPG410
STKR	一般構造用角形鋼管	STKR400、STKR490

線

SW	硬鋼線	SW-A、SW-B、SW-C
SWP	ピアノ線	SWP-A、SWP-B、SWP-V
SWM	鉄線	SWM-B、SWM-N

機械構造用鋼

S - C	機械構造用炭素鋼鋼材	S15C、S35C、S45C、S55C
SNC	ニッケルクロム鋼鋼材	SNC415H
SNCM	ニッケルクロムモリブデン鋼鋼材	SNCM415、SNCM420
SCr	クロム鋼鋼材	SCr415、SCr440
SCM	クロムモリブデン鋼鋼材	SCM415、SCM435
SMn	機械構造用マンガン鋼材及び マンガンクロム鋼鋼材	SMn420
SUS	ステンレス鋼棒	SUS303、SUS430、SUS440C、SUS630
SK	炭素工具鋼材	SK3、SK4、SK5、SK6、SK7
SKS	合金工具鋼鋼材	SKS4、SKS11
SUP	ばね鋼鋼材	SUP3、SUP6,SUP10、SUP12、SUP13
SUM	硫黄及び硫黄複合快削鋼鋼材	SUM22、SUM22L
FC	ねずみ鋳鉄品	FC250、FC300、FC350
FCD	球状黒鉛鋳鉄品	FCD350-22、FCD400-18

材質記号の頭文字に「S」が付く場合、「Steel（鋼：はがね）」を意味すると考えて構いません。

材質記号の頭文字に「F」が付く場合、「Fe（鉄）の元素記号」を意味し、鋼よりも炭素量の多い鋳鉄（ちゅうてつ）を意味します。鋳鉄は融点（ゆうてん）が低いため、砂型の中に溶かした金属を流し込んで成形するのに適した材料で、マンホールなどの材料として使われます代表的な非鉄（ひてつ）金属材料の材質記号を示します。

伸銅品

C	銅及び銅合金の板及び条 ※条:スリット切断されたコイル形状の板	C1020、C2801（板はP、条はRの記号がこれに続く…例C1020 P）
	銅及び銅合金棒	C1020、C2800、C3601（押出棒はBE、引抜棒はBDの記号がこれに続く…例C1020 BD）
	銅及び銅合金継目無管	C1020、C2800（普通級はT、特殊級はTSの記号がこれに続く…例C1020 T）

アルミニウム及びその合金の展伸材

A	アルミニウム及び アルミニウム合金の板及び条	A1100、A2017、A5052、A7075（板はP、合わせ板はPCの記号がこれに続く…例　A2017 P。さらに質別の記号がこれに続く） ※合わせ板:基となる板の表面に異なった種類の合金の薄板を圧接などによって全面にはり合わせた板
	アルミニウム及び アルミニウム合金の棒及び線 （JIS-H4040）	A2017、A5052、A7075（押出棒はBE、引抜き棒はBD、引抜線はWの記号がこれに続く、さらに特殊級のものはこれにSが続く…例A7075 BDS。さらに質別の記号がこれに続く）
	アルミニウム及び アルミニウム合金継目無管	A2017、A5052、A7075（押出管はTE、引抜管はTDの記号がこれに続く…例A5052 TD。さらに質別の記号がこれに続く）

非鉄金属の鋳物

CAC	銅及び銅合金鋳物	CAC303、CAC502A
MC	マグネシウム合金鋳物	MC5、MC10
ZDC	亜鉛合金ダイカスト	ZDC1、ZDC2
ADC	アルミニウム合金ダイカスト	ADC5、ADC10Z、ADC12
MD	マグネシウム合金ダイカスト	MD1A、MD1B、MD1D、MD2A、MD2B、MD3A
WJ	ホワイトメタル	WJ1、WJ2、WJ2B、WJ3

非鉄金属材料とは、銅、アルミ、亜鉛、白金などの鉄鋼以外の金属材料をいいます。

つまり金属だけど鉄鋼ではない材料です。

φ(@°▽°@)　メモメモ

鋳物（いもの）

鋳物とは、材料を熱して溶かしたあと、鋳型（いがた）に流し込み、冷やして固めた製品をいいます。

鋳型は砂で作るため、鋳物表面は砂の粒によってザラザラした面となり、設計機能を発揮させるために成形後、部分的に機械加工が施されます。

代表的な樹脂材料（じゅしざいりょう）の材質記号を示します。

表記記号	材料名	
ABS	ABS樹脂	Acrylonitrile/Butadiene/Styrene
AS	AS樹脂	Styrene/acrylonitrile
PA6	ポリアミド6（6ナイロン）	Poly amide6
PC	ポリカーボネート	Poly carbonate
PE	ポリエチレン	Poly ethylene
PET	ポリエチレンテレフタレート（ペット）	Poly (ethylene terephthalate)
PF	フェノール樹脂	Phenol-formaldehyde
POM	アセタール樹脂（ポリアセタール）	Poly oxymethylene
PP	ポリプロピレン（PPシート）	Poly propylene
PS	ポリスチレン（スチロール樹脂）	Poly styrene
PU･PUR	ポリウレタン	Poly urethane
PC/ABS	ポリカABS	Poly carbonate/ABS
PMMA	アクリル樹脂	Poly methyl methacrylate

樹脂材料は熱可塑性樹脂と熱硬化性樹脂に大別されます。

・熱可塑性樹脂（ねつかそせいじゅし）･･･加熱すると、軟化して加工でき、冷やすと固化する樹脂をいいます。まるでチョコレートのような特徴を持っている樹脂材料です。（例：ABS樹脂、ポリアセタール、ポリカーボネート、ナイロン（ポリアミド）、ポリエチレンなど）

・熱硬化性樹脂（ねつこうかせいじゅし）･･･素材を加熱すると、軟化して加工できますが、一度硬化したあとは加熱しても再び軟化することがなく、燃焼しにくいという特徴があります。まるで、クッキーのような特徴を持った樹脂材料です。（例：エポキシ樹脂、フェノール樹脂、ポリウレタンなど）

材料のリサイクルのため、成形品に用いられる樹脂材料は表題欄の材質表記以外に部品の目立たない裏面などに右記のような材質記号を刻印するよう図面に指示があります。

材質表記例：　＞PC＜

　　　　　　　＞PS　HI＜

表面処理にも記号があるの？

製品の装飾や防錆（ぼうせい）、耐摩耗性（たいまもうせい）を保証するために表面処理が選択されます。
主に防錆に用いられる電気めっきの記号を示します。

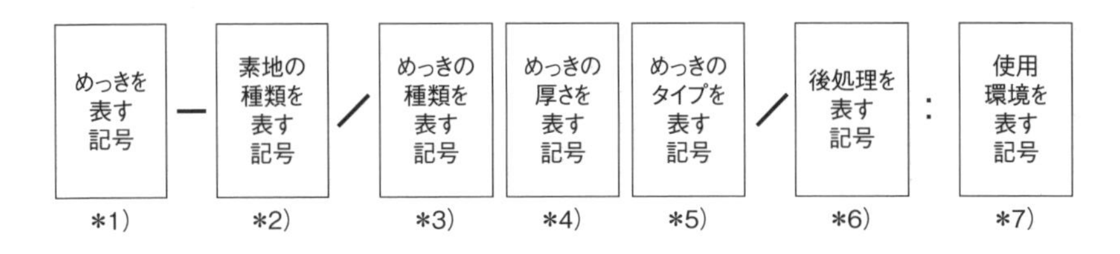

*1) めっきを表す記号…電気めっきは記号「Ep」、無電解めっきは記号「ELp」

*2) 素地の種類を表す記号…素地の金属や主成分の元素記号が記入されます

鉄、鋼およびそれらの合金…Fe	マグネシウムおよびその合金…Mg
銅およびその合金…Cu	プラスチック…PL
亜鉛およびその合金…Zn	セラミック…CE
アルミニウムおよびその合金…Al	

*3) めっきの種類を表す記号…元素記号で記入されます。

ニッケル　Ni	銅　Cu	銀　Ag
クロム　Cr	亜鉛　Zn	錫　Sn
工業用クロム　ICr	金　Au	亜鉛-ニッケル合金　Zn-Ni

*4) めっきの厚さを表す記号…最小厚さをμm単位で表した数字や等級が記入されます

等級	記号	Niの厚さ
1級	Ep-Fe／Ni[1]／	3μm以上
2級	Ep-Fe／Ni[2]／	5μm以上
3級	Ep-Fe／Ni[3]／	10μm以上

※鉄鋼素地にニッケルめっきを行う場合

*5）めっきのタイプを表す記号

タイプ	記号	参考（種類）	タイプ	記号	参考（種類）
光沢	b	銅めっき、ニッケルめっき、クロムめっき、金めっき、銀めっき、合金めっきなど	二層	d	ニッケルめっきなど
半光沢	s		三層	t	
ビロード状	v		普通	r	クロムめっき
非平滑	n		マイクロポーラス	mp	
無光沢	m		マイクロクラック	mc	
複合	cp		クラックフリー	cf	
黒色	bk				

例: Cu 10 b…光沢銅めっき10μm以上

*6）後処理を表す記号…2種類以上の後処理を行う場合は、処理操作の順または素地に近い順に左から右に各記号をコンマで区切って記載されます。

後処理	記号	後処理	記号
水素除去のベーキング	HB	黒色クロメート	CM3
拡散熱処理	DH	塗装	PA
光沢クロメート	CM1	着色	CL
有色クロメート	CM2	変色防止処理	AT

例: Fe*／Zn 10／HB, CM1, Pa**
（記号の解釈:鉄鋼素地　熱処理　亜鉛めっき10μm以上　ベーキング、光沢クロメート処理、塗装）
注）*めっきに先立ち素地鉄鋼は、HAR（応力除去焼なまし）を施すこと。
**　透明ウレタン塗装仕上げを施すこと。

*7）使用環境を表す記号

使用環境条件	記号	参考
腐食性の強い屋外環境	A	海浜、工業地帯など
通常の屋外環境	B	田園、住宅地域など
湿度の高い屋内環境	C	浴室、厨房など
通常の屋内環境	D	住宅、事務所など

【めっきを表す記号の例】

①Ep-Fe/Cu20, Ni25b, Cr0.1r/:A
（電気めっき、鉄鋼素地、銅めっき20μm以上、光沢ニッケルめっき25μm以上、普通クロムめっき0.1μm以上、腐食性の高い屋外での使用）

②Ep-Fe/Zn15/CM2:B
（電気めっき、鉄鋼素地、亜鉛めっき15μm以上、有色クロメート処理、通常の屋外での使用）

φ(@°▽°@) メモメモ

電気亜鉛めっきの後処理の呼び方

防錆用のめっきとして、錆（さび）の防止に加えてクロメート処理することで外観性も向上することから、電気亜鉛めっきが一般的に使われます。電気亜鉛めっきの後処理も含めて、専門用語で会話することがありますので、知識を得ておきましょう。

・光沢（こうたく）クロメート･･･ユニクロもと呼ばれ、処理によって銀色系になります。
・有色クロメート･･･ジンクロとも呼ばれ、処理によって黄色ベースの虹色になります。
・黒色クロメート･･･処理によって黒色になります。

製造業で用いられる現場用語や現場の声

表面処理記号（旧JIS）

電気めっきの記号は前ページで示したようにJISで決まっていますが、旧JIS記号を未だに使っている企業も多く見受けられます。加えて、企業独自のローカルルールで記号に意味を持たせて運用している場合もあり、不明な場合は問い合わせが必須です。

“鉄素地に電気亜鉛めっき”を施す場合、前ページまでに解説したように新記号では、「Ep-Fe/Zn」で指示されます。旧記号の場合、「MFZ n」と指示され、クロメート処理するものは次のような種類がありました。

等級	旧記号	めっき厚さ(μm)
1級	MFZn　I-C	2以上
2級	MFZn　II-C	5以上
3級	MFZn　III-C	8以上
4級	MFZn　IV-C	13以上
5級	MFZn　V-C	20以上
6級	MFZn　VI-C	25以上

ここで、記号の中の“ローマ数字（I　II　III　IV・・）”はめっき厚さの種類を表わし、アラビア数字（1　2　3　4・・）はめっきの厚み（μm）を意味するため、混同しないようにしてください。

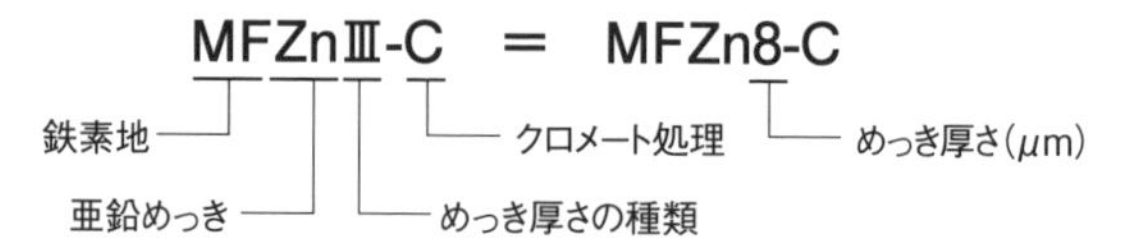

したがって、新旧記号で表すと次のようになります。

MFZ n III-C（MFZ n 8-C）⇒ Ep-Fe/Zn8/CM2
旧記号　　　　　　　　　新記号

鉄鋼以外にも、めっきはできるの？

非鉄金属であるアルミ材にめっきする場合は、「アルマイト処理」が一般的です。

耐食性や表面硬度を向上でき、無色あるいは着色できることが特徴です。

装飾性目的の「標準的なアルマイト」と、耐摩耗性を高めるための「硬質（こうしつ）アルマイト」の2つがあります。

図面指示する場合、表題欄か注記などに次のように指示されます。

・標準的なアルマイトの場合：

例えば「赤アルマイト　厚み5μm以上」と記入されるか、

あるいはJIS H 8601に従い「AA○（赤色）」と記載されます。

※○○は平均被膜厚さの数値を表します。白色は透明色を意味します。

・硬質アルマイトの場合：

「硬質アルマイト　厚み20μm以上」と記入されます。

なお、硬質アルマイトの記号はJISには存在しません。

えっつ、
アルマジロ!?

アルマイトやっ！
ちゅーに！

熱処理って、めっきとなにが違うの？

熱処理とは、鉄鋼その他の金属を加熱後、急冷することにより、表面を硬くする処理をいいます。めっきとの違いは、熱処理は表面の硬度を求めることが主であることです。

熱処理の記号は存在しないため熱処理名を直接記入します。一般的によく使う熱処理を示します。

◆焼入れ焼戻し

部品全体を加熱後急冷する焼入れ処理の後、焼戻し処理を行います。部品を炉の中に入れて焼入れをするため不要な部分まで硬化されます。**炭素含有量が多くないと硬くならないため、炭素量が0.25%を超える中炭素鋼以上に適用します。**

表題欄の中や注記として、「焼入れ焼戻し」と指示します。

例）　注記　　1.　焼入れ焼戻しのこと。硬度はHRC45以上のこと。

◆高周波（こうしゅうは）焼入れ

原理は焼入れと同じですが、高周波誘導電流によって該当する部分だけに焼入れをする方法です。焼入れ後には焼き戻しが行われます。

投影図中に焼入れ対象部分を寸法と共に指示します。

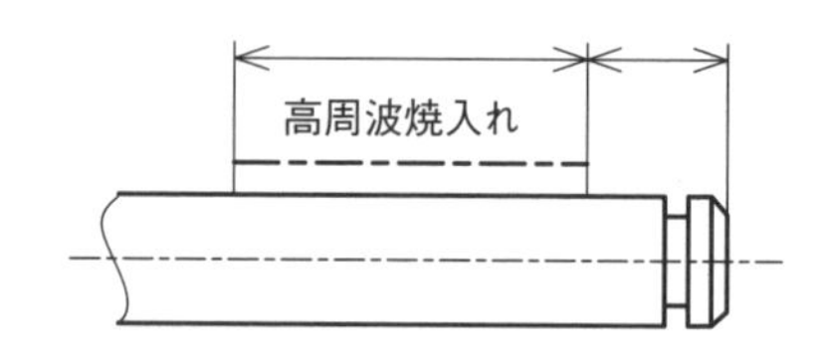

例）　注記　　1.　指示部は高周波焼入れのこと。硬度はHRC45以上のこと。

焼入れ焼戻しは、
部品を炉の中に
入れるから、
全ての面に
焼きが入るんやで！
高周波焼入れは、
部分焼入れに
なることが多いから、
焼入れするエリアを
示さなあかんのや！

◆浸炭（しんたん）焼き入れ

表面に炭素を浸入・拡散させて、工具鋼並みに高炭素化する方法です。**炭素量0.2%程度の低炭素鋼に適用します。**硬化層深さは1mm前後が多く、形状の制限を受けず、複雑形状かつ小型部品の大量処理が可能です。部品を炉の中に入れて焼入れをするため、不要な部分まで硬化されます。

表題欄の中や注記として、「浸炭焼入れ」と指示します。

例） 注記　1. 浸炭焼入れのこと。表面硬度はHRC55以上のこと。

◆窒化（ちっか）・・高級鋼用：SKやSCMなど
◆軟窒化（なんちっか）・・低級鋼用：炭素鋼やSPC材など

鋼の表面に窒素を浸入・拡散させて、窒化層を形成させて硬化させます。炭素鋼全般からステンレスまで幅広い材料に適用できます。鋼の変態点以下で処理されることから寸法安定性がよいことが特徴ですが、窒化層深さが0.1mm程度のため、衝撃や大きな面圧のある環境には不向きです。部品を炉の中に入れて焼入れをするため、不要な部分まで硬化されます。

表題欄の中や注記として、「窒化」あるいは「軟窒化」と指示します。

例） 注記　1. 軟窒化処理のこと。表面硬度はHmV400以上のこと。

※HmV：マイクロビッカース（試験荷重を1Kgf以下で測定したときの単位）

第2章	5	投影図の大きさを最適化する尺度

尺度って、なんのこと？

JISが推奨する尺度を示します。

倍尺	現尺	縮尺
50:1　20:1　10:1 5:1　2:1	1:1	1:2　1:5　1:10　1:20　1:50　1:100　1:200 1:500　1:1000　1:2000　1:5000　1:10000

図面は形状を実際の大きさで描く場合が多いのですが、設計する部品の性質上、図面サイズに対して部品が小さすぎたり大きすぎたりすることがあります。

部品の大きさによって設計者の判断で次のように尺度が変更されます。

・実物と同じ尺度を「現尺（げんしゃく）」といいます。

・実物より拡大して描く尺度を「倍尺（ばいしゃく）」といいます。

・実物より縮小して描く尺度を「縮尺（しゅくしゃく）」といいます。

尺度が変更される場合、投影図は尺度に従い大きさが変更されますが、寸法数値は要求される現物の大きさのまま指示されます。

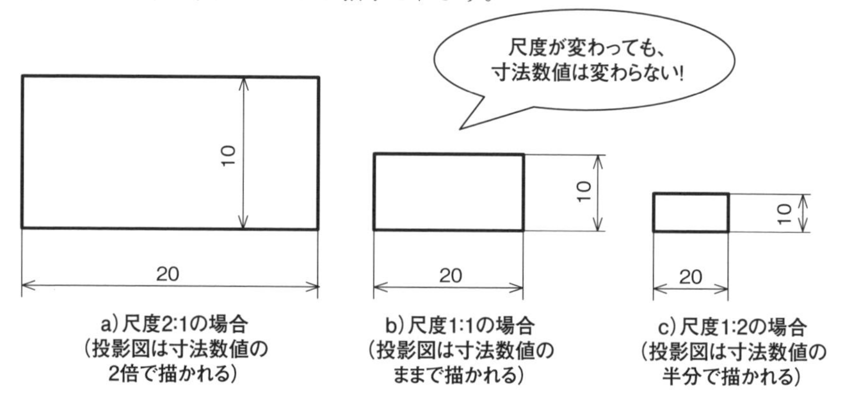
尺度が変わっても、
寸法数値は変わらない！
10
20
10
20
10
20

a）尺度2:1の場合（投影図は寸法数値の2倍で描かれる）　b）尺度1:1の場合（投影図は寸法数値のままで描かれる）　c）尺度1:2の場合（投影図は寸法数値の半分で描かれる）

製造業で用いられる現場用語や現場の声

特殊な尺度表示

尺度の欄に「NTS」と記載されている場合、「NOT TO SCALE」という意味で、尺度に無関係な投影図が示され寸法が指示されているという意味になります。シリーズ化された電気部品（モータやセンサ類）の図面で、共通する投影図に寸法の数値だけを変更して使用するために使われます。他に「非比例尺」「SCALE:NONE」などもあります。

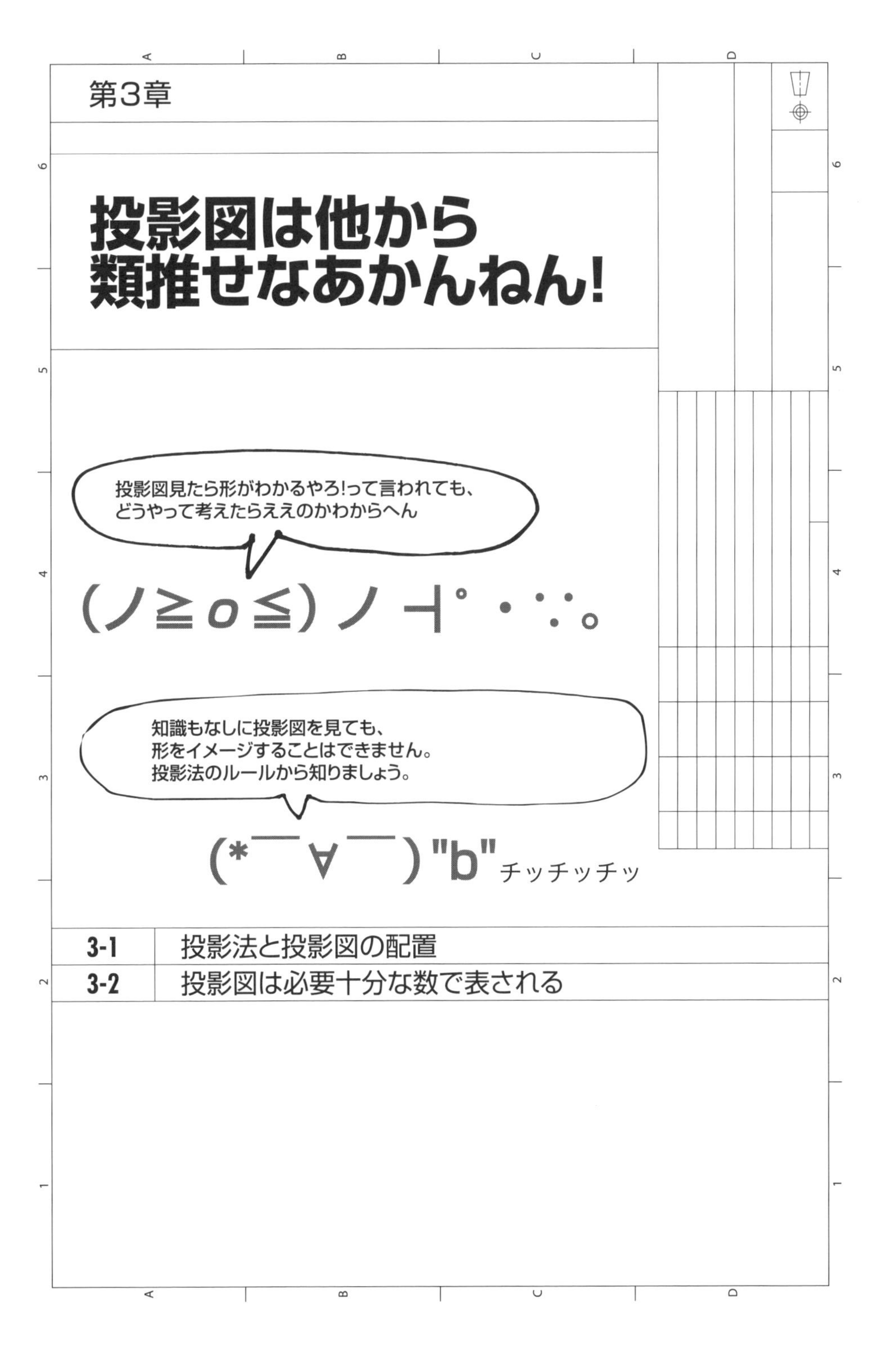

第3章

投影図は他から類推せなあかんねん!

投影図見たら形がわかるやろ!って言われても、どうやって考えたらええのかわからへん
(ノ≧o≦)ノ ⊣゜・:。
知識もなしに投影図を見ても、形をイメージすることはできません。投影法のルールから知りましょう。
(*￣∀￣)"b" チッチッチッ

第3章	1	投影法と投影図の配置

そもそも投影法ってなんなん？

図面を読む場合は、複数の投影図から形状を類推しなければいけません。
図面における類推とは、複数の投影図を元にして立体形状を推理することです。
2次元の複数の投影図を規則に従って配置するルールを「投影法」といいます。

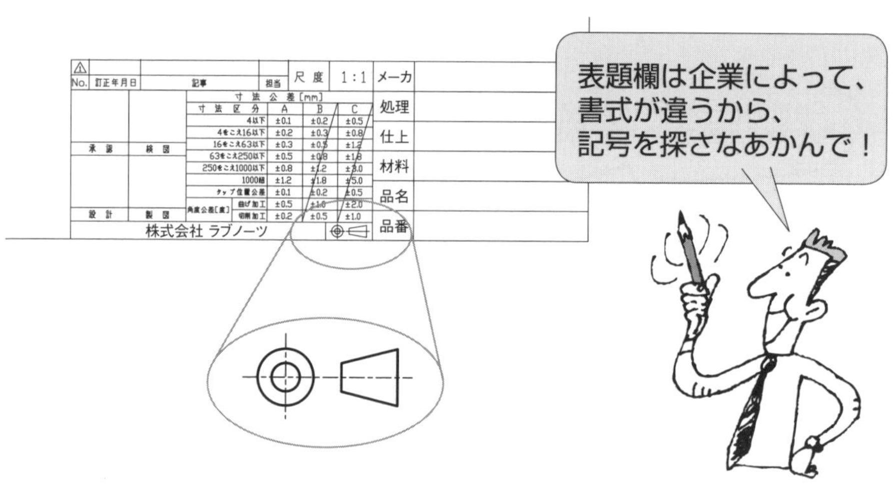

正面図の周りに、必要最小限の投影図を配列して描くことを正投影といいます。投影図の相対的な位置を表すために、第一角法と第三角法の2つの投影法を同等に使うことができます。

JISでは、説明の統一を図るために投影法は第三角法を使って表現されています。

第三角法を使っている国…日本、アメリカ、カナダ、韓国、フィリピンなど

第一角法を使っている国…ドイツ、フランスなどヨーロッパ諸国、インド、中国など

一般的に表題欄の中に、次に示す投影法の記号が示されています。

第三角法の記号	第一角法の記号

第三角法と第一角法は何が違うん？

例えば、立体を矢の方向から見た図を「正面」とした場合の配列の規則を考えてみましょう。

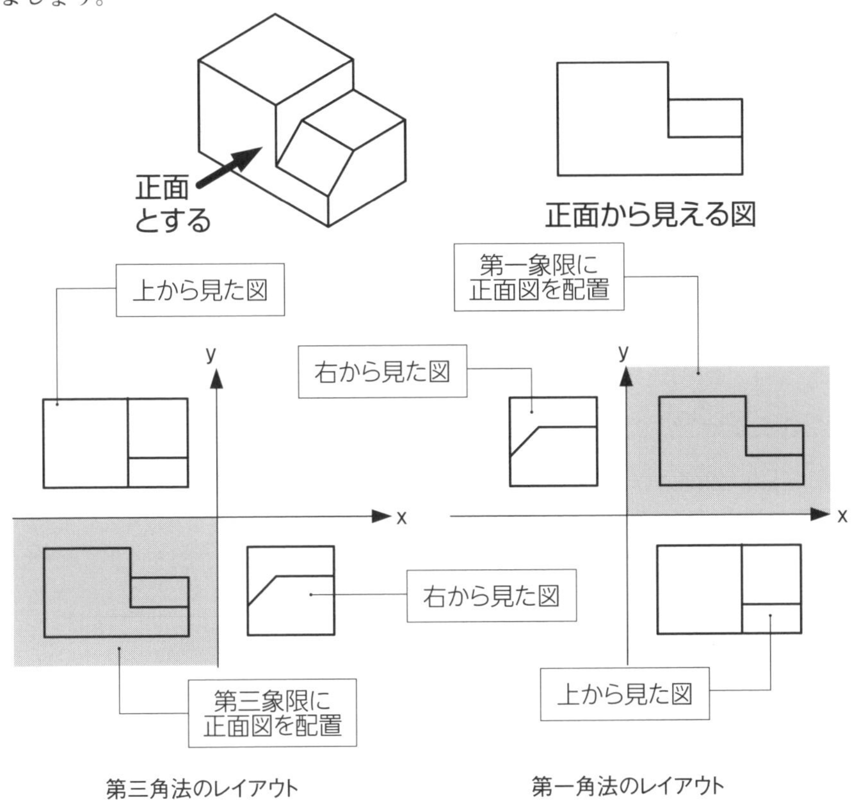

第三角法は、正面図に対して、右から見える図は右に、上から見える図は上に配置します。

第一角法は、正面図に対して、右から見える図は左に、上から見える図は下に配置します。

製造業で用いられる現場用語や現場の声

三面図

よく使う言葉に三面図があります。上記のように、正面図とその周辺の2つの投影図を配置したものをいいます。

ダンプカーのおもちゃを使って、第三角法のイメージをつかみましょう。

①ダンプカーを横から見た図を正面とし、運転席側から見た図を左側に配列する考え方です。

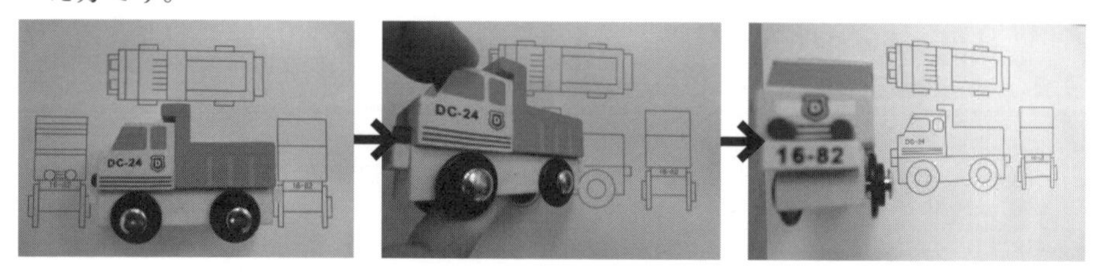

②ダンプカーを横から見た図を正面とし、荷台側から見た図を上側に配列する考え方です。

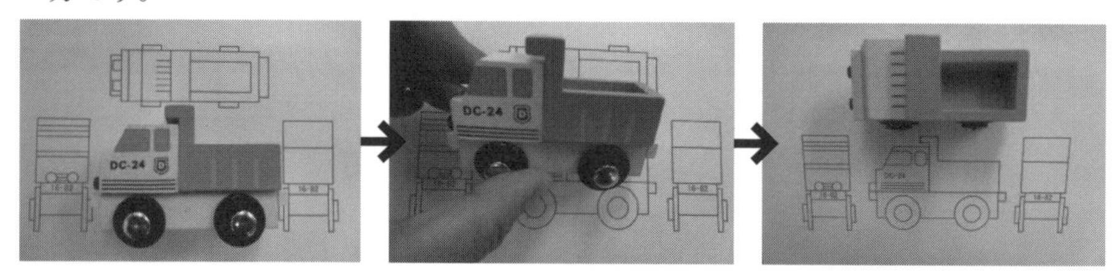

次に、第一角法のイメージをつかみましょう。第一角法は、机の上で部品を転がす考え方です。

①ダンプカーを横から見た図を正面とし、荷台後ろ側から見た図を左側に配列する考え方です。

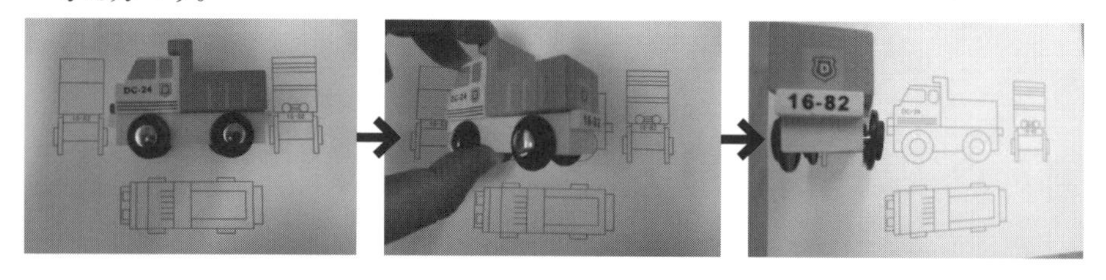

②ダンプカーを横から見た図を正面とし、荷台側から見た図を下側に配列する考え方です。

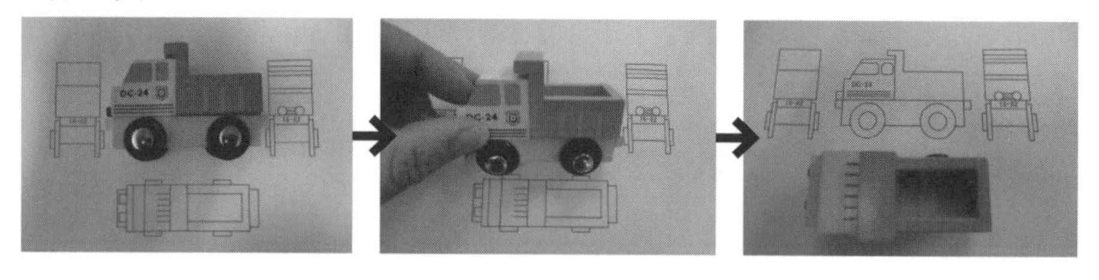

日本国内では、第三角法を標準として使います！

したがって、このページ以降は全て第三角法を基に解説をしていきます。

投影図の名前はどうやって決まるん？

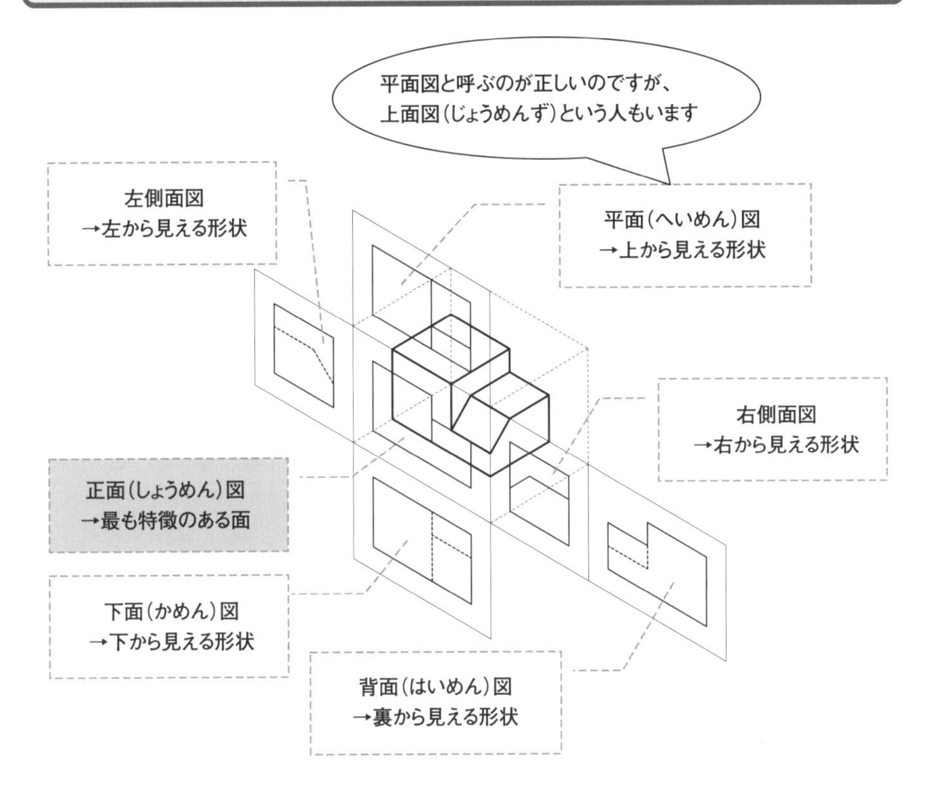

第三角法は、対象物をガラスケースに入れ、外から見えた形状をガラスの面に描き、その後、ケースを展開した配列といえます。

対象物の最も特徴が表れている方向から見た図を正面図（しょうめんず）といい、設計者は正面図に寸法を集中させて記入することが一般的です。

正面図は、主投影図（しゅとうえいず）と呼ぶ場合もあります。

残念なことに図面には、これが正面図という断り書きがないため、図面を読む人が正面図を見極めなければいけません。

そっか！
まずは、特徴のある
正面図見つけて、
形状のイメージを
つかんでいくんか！

■D(￣ー￣*)コーヒーブレイク

図面力クイズ～サイコロで第三角法を理解しよう！～

サイコロは、表面の数字と裏面の数字を足し算すると、必ず「7」になるという特徴があります。この特徴を活かすと、立体図では見えない裏面の数字まで読みとることができるのです。

第三角法を理解するためのツールとして優れているため、100円ショップなどでサイコロを購入したり、駄菓子屋でサイコロキャラメルを購入したりして、実際にどうなるのかを確かめてみてもよいのではないでしょうか？

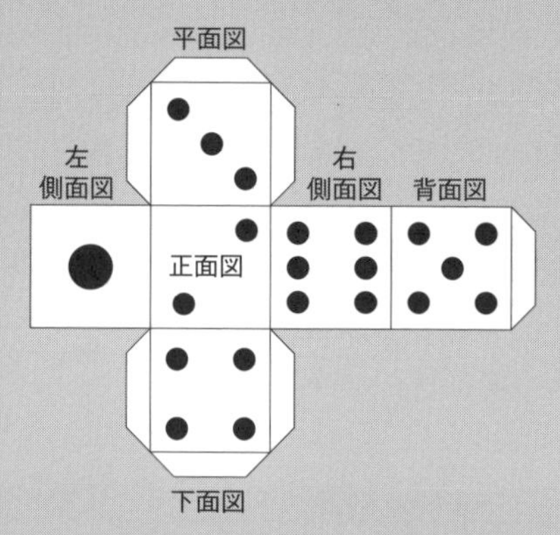

それでは、次のサイコロの状態を見て、第三角法で投影図として表した場合の数字を答えてみてください。

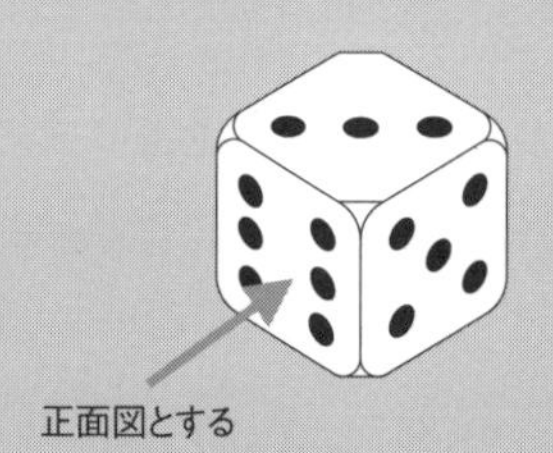

①右側面図は、「　　　　　」
②左側面図は、「　　　　　」
③平面図は、　「　　　　　」
④背面図は、　「　　　　　」
⑤下面図は、　「　　　　　」

⑥右側面図は、「　　　　　」
⑦左側面図は、「　　　　　」
⑧平面図は、　「　　　　　」
⑨背面図は、　「　　　　　」
⑩下面図は、　「　　　　　」

※解答：上のさいころ　5 2 3 1 4　　下のさいころ　4 3 1 2 6

第3章	2	# 投影図は必要十分な数で表される

投影図がたくさんあるものと1つしかないものの違いはなんなん？

ルールとして、必要最小限の投影図を描けばよいため、投影図の数はおのずと少なめになります。

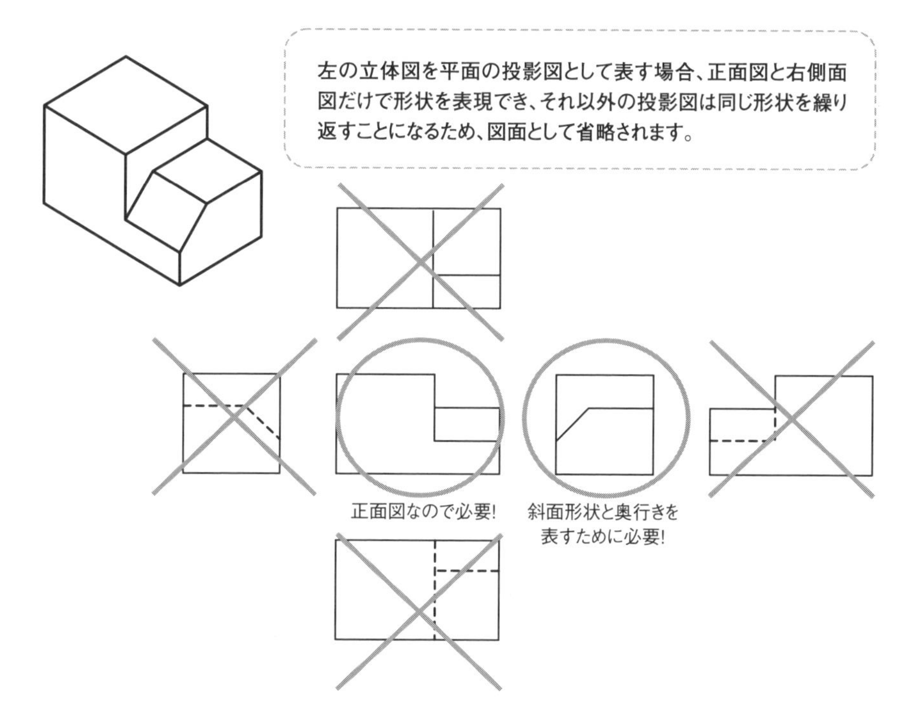

左の立体図を平面の投影図として表す場合、正面図と右側面図だけで形状を表現でき、それ以外の投影図は同じ形状を繰り返すことになるため、図面として省略されます。
正面図なので必要!
斜面形状と奥行きを表すために必要!

φ(@°▽°@) メモメモ

投影図の表し方

①対象物の最も特徴のある方向から見た図を正面図とする。
②他の投影図（断面図を含む）が必要な場合には、あいまいさがないように完全に対象物を規定するのに必要かつ十分な投影図や断面図の数で表す。
③可能な限り隠れた外形線やエッジを表現する必要のない投影図を選ぶ。
④不必要な細部の繰り返しは避ける。

必要十分な投影図の場合、いくつか問題点が発生します。

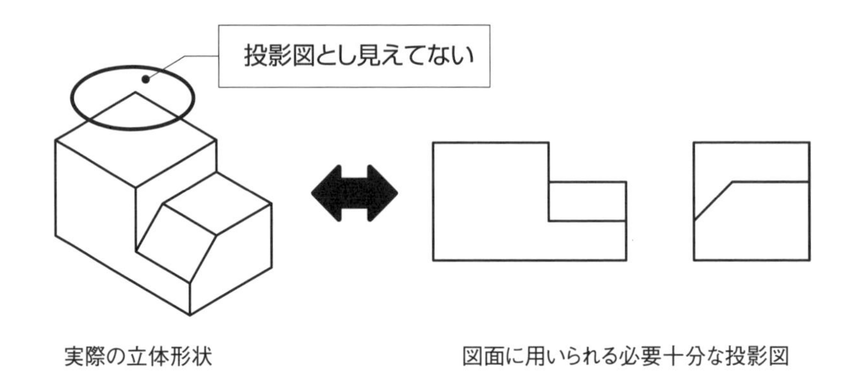

立体形状の左後ろ側（丸印部分）は、必要十分な投影図には全く表れていません。

そのため形状は不確定ということになります。

しかし、製図の世界では図をできる限り簡略化するための魔法の言葉である「暗黙の了解」があります。つまり、暗黙の下、投影図が省略されているのです。

左後ろ側（丸印部分）は、他の部分に対して特に変化がなく平面でつながっていることから、面取りのないエッジ形状であると推測できます。

φ(@°▽°@) メモメモ

製図における「暗黙の了解」

図面を見る際に様々な場面で「暗黙の了解」が出てきます。代表的なものが次の2つです。

・2つの形体が同一平面上に整列している場合、距離寸法の0、あるいは角度寸法の0°は省略されます。

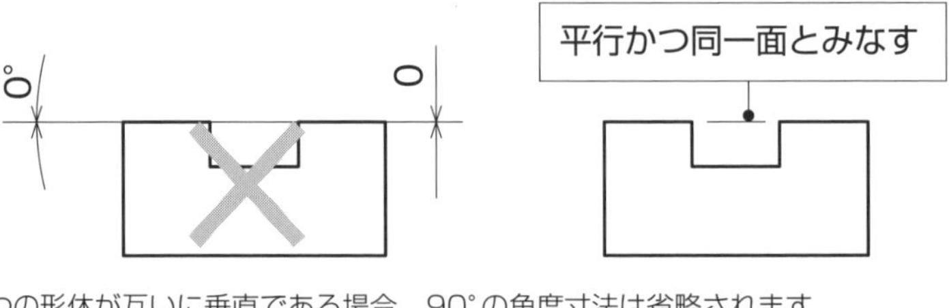

・2つの形体が互いに垂直である場合、90°の角度寸法は省略されます。

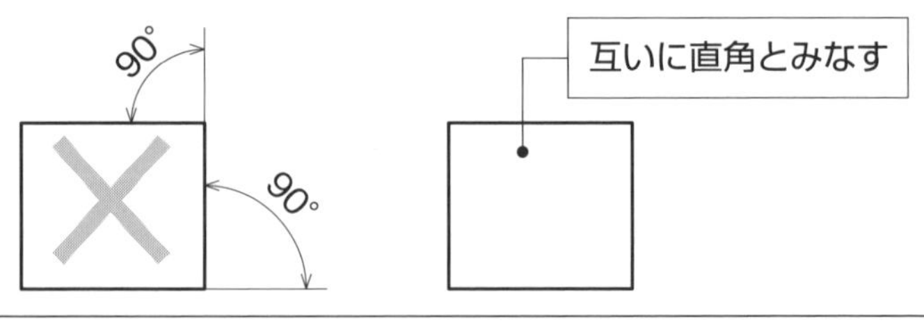

たくさん投影図がある場合、どうやって見たらええん？

1）投影図の配置の決まりごと

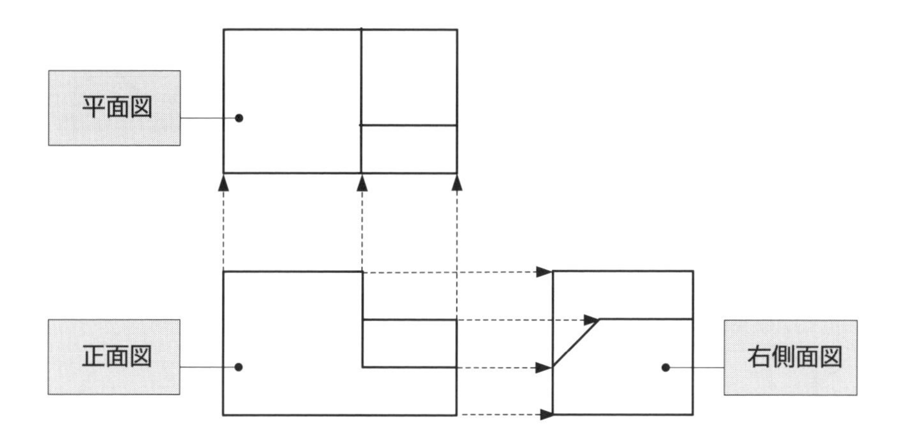

投影図記入のルールとして、正面図の周辺に配置する投影図の位置は、上下方向と左右方向は完全に一致するように配置されています。

したがって、投影形状がよくわからない場合や投影図中の線の意味が理解できない場合は、定規を当てて、その他の投影図の線と合わせてみることで形状を理解しやすくなります。

2）凹凸を見極める

さて、皆さんは、右図を見てどんな形状だと思いますか？

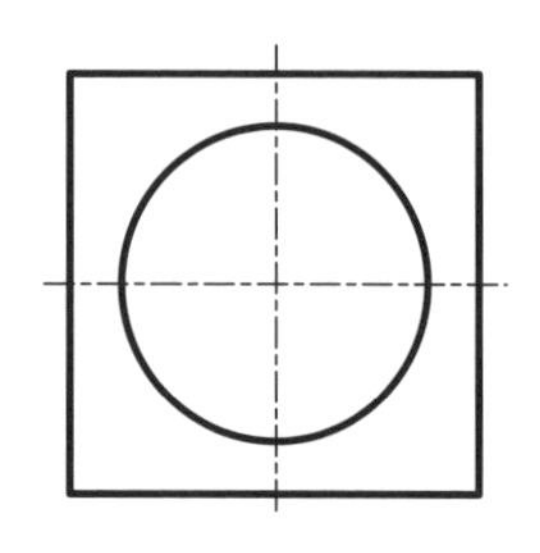

1つの投影図を見ただけでは形状を判断できません。立体の形状をイメージするには、奥行きを表す図形と組み合わせながら考える必要があります。

つまり、右図は丸い形状と四角い形状の位置関係が不明なのです。

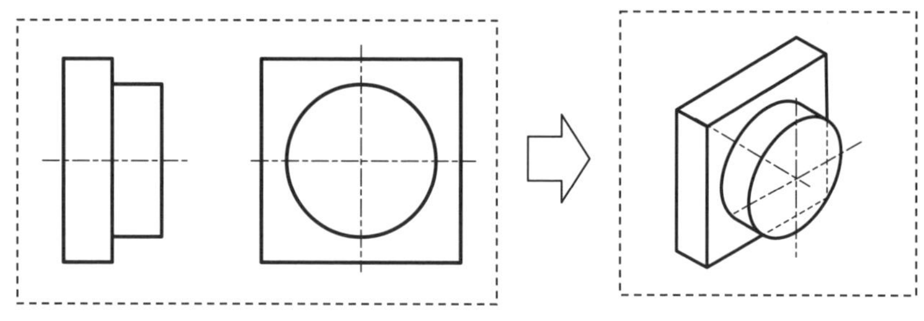

a）丸い形状が飛び出している形状の場合

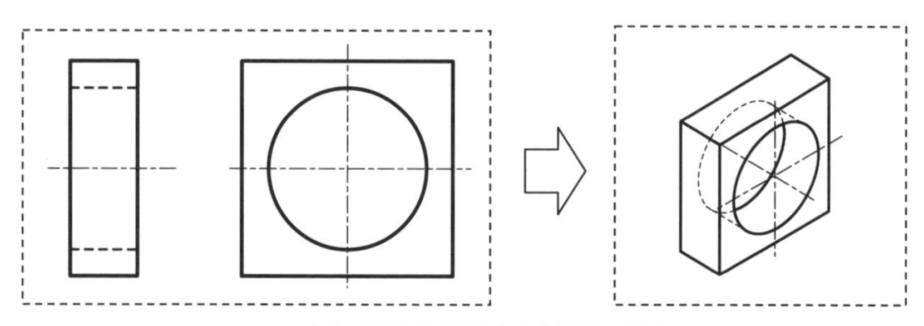

b）丸い形状が貫通した穴の形状の場合

1つの投影図だけで形状を把握することは、大変難しくなります。

最低でも2つ以上の投影図を見比べることで、凹凸の判断ができるようにするところから図解力を向上させましょう。

3）傾斜や円弧を見極める

それでは、右図はどんな形状でしょうか？

円形状がない場合、意外と想像力が働かないものです・・・

右図には四角い形状の中に水平の区切り線があります。この区切り線のことを稜線（りょうせん）といいます。

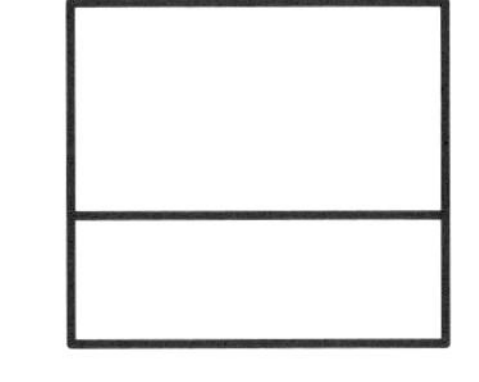

稜線の上側が飛び出しているか、下側が飛び出しているかと安易に考えがちです。しかし、設計される形状には、傾斜面あるいは円弧面という選択肢があることを忘れてはいけません。

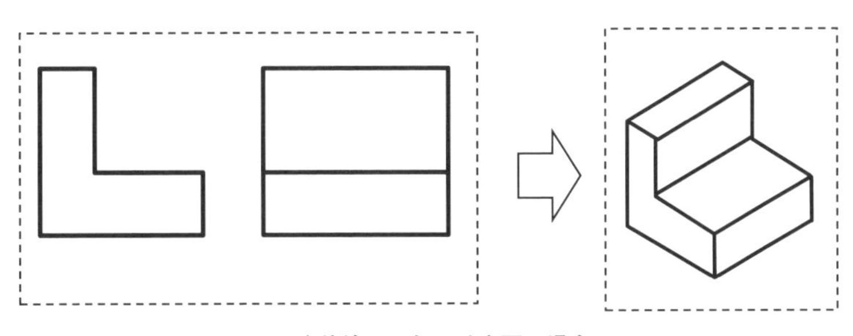

a）稜線の上部が垂直面の場合

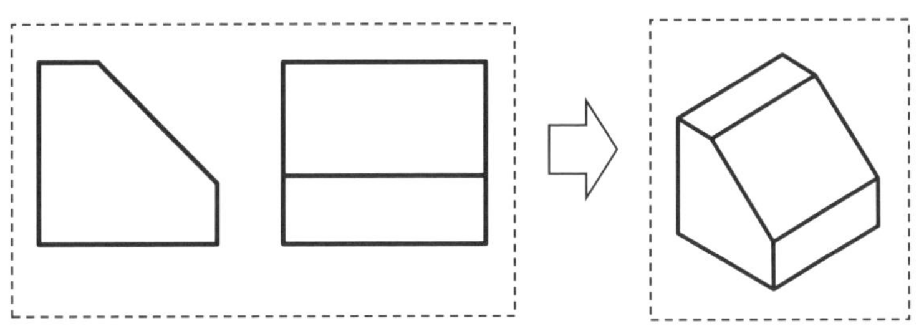

b）稜線の上部が傾斜面の場合

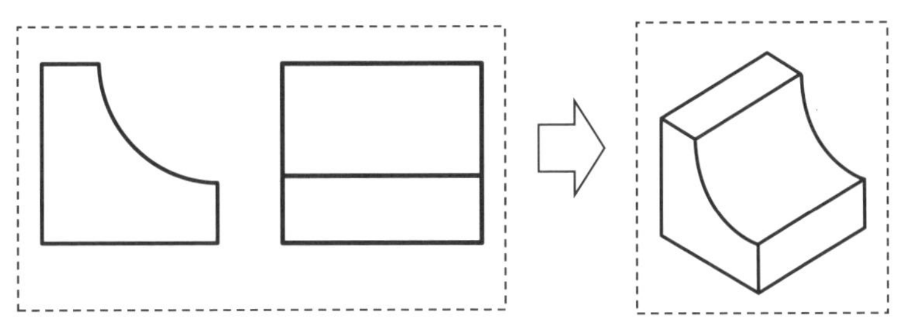

c）稜線の上部が円弧面の場合

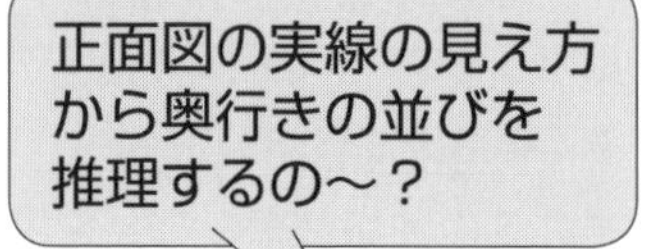

正面図の実線の見え方から奥行きの並びを推理するの～？

そやで！　投影図の読みとりは、線の意味を考え、類推することから始まるんや。

また、下図に示したように正面図に対して平面図（上から見た図）を選択した場合を考えてみます。斜面の部分も実線で表されており、一見問題ないように見えますが、投影図として決定的な不備があるのです。中面図の稜線を境にした部分が様々な形状に解釈できることです。

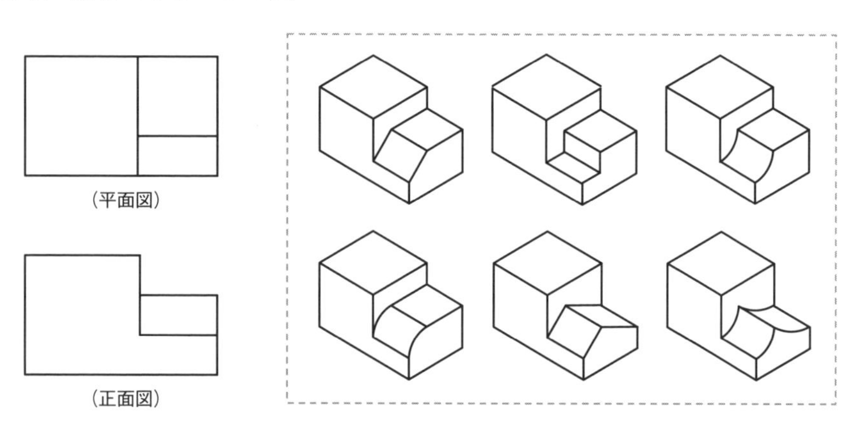

このように、投影図の選択の仕方によって、図面の解釈が複数考えられる場合、必要十分条件を満足しないといえます。

φ(@°▽°@)　メモメモ

特に若い設計者の不注意によって、ごくまれに、必要十分条件を満足しない図面が出図される場合もあります。図面を受け取った側でも注意して形状を見るようにしてください。

4）寸法補助記号を参考にする

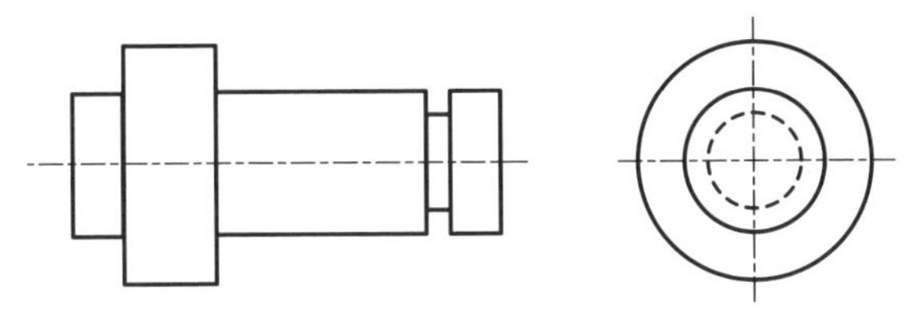

a)右側面図があるので円筒形状と判断できる

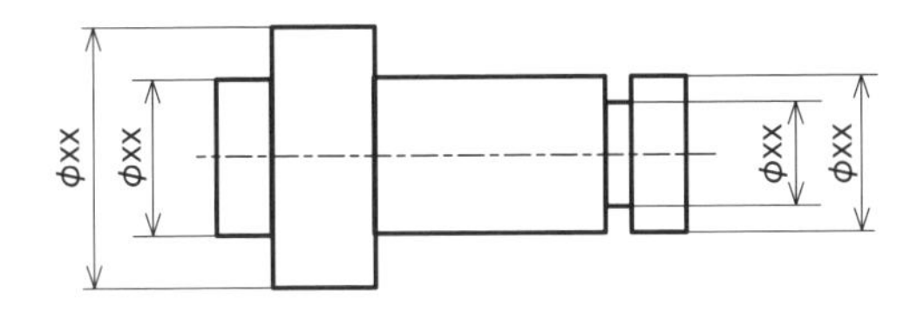
φxx
φxx
φxx
φxx

b)寸法補助記号「φ」によって円筒形状と判断できる

b) の投影図だけを見た場合、矩形にしか見えないため、円筒部品かどうか判断できません。

しかし、第5章で解説する寸法補助記号「φ（ふぁい)」が指示されることで、1つの投影図だけで円筒形状であることがわかるのです。例えば、段差や溝があっても1つの投影図で表すことができます。

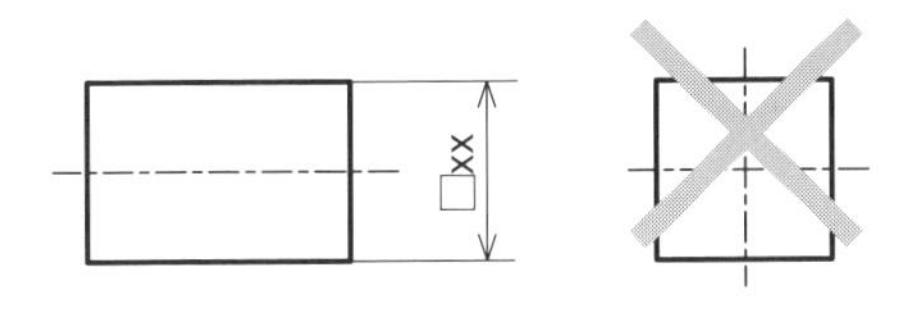
□xx

同様に、正方形断面の角棒は寸法補助記号「□（かく)」によって、投影図が省略される場合があります。

円筒軸は、一般的に
1つの投影図だけで
表現されるんかー！

まずは、特徴のある正面図を探して…
次に、垂直水平面か？穴か？突起か？斜面か？を見分けるんか！

そや！それが、図形を読みとる基本中の基本やで！

■D(￣ー￣*)コーヒーブレイク

図解力クイズ ～仲間外れを探せ！～

右図に示す投影図はある切削加工部品の下面図です。この下面図が成立する正面図は複数存在しますが、形状としておかしなものが紛れ込んでいます。誤った正面図はア）～ク）のうちどれでしょうか？ただし、下面図における中心線や破線（かくれ線）は省略されているものとします。

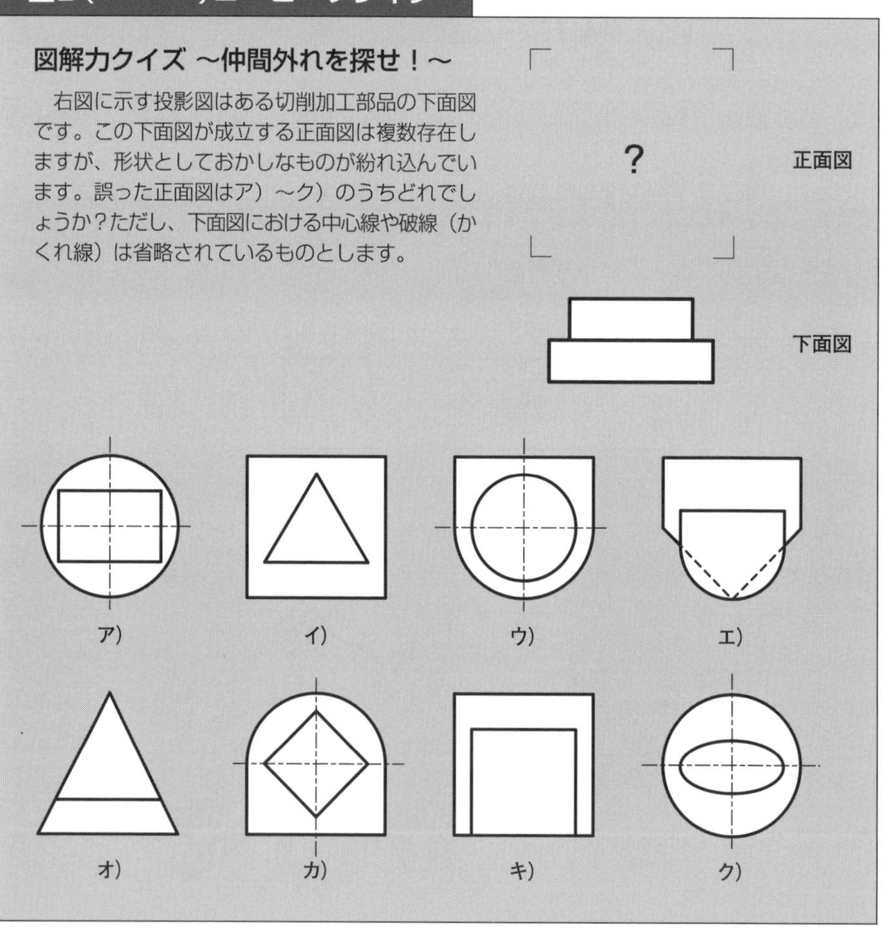

※解答：エ カ キ

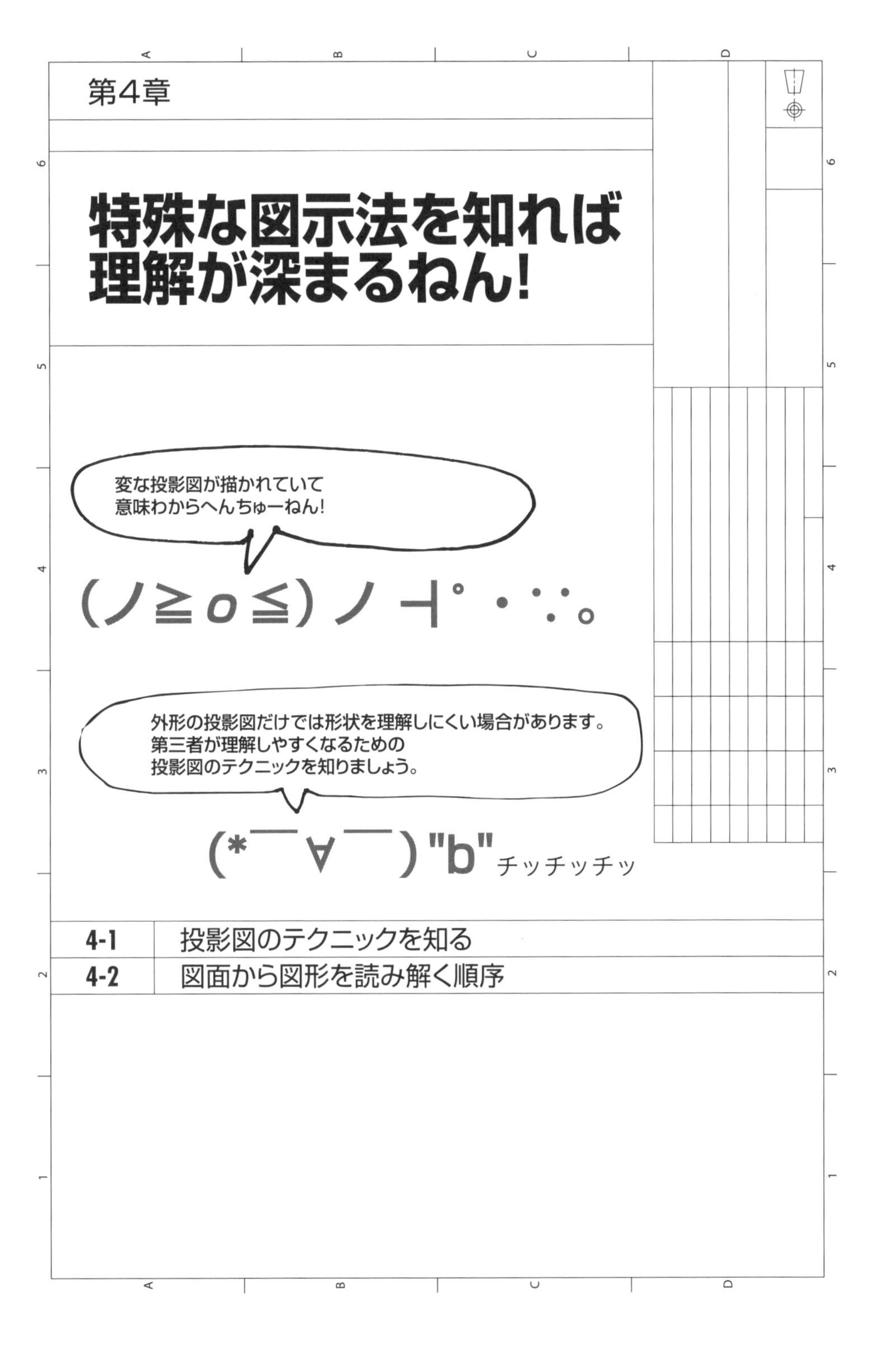

第4章

特殊な図示法を知れば理解が深まるねん!

変な投影図が描かれていて
意味わからへんちゅーねん!
(ノ≧ο≦)ノ ┫゜・∵。
外形の投影図だけでは形状を理解しにくい場合があります。
第三者が理解しやすくなるための
投影図のテクニックを知りましょう。
(*￣∀￣)"b"チッチッチッ

第4章 1 投影図のテクニックを知る

投影図のテクニックには、どんなんがあるん？

投影図は外形形状だけを表わすものではありません。

紙面を省スペース化しつつ、部品の形状を効率よく理解できるよう特殊な図示法、つまり理解を深めるための投影図のテクニックがあります。

1）断面図

①全断面図

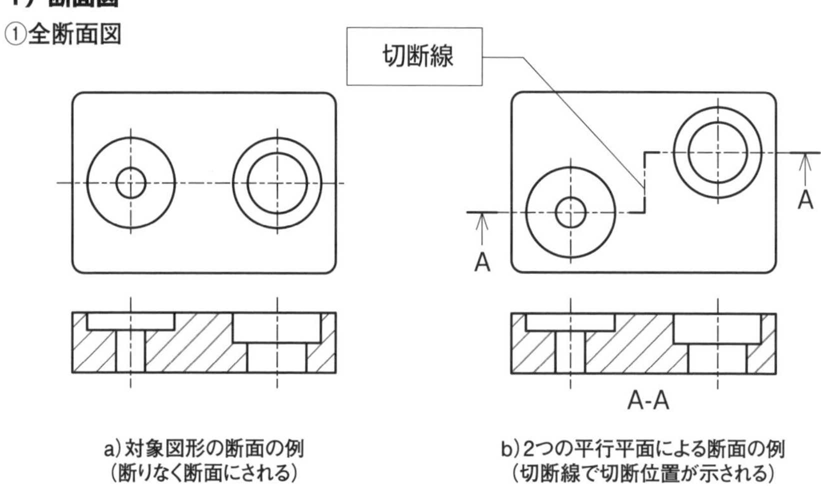

a）対象図形の断面の例
（断りなく断面にされる）

b）2つの平行平面による断面の例
（切断線で切断位置が示される）

対称図形など基本中心線が明確な場合（明らかに切断する場所が限られる場合）、切断線の記入はなく、断りなく断面図として表現されます。

明らかに非対称形状の場合は、切断線によって切断位置が示されます。

製造業で用いられる現場用語や現場の声

切り口を表すハッチング（斜線部）の記入は強制ではないため、設計者の判断で記入される場合と記入されない場合があります。

また、断面図であることを明記する記号「A-A」の代わりに、「AA」「断面A-A」「AA断面」「SECTION-A」などと記入される場合もあります。

②片側断面図

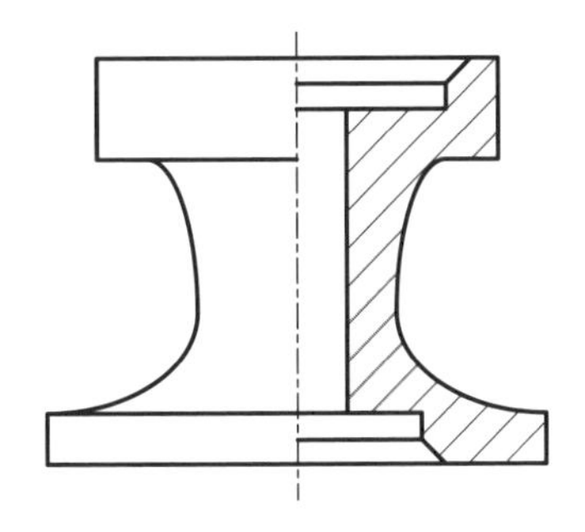

中心線のどちらか一方を外形図、もう一方を断面図として表すこともできます。一般的に中心線を基準として左右、あるいは上下で切り分けられます。

投影図をみて、「半分が断面になっているのだな」と解釈します。

③部分断面図

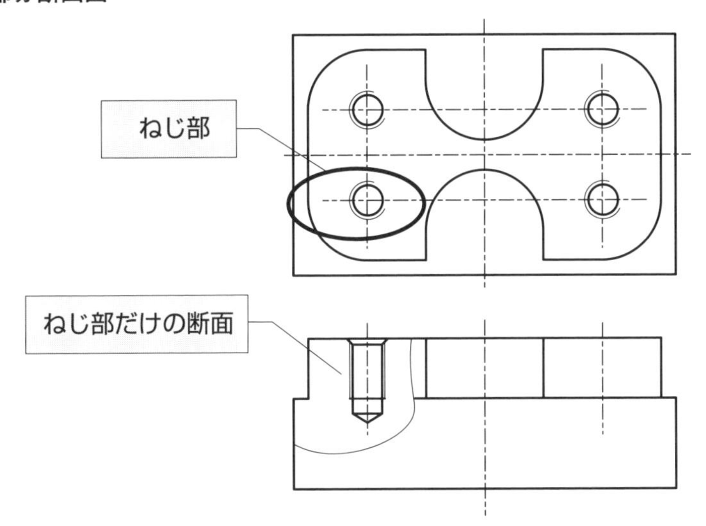

外形図において、必要と思われる一部だけを断面にしたものです。外形図には破断線によって、その境界を示します。切断線によって切断箇所が示される場合と示されない場合があります。

切断線がない場合は、暗黙の了解のもと、自身で切断箇所を見つけて判断します。

2）図形の省略

①長尺（ちょうじゃく）部品の省略

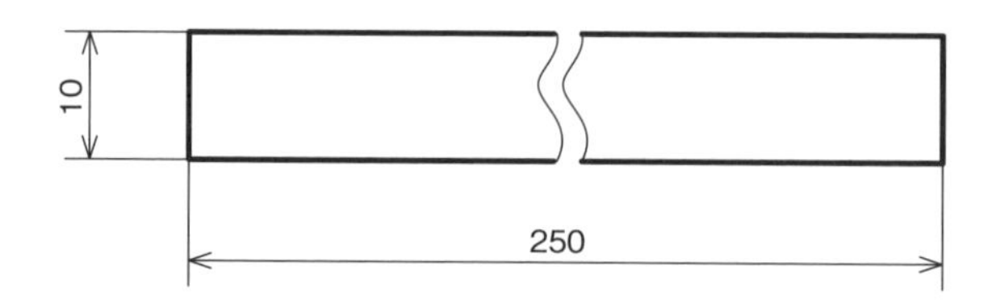

同一の断面形状を持つ長い軸や管（くだ）、形鋼（かたこう）、テーパ軸などは、紙面を効率よく使えるよう中間部を省略して表されることがあります。切り取った端部は破断線で示されますが、紛らわしくなければ破断線は省略される場合もあります。

破断して表しているため、実際の部品の長さよりも投影図は短くなりますが、寸法数値は要求される大きさのままの数値で示されます。

②半分省略

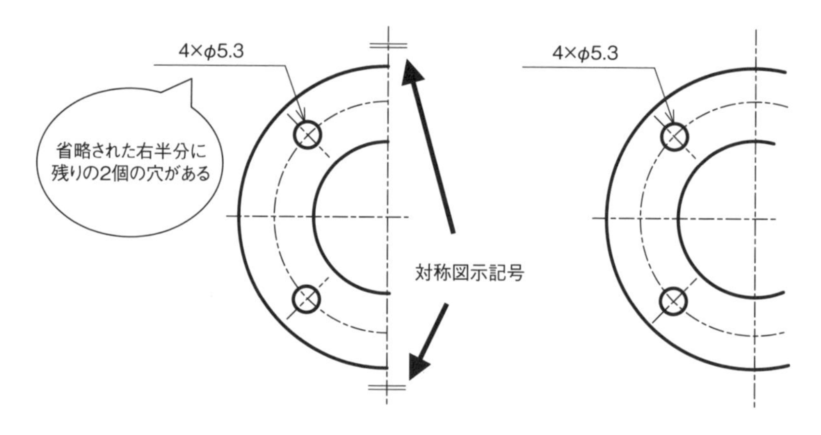

上下または左右対称の部品の中心線の片側だけを描いて、残りの片側を省略する手法です。省略された投影図には中心線の両端に対称図示記号（2本の短い平行細線：＝）が指示されています。対称図示記号を使わず、中心線を超えて外形などを表す線を少しだけ飛び出して描かれる場合もあります。

3）矢示法（やしほう）

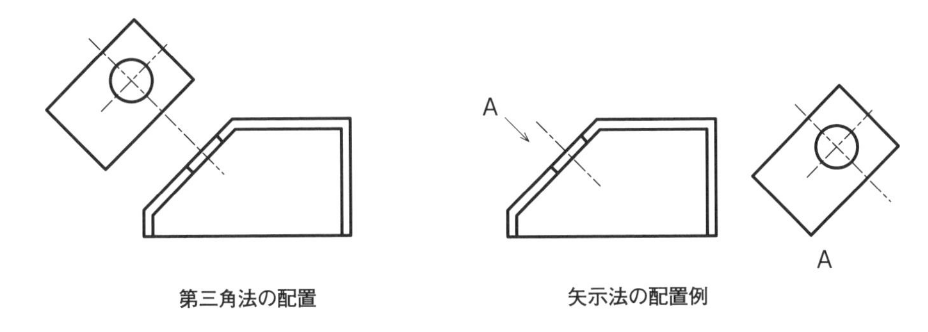

第三角法の配置　　　　矢示法の配置例

第三角法や第一角法の配列を無視した投影図の配列が存在します。

紙面スペースの都合上、第三角法の正しい配列に並べることができない場合に、矢示法が用いられます。第三角法の正しい方向から見る矢とアルファベットが示され、紙面の空いたスペースに矢から見た投影図が配置されます。

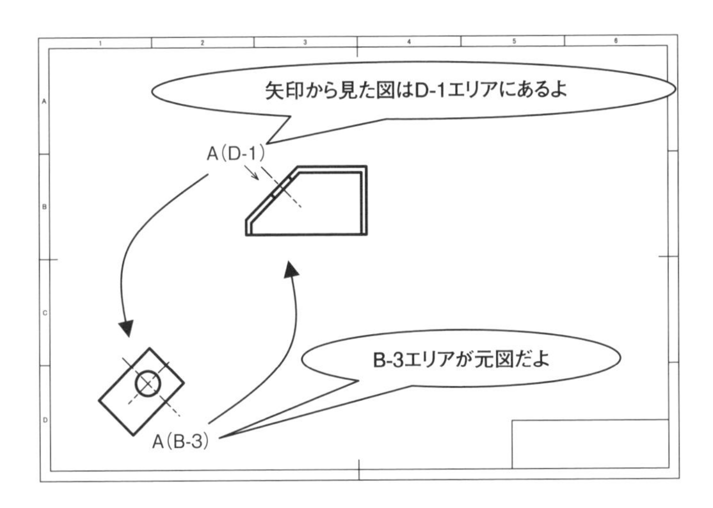

大きな図面で、矢示法で示された投影図を遠く離れた位置に配置せざるを得ない場合、格子参照方式を利用してアルファベットの後に図面のアドレスが表記される場合もあります。

4) 部分拡大図（ぶぶんかくだいず）

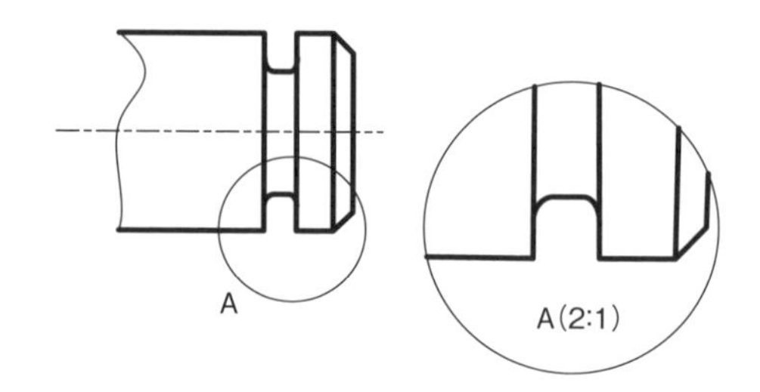
A
A(2:1)

対象物のある特定部分が小さいために、その部分の詳細な図示や寸法の記入が難しい場合、その部分を細い実線で囲み、かつアルファベットの大文字で表示すると共に、該当部分を適当な場所に適切な尺度で拡大して表現され、一般的にその拡大図に寸法線が記入されます。

尺度を示す必要がない場合には、A（2：1）のような尺度を記載した注記の代わりに「拡大図」や「DETAIL」と記入されることもあります。

5) 平面部分の指示

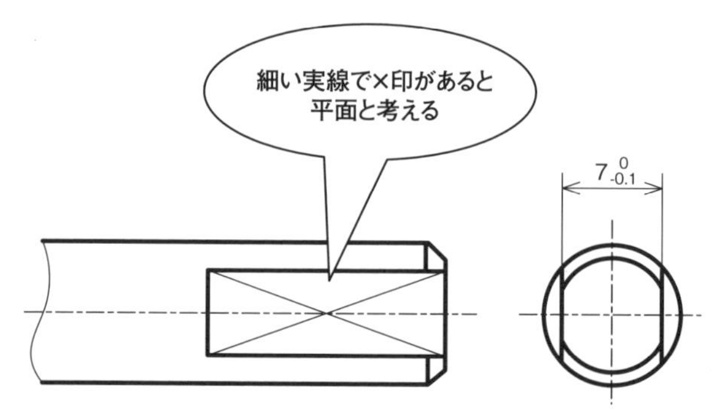
細い実線で×印があると
平面と考える
7 0 -0.1

二面幅のように、対象物の一部分だけが平面であることを示す場合、細い実線を対角線上に記入する手法です。細い実線で対角線上に交差した線がある部分は平面であると考えましょう。強制的なルールではないため対角線の細い実線が記入されるとは限りません。

製造業で用いられる現場用語や現場の声

二面幅（にめんはば）

スパナなどを使って部品を回したり固定したりする平行二面のことを二面幅と呼びます。

6）相貫線（そうかんせん）

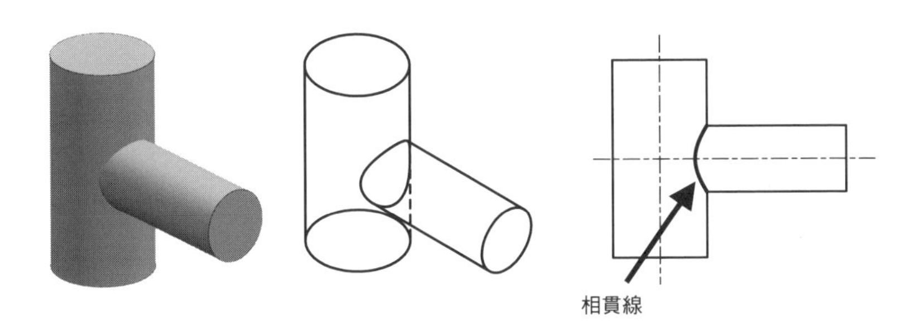

相貫線とは、複数の平面や曲面などが交差してできる、構造上自然と形作られる交線です。

JISでは、相貫線の簡略を認めていますので、必ずしも正確に描く必要はなく、おおまかな形状さえ間違っていなければ、直線やスプラインの線で描かれている場合もあります。

φ(@°▽°@) メモメモ

相貫線

相貫線は、鋳物や樹脂成形品の曲面が交差する部分にできます。

この線は成り行きの線であり、寸法指示されるわけでもなく、重要度が低い形状であるといえます。

したがって、本来なら曲線で見える相貫線も直線で描かれるなど、製図では簡略表示が認められています。

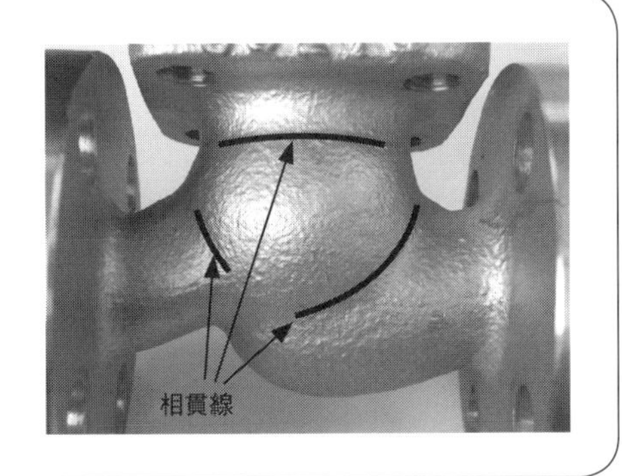

7）加工前形状や仮想状態の表示

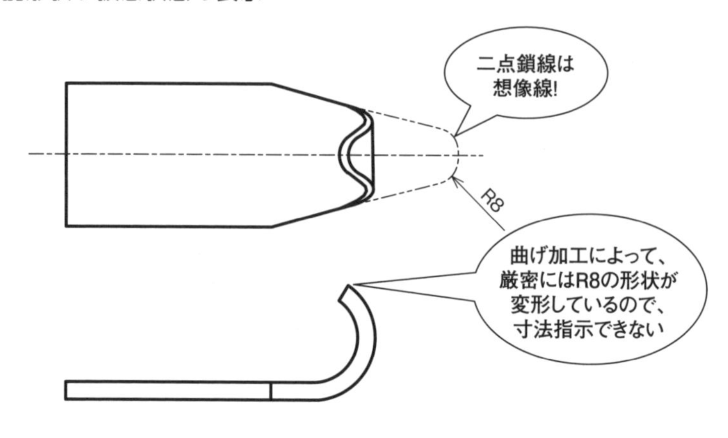

加工によって変形した形状などには寸法が指示できません。そこで加工前の形状を細い二点鎖線で表し、寸法を記入するときに用いられます。

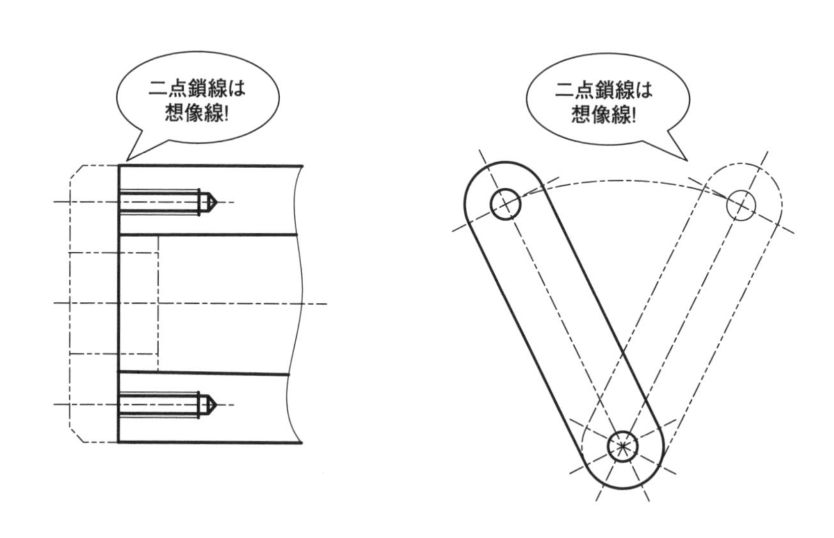

部品図に用いられることはごくまれですが、参考情報として隣接する部品の形状や動作範囲などを表す場合に用いられます。

第4章	2	図面から図形を読み解く順序

図面から図形を読み解く順序

前章までに、部品の名称、材質記号、用紙の大きさ、尺度、寸法補助記号から投影図の情報を得て、事前にイメージを持つテクニックを知りました。また、本章では投影図に関する特殊な図示法も知りました。

最終的にイメージを確定させるためには、やはり投影図を理解する以外に手段はありません。このとき投影図以外に寸法線などの邪魔な情報が複雑に入り組んでいる中から投影図を見極める必要があります。投影図と寸法線を区別して、投影形状だけをイメージできるスキルを鍛えましょう。

JISでは「寸法補助線と図形との間をわずかに離してもよい」とされており、設計者の中には外形線と寸法補助線を離して描いてくれる人がいます。

このように外形線が区別しやすいように配慮してくれればよいのですが、外形線に寸法補助線を接して描く設計者が多く、図面を読む人が読み解かなければいけないのです。

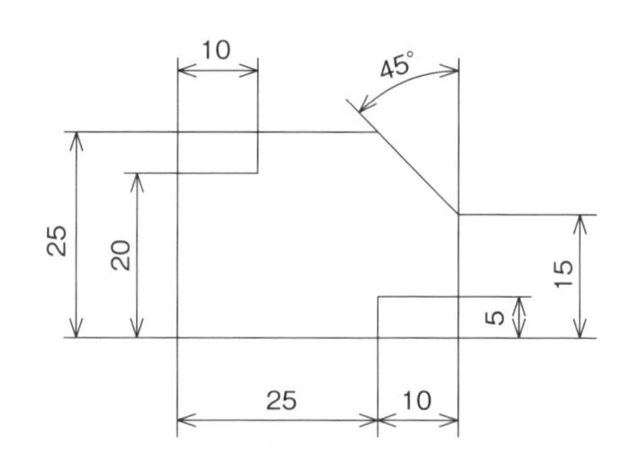

a）外形線と寸法補助線を接した例

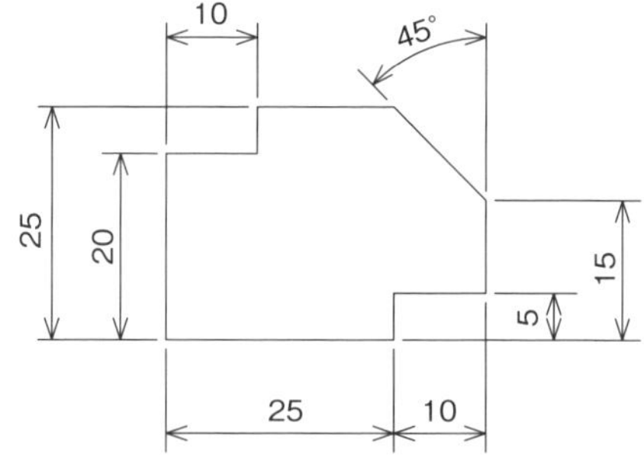

b）外形線と寸法補助線を離した例

そこで、まだ図面を見慣れないうちは次ページ以降に示すよう、図面をコピーした後、外形線を色分けして投影図だけを浮かび上がらせて形状を把握するテクニックを紹介します。

それでは、簡単な切削部品の図面例から図形をイメージします。
ジクという名称から丸い棒をイメージすることから理解を始めましょう。

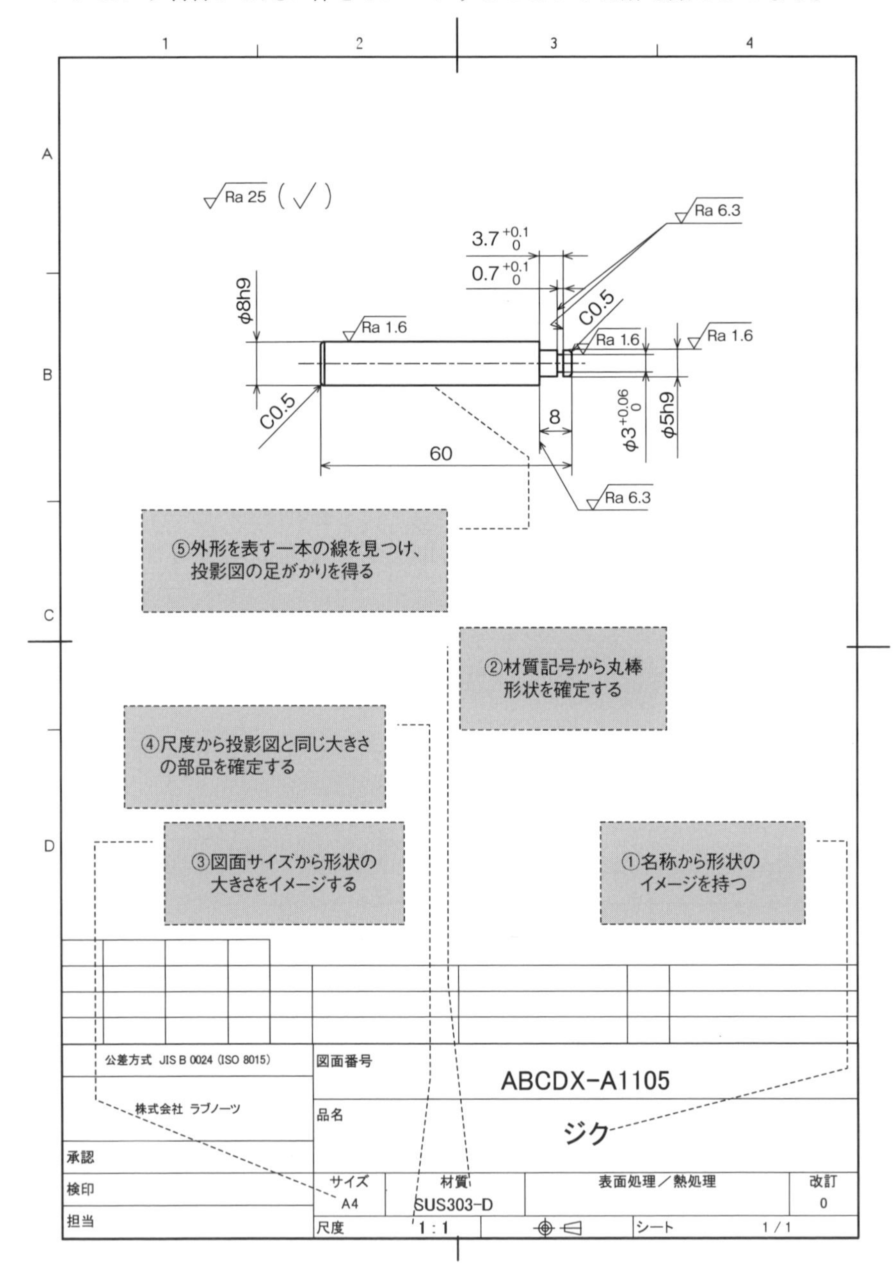

図面を見ただけで投影図の範囲がよくわからない場合は、蛍光ペンなどで色を塗ってみましょう。

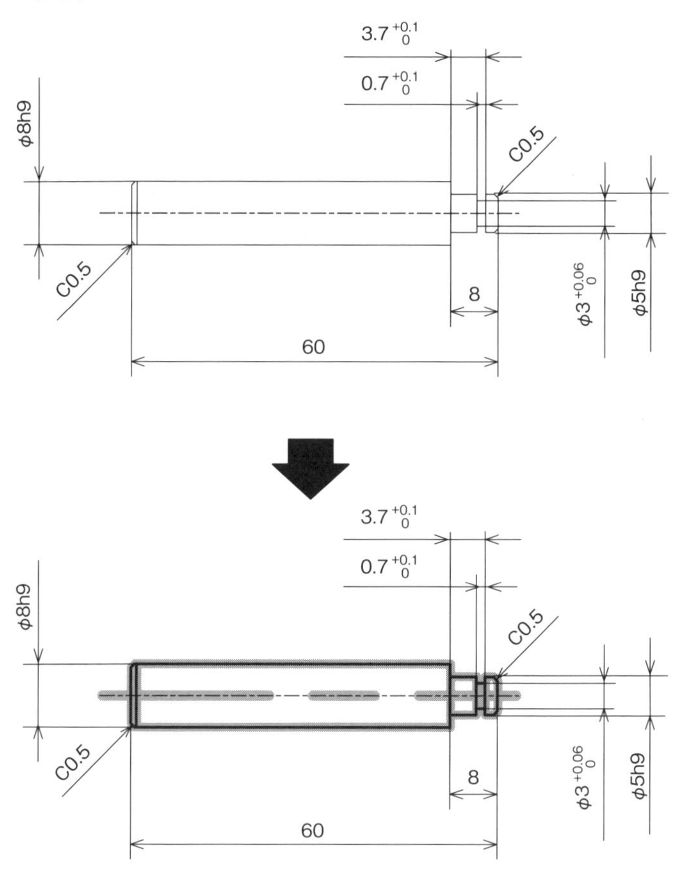

お〜！
なんとなく形状が
浮かび上がって
きたぞ…
あれっ？
軸やのに丸い
形状かどうか
わからへんやん！

そうですね。色を塗って形状のイメージがなんとなくわかったのに、軸という部品名称から丸い軸のはずなのに、投影図に丸い形状がどこにも描かれていません。

ここで、寸法数値の前に寸法補助記号「ϕ」は直径を示す記号のため、円筒形状の投影図が省略されていても丸い軸であることがわかるのです。寸法補助記号は第5章で説明します。

※寸法数値の後にある「h9」の意味は、第6章で説明します。

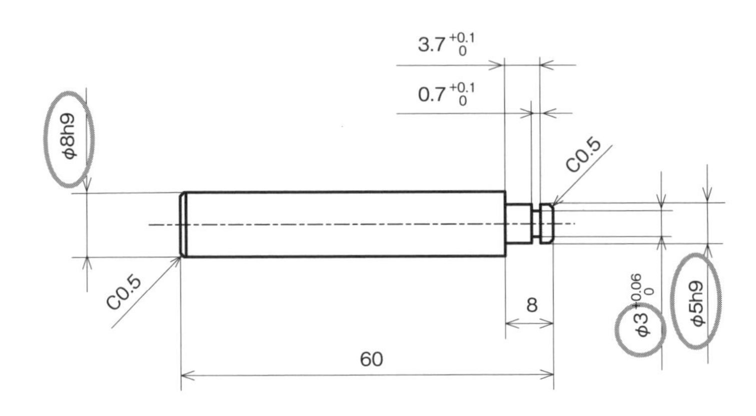

これらの情報を総合して判断すると下記のようになります。

次に板金部品の図面から形状をイメージします。

ブラケットという名称から、固定金具をイメージすることから理解をはじめましょう。

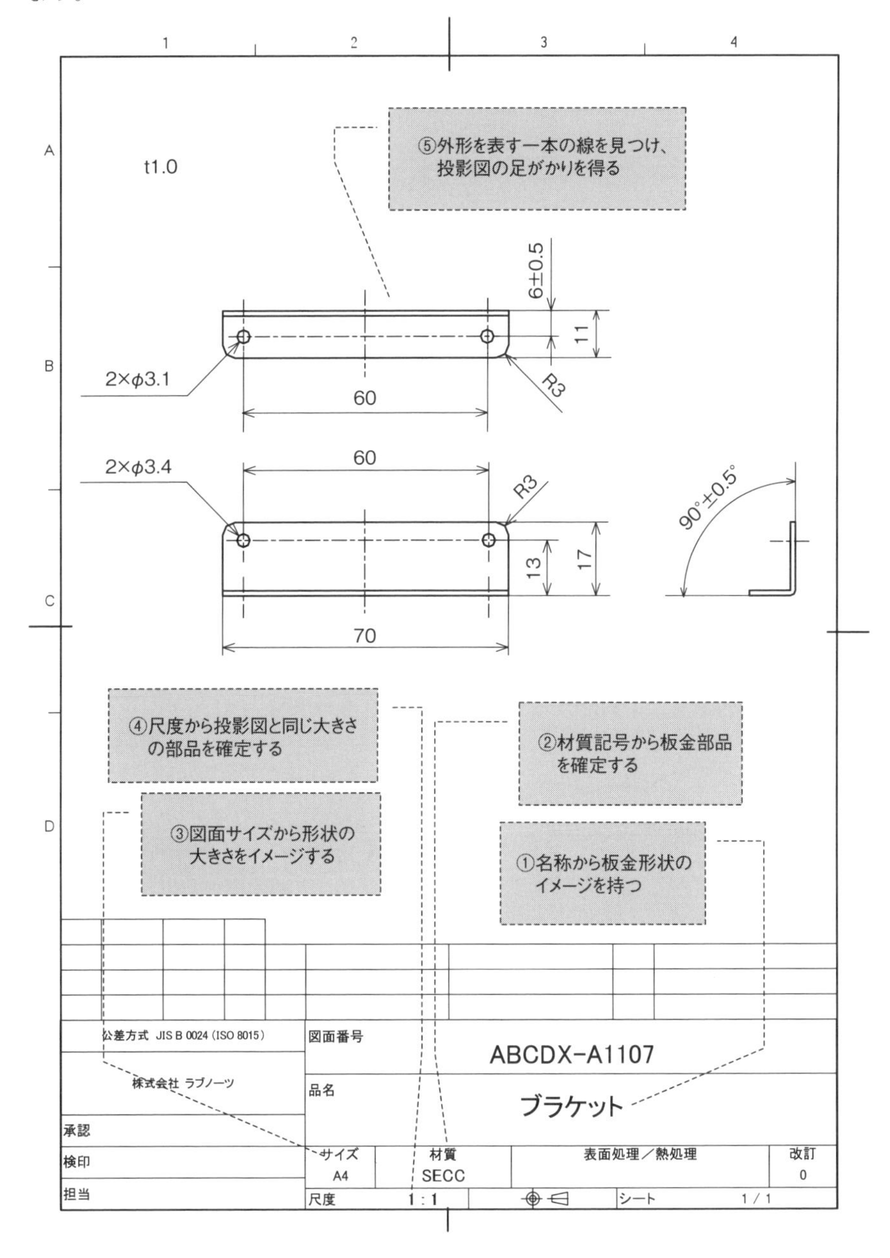

投影図の周辺だけをクローズアップして、蛍光ペンなどで色を塗ってみましょう。

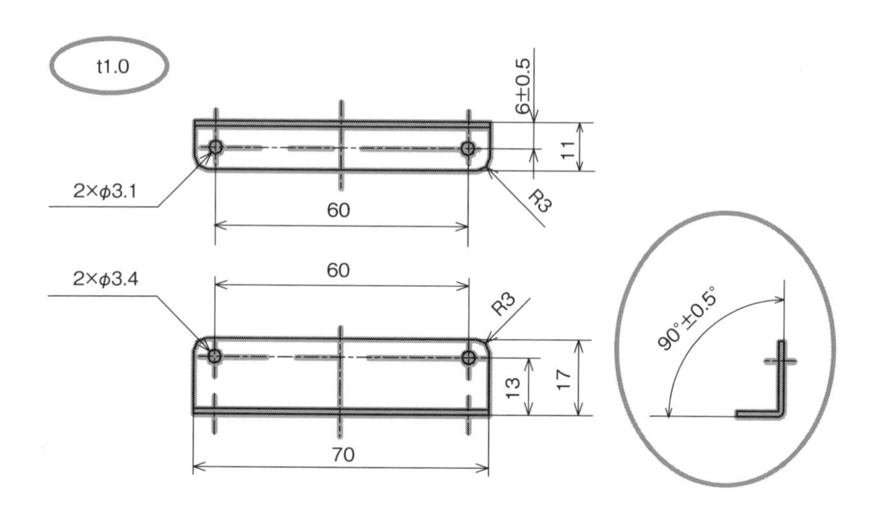

ここで、右側の投影図から「直角に曲がった板」ということがわかります。ただし本例では寸法公差（±0.5°）があるため、たまたま右側面図が描かれました。一般的に公差のない直角曲げの場合、右側面図は省略されることがあります。さらに図面の左上に寸法補助記号を使った「t 1.0」という文字があります。tという記号は板の厚さを表していますので、板厚1.0mmの板金であることがわかります。

これらの情報を総合して判断すると下記のようになります。

さらに違ったイメージの図面を見てみましょう。
プーリという名称から、滑車をイメージすることから理解をはじめましょう。

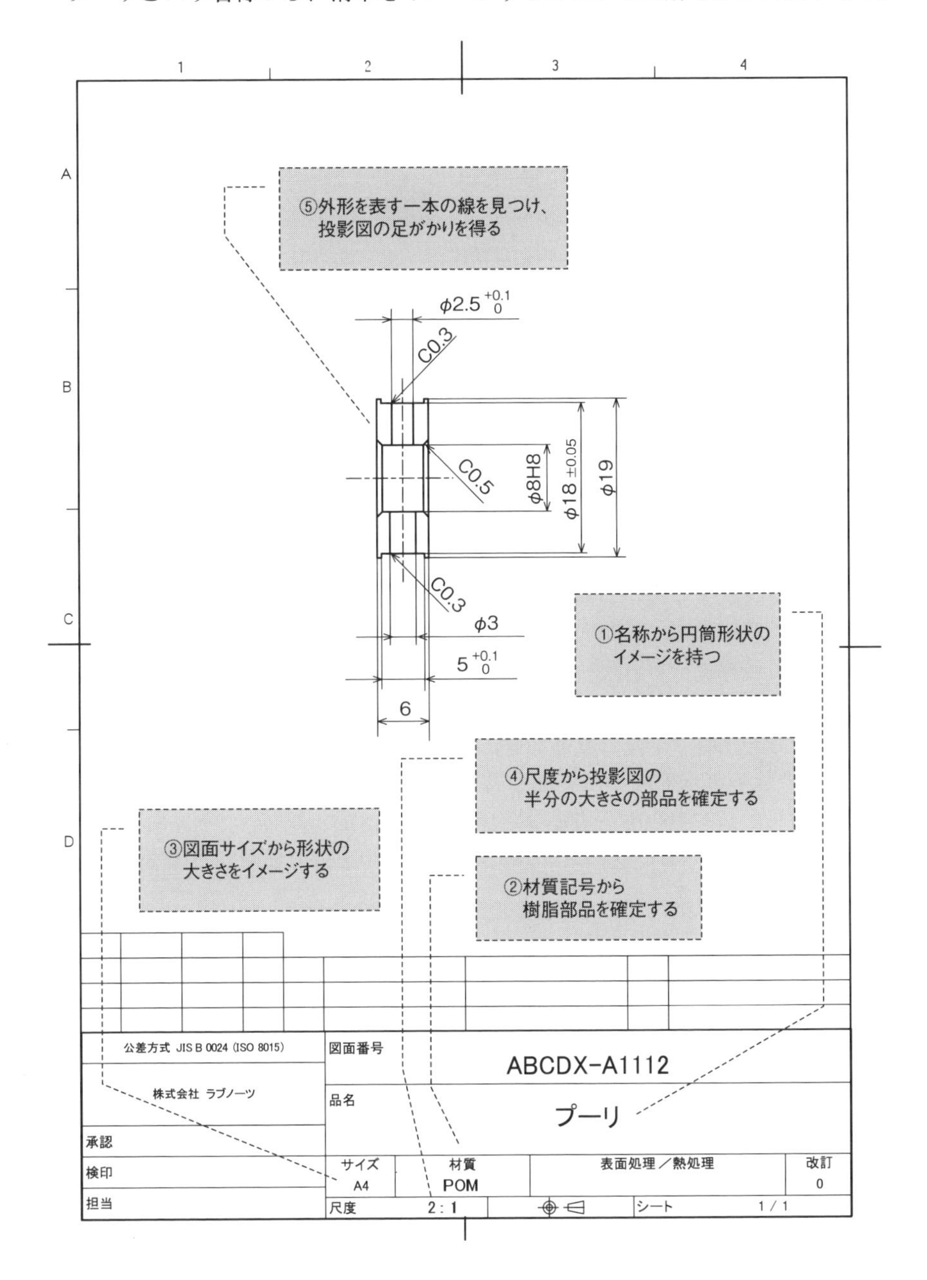

投影図の周辺だけをクローズアップして、蛍光ペンなどで色を塗ってみましょう。

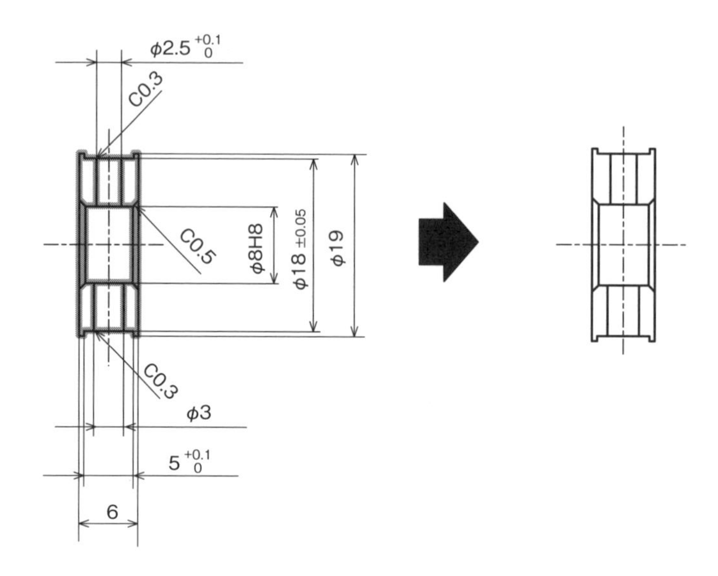

色を塗ってみて、少しおかしなことに気がつきます。寸法線に「φ」があることから、丸い形状の中央にφ8の穴が開いているはずなので、本来なら穴を表す線はかくれ線として破線で描かれているはずです。

にも拘らず、外形形状の内側にある線が全て実線で表されています。

これは、本章第1項で学習した断面図の作法を思い出してください。JIS製図において、「対象物の基本的な形状を最もよく表すように切断線を決めて描く。一般的に対称図形など基本中心線が明確な場合、切断線は記入しない」とあります。

したがって、円筒部品は対称形状であることから中心線で切断した図を断りなく投影図にすることができるのです。

そっか！
対称形状など、
いきなり断面図として
表されるんか～

このプーリの図面は、尺度2：1と指示されており、投影図の大きさが現物に対して2倍の大きさで描かれています。

公差方式 JIS B 0024 (ISO 8015)	図面番号 ABCDX-A1112				
株式会社 ラブノーツ	品名 プーリ				
承認					
検印	サイズ A4	材質 POM	表面処理／熱処理		改訂 0
担当	尺度	2：1		シート	1／1

尺度2：1の場合、寸法数値は実物の大きさで示されますが、投影図は現物の2倍の大きさで投影図が描かれているため、図面に示された形状の半分の大きさの部品であることがわかります。

(逆に尺度1：2の場合は、現物の1/2の大きさで投影図が描かれることから、投影図の2倍の大きさの部品であるとイメージします。)

これらの情報を総合して判断すると下記のようになります。

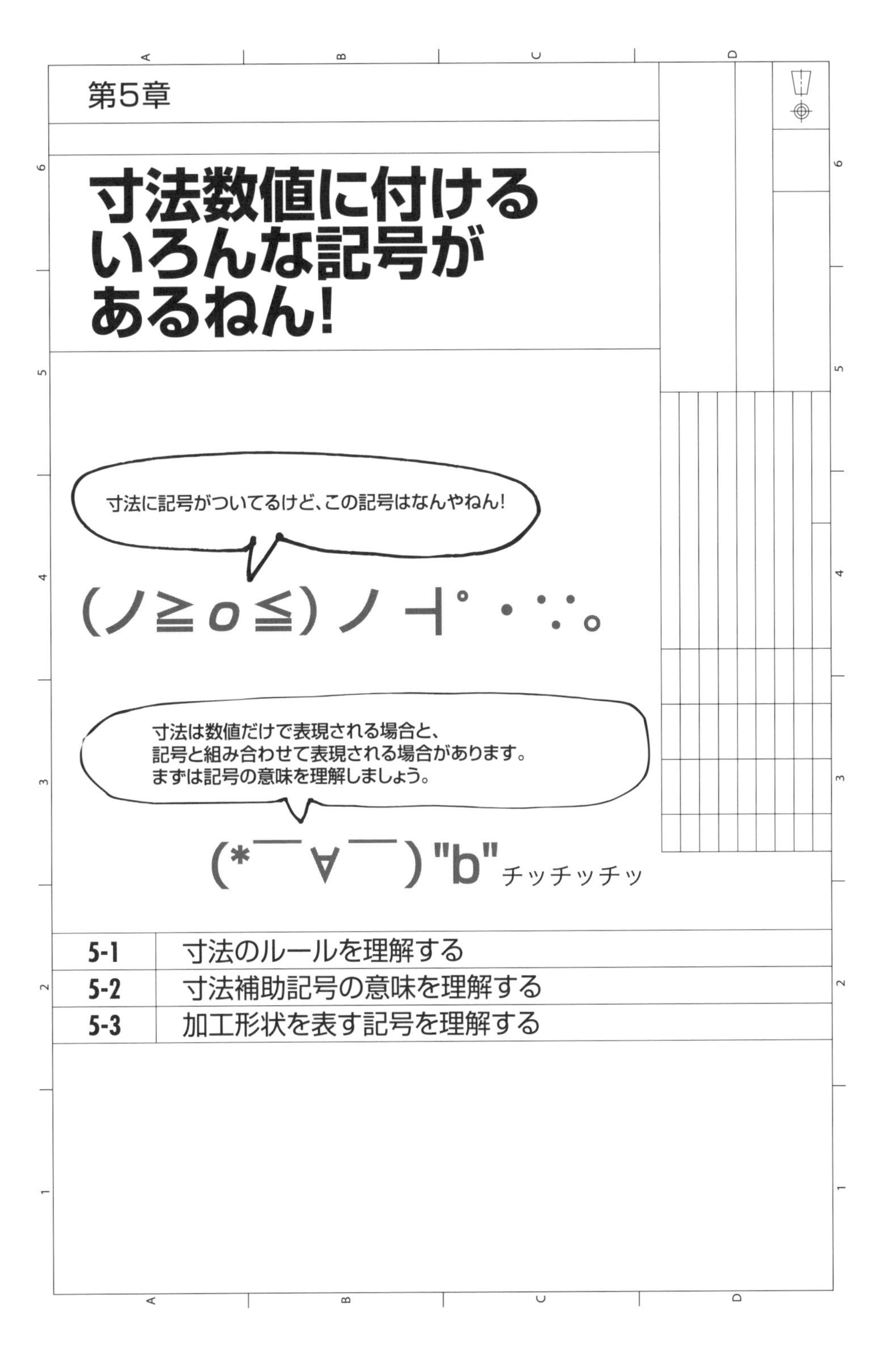

第5章

寸法数値に付ける いろんな記号が あるねん!

寸法に記号がついてるけど、この記号はなんやねん!
(ノ≧ο≦)ノ ┫゜・∵。
寸法は数値だけで表現される場合と、記号と組み合わせて表現される場合があります。まずは記号の意味を理解しましょう。
(*￣∀￣)"b"チッチッチッ

第5章　1　寸法のルールを理解する

寸法は何を表してるん？

寸法（すんぽう）とは

対象投影物の形状を定義するために、長さや角度を寸法によって指示します。この寸法とは、JIS Z 8114にて「決められた方向での、対象部分の長さ、距離、位置、角度、大きさを表す量」と定義されます。

図面を見て投影対象物の形状を完璧に理解しても、寸法線がなければ正確な大きさを把握することができません。大きさによってコストや加工法が大きく異なります。

寸法は主に、次の要素から成り立ちます。

1）水平方向　→　長さ寸法として指示することが一般的です。

2）垂直方向　→　長さ寸法として指示することが一般的です。

3）任意の角度方向　→　角度と長さ寸法を併記して指示することが一般的です。

4）直径　→　寸法補助記号「ϕ」とあわせて指示することが一般的です。

5）半径　→　寸法補助記号「R」とあわせて指示することが一般的です。

6）球　→　寸法補助記号「S ϕ」「SR」とあわせて指示することが一般的です。

寸法記入要素には、次のものがあります。

- 寸法補助線
- 寸法線
- 引き出し線
- 寸法線の端末記号
- 寸法数値
- 寸法補助記号

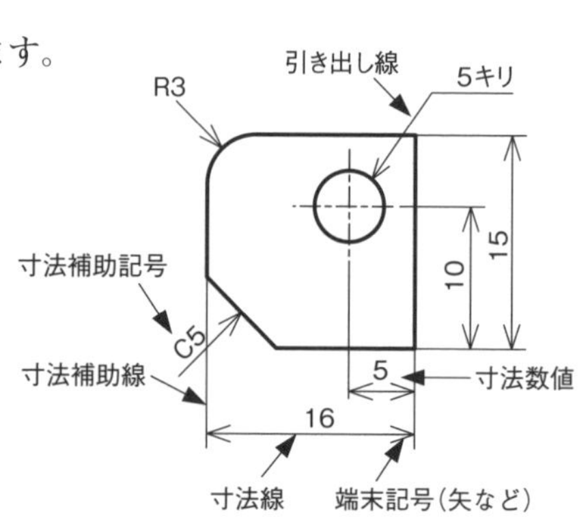

寸法補助記号の「ϕ」「R」「C」「S ϕ」「SR」などは、本章の第2項で説明します。

寸法がないところって、寸法漏れとちゃうん？

1）辺の長さの指示

①図示される寸法と図示されない寸法

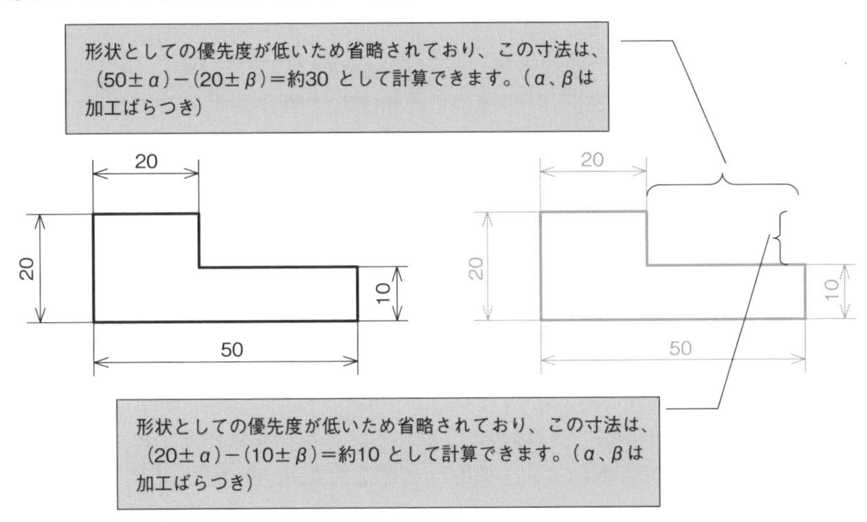

形状としての優先度が低いため省略されており、この寸法は、（50±α）−（20±β）＝約30 として計算できます。（α、βは加工ばらつき）
20
20
10
50
20
20
10
50
形状としての優先度が低いため省略されており、この寸法は、（20±α）−（10±β）＝約10 として計算できます。（α、βは加工ばらつき）

寸法線は指示する長さを測定する方向に平行に引き、線の両端には矢印などの端末記号がつきます。しかし、全ての辺に対して寸法線が記入されているわけではありません。

寸法が指示されていない部分は寸法が漏れているわけではなく、ちゃんと計算（足し算や引き算）で求めることができるのです。

設計機能上、優先度の高いものが図面に書かれ、加工者はその寸法数値を目標として加工します。しかし加工のばらつきは避けられないため、そのばらつき分を吸収させる部分の寸法を省略しているのです。つまり、寸法が省略されている部分は、設計機能の重要度が低い部分と考えればよいでしょう。

寸法で表されている
部分が重要で、
計算で求める部分は
重要度が低いのか～！
そやけど、全ての
寸法を記入する企業も
多く存在するねん…

②参考寸法

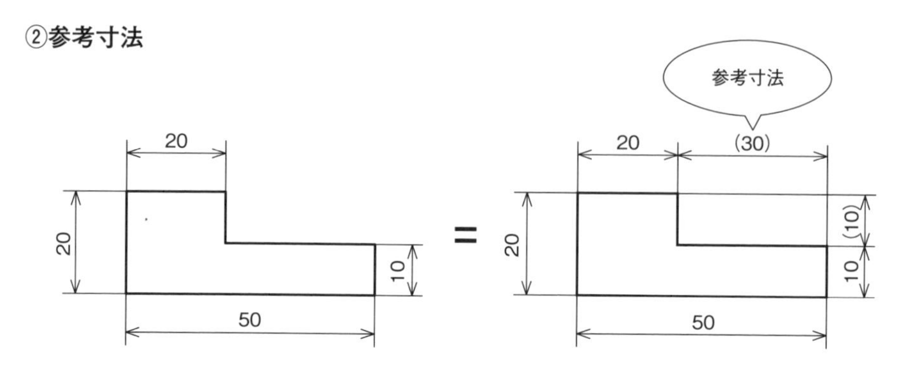

前ページで解説したように、重要度の低い寸法は省略されますが、その省略された寸法数値を知りたい場合、計算しなければいけないのですが、計算ミスが懸念されます。

この省略した寸法を明示したい場合に、通常の寸法を区別するために寸法数値を（　）で囲みます。これを参考寸法と呼び、省略された場合と同じように重要度が低い寸法と解釈します。

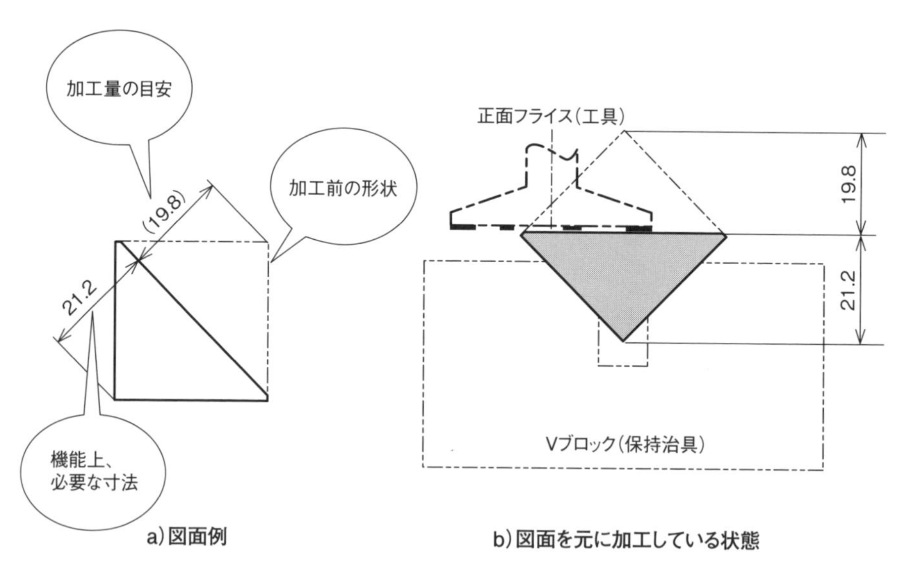

a）図面例　　　b）図面を元に加工している状態

例えば、上記のように四角いブロックから三角形状を製作して欲しい場合、加工機械で除去する量を図面に記載することで、加工者が電卓を叩いて計算する手間を省いているのです。

③長さを測定する計測器

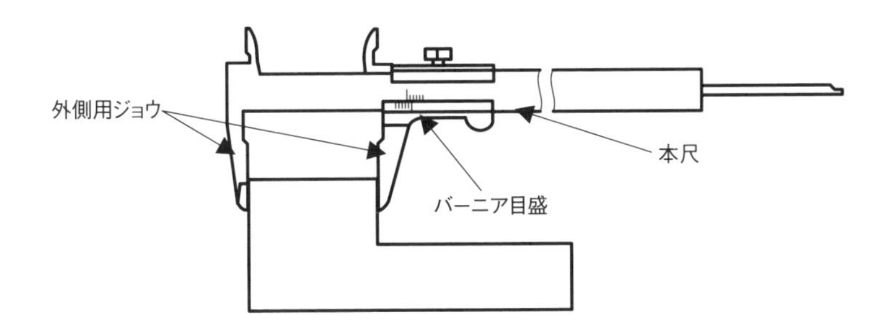

寸法数値は、その形体の物理的な大きさや長さ、位置を示すものです。

寸法測定とは、JISによって「2点測定による形体の実寸法だけを規制する」と定義されます。

例えば、図面上部にある水平方向の寸法を測定する場合、ノギスなどの測定機で挟んで寸法を計測します

φ(@°▽°@) メモメモ

ノギス

外側用及び内側用の測定面のあるジョウを一端にもつ本尺を基準に、それらの測定面と平行な測定面にあるジョウを持つスライダが滑る構造です。各測定面間の距離を本尺目盛とバーニア目盛などによって読み取ります。本尺目盛の19mmをバーニアで20等分したものが一般的で、この場合、最小読取値は0.05mmになります。

例えば、約20mmの長さをもつ部品をノギスで測定する方法を説明します。ノギスで部品をはさみ、本尺の目盛とバーニアの目盛が重なる部分が測定点です。

バーニア目盛の0が指すすぐ左側の本尺目盛が1mm単位の大きさです（下図では20mm）。次にバーニアに刻まれている20に分割された目盛と本尺の目盛が最も一致する部分を探します。この一致した部分のバーニア側の目盛が 0.05mm単位の大きさです（下図では0.55mm）。したがって、ノギスの読取値L＝20+0.55＝20.55mmとなります。

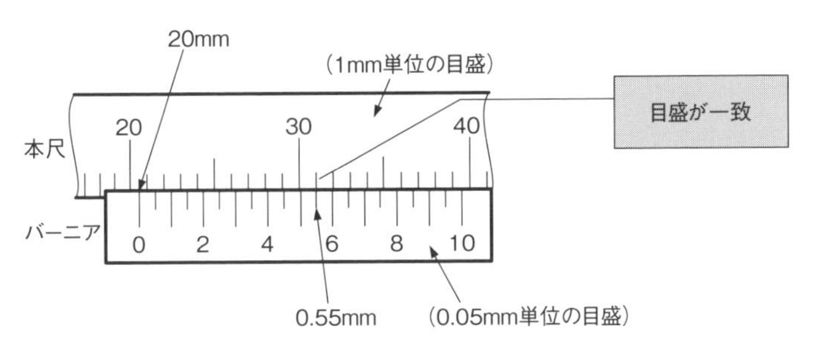

ノギスは、様々な部位を使うことで、溝幅や深さも測定することができます。

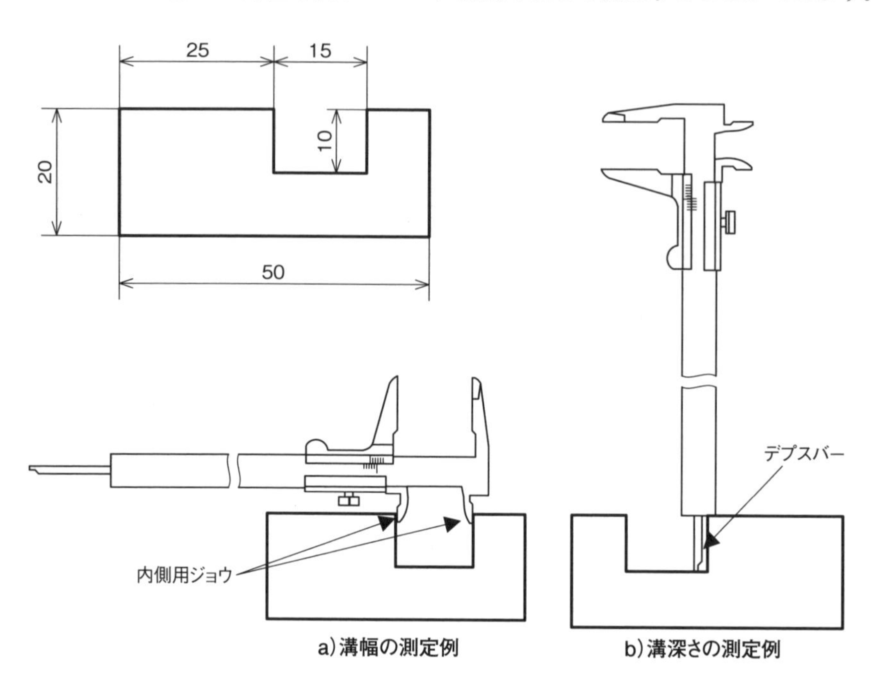

a）溝幅の測定例

b）溝深さの測定例

2）角度の指示

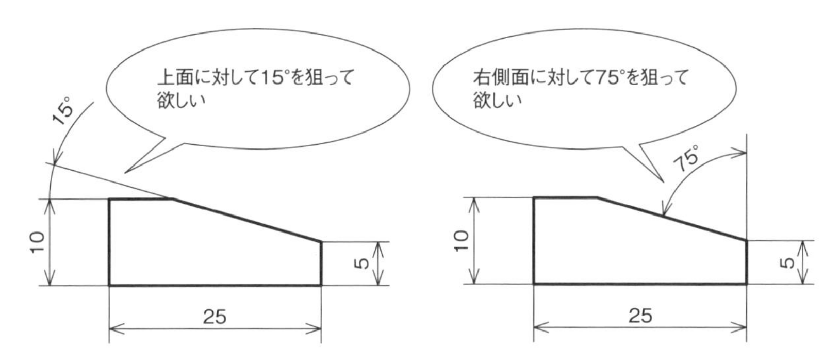

角度を記入する寸法線は、角度を構成する2辺またはその延長線の交点を中心として両辺またはその延長線の間に描いた円弧で表わされます。

角度指示において、公差のない90°や180°の角度寸法は、図面を簡潔にするために暗黙の了解の下、省略されます。

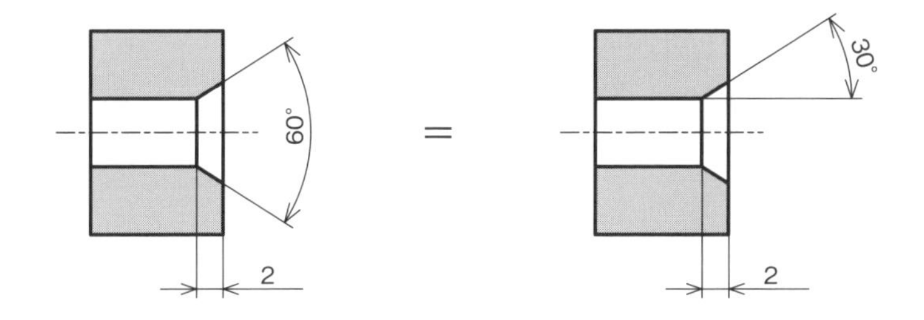

穴の口元（くちもと）のテーパ面取りにも角度寸法が指示されます。

※口元とは、穴の入り口のことを意味します。

φ(@°▽°@) メモメモ

角度の計測

角度や傾斜角の測定には、一般的にプロトラクターやダイヤルスラントルールなどが用いられます。

・プロトラクター…測定範囲0～180°
　さらに精度の高いものにユニバーサルベベルプロトラクターがあり、最小読取値は±5′のものがあり、金型や治工具の基準として使用されるものがあります。

・ダイヤルスラントルール…測定範囲0～180°、最小読取値1°

10°の角度を指した状態（最小読取値1°）

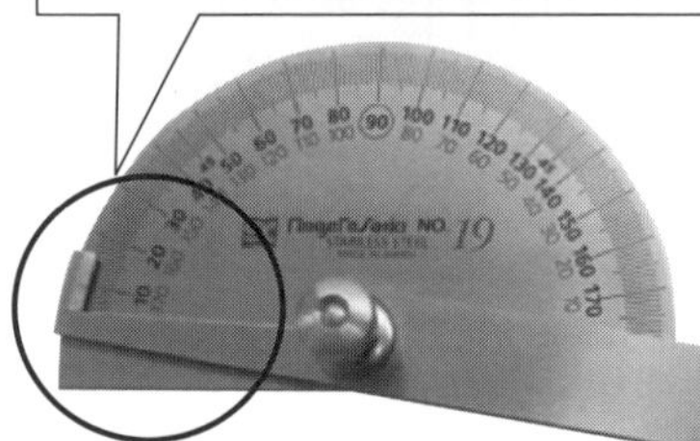

プロトラクター

ダイヤルスラントルール

3）暗黙の了解で省略される寸法

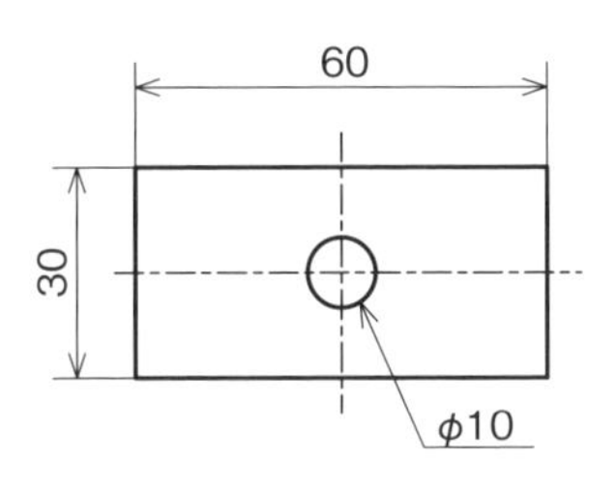

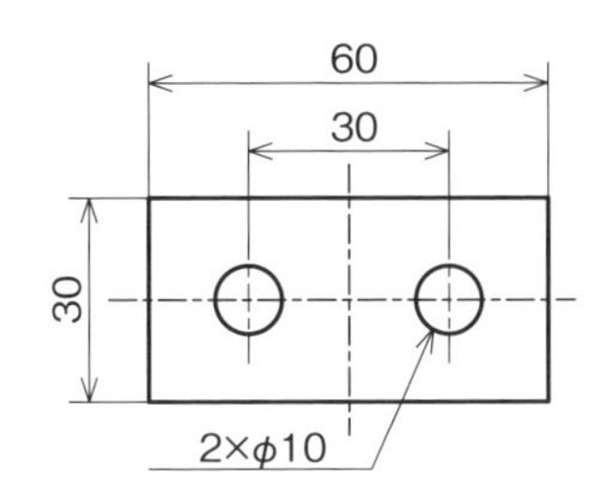

上記の図において、穴位置が上下左右共に記入されていないため、位置がわかりません。

これは、左右対称あるいは上下対称の部品に使われる記入法で、一般的に「センター振り分け」という寸法指示になります。

投影図を見る限り、穴の位置は左右対称、あるいは上下対象となる中央にレイアウトしているように見えると思います。

このとき、穴の位置の寸法が省略されている場合、暗黙の了解の下、左右等分あるいは上下等分という解釈をします。例えば、左側の図で穴の位置は次のように考えます。

・穴は、左右方向で中央となる寸法30mmの位置にある
・穴は、上下方向の中央にある寸法15mmの位置にある

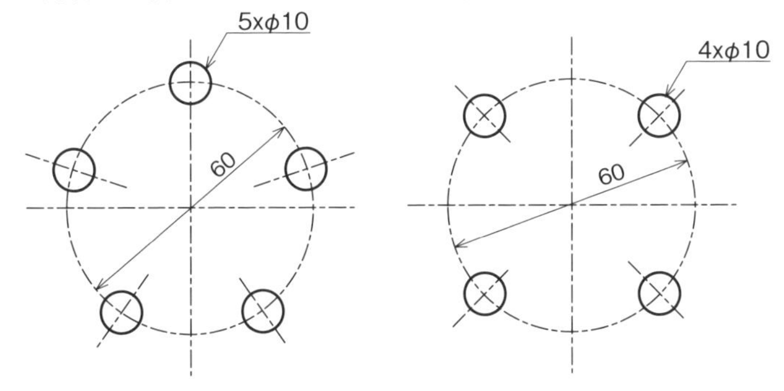

同様に、ピッチ円上に配置する穴の位置を示す角度が省略されていて見た目で等分であれば、暗黙の了解の下、均等配置あるいは等配（とうはい）という解釈をします。したがって、次のように考えます。

・左側の図のそれぞれの穴位置の相対角度は360°/5＝72°
・右側の図のそれぞれの穴位置の相対角度は360°/4＝90°で、かつ斜め方向は45°

製造業で用いられる現場用語や現場の声

　ピッチ円直径は通常の円と同じように寸法指示されますが、中にはピッチ円直径であることを明確に示すため、例えば、「PCD40」と記入する企業もあります。
　PCDとは、「Pitch Circle Diameter」の略語です。

φ(@°▽°@)　メモメモ

ピッチ円

　ピッチ円とは、円弧状に配列した穴の中心点を結んだ円、あるいは歯車の噛み合う接点が描く円の総称です。ピッチ円は細い一点鎖線で表され、ピッチ円上に配置された穴の場合はピッチ円に沿って部品を回転させながら角度を決めて穴あけ加工することになります。

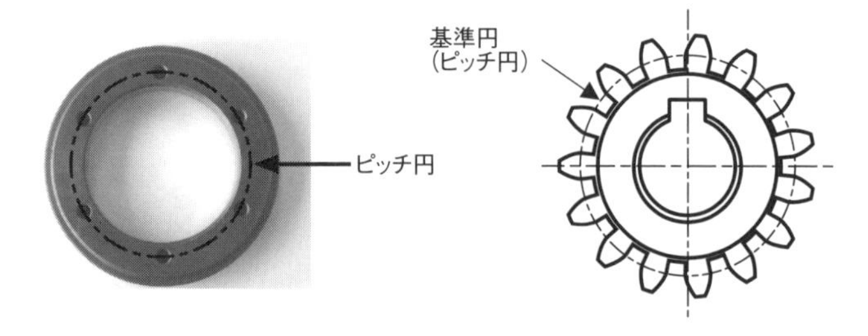

4）特殊な穴の指示

① 加工方法の指示

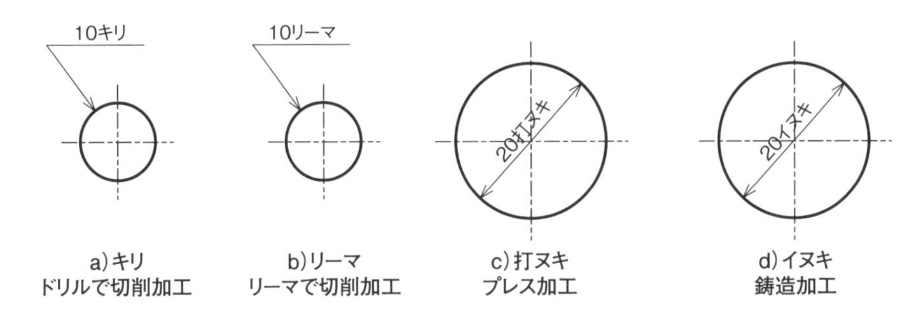

ドリルやリーマによる加工穴や、プレスによる打ち抜き穴、鋳型による鋳抜き穴など、指定した工具や工程で穴形状を製作して欲しい場合は、工具などの呼び寸法を示し、その後に工具名や加工方法が表される場合があります。

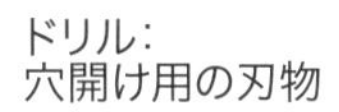

リーマ：
穴の仕上げ用の刃物

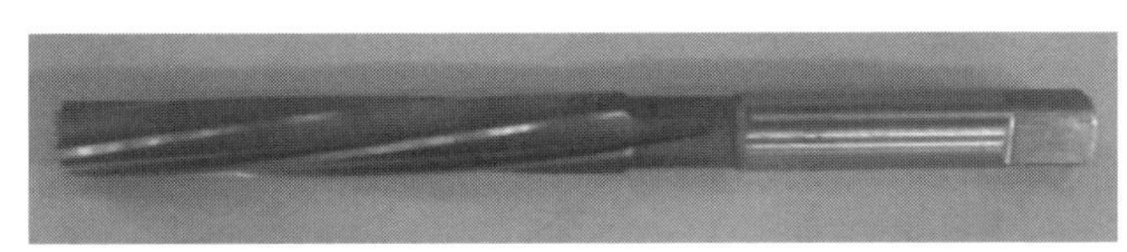

「キリ」など工具を表す記号を使う場合、工具は円筒形状と決まっているので、寸法補助記号「φ」が省略されるんや！

φ(@°▽°@) メモメモ

加工方法を表す記号

一般的に、図面に加工方法を指定することは少なく、生産技術など工程設計を行う場合に用いられる記号が加工方法を表す記号です。

加工方法		記号	英訳
鋳造	砂型鋳造	CS	Sand Mold Casting
	金型鋳造	CM	Metal Mold Casting
	精密鋳造	CP	Precision Casting
	ダイカスト	CD	Die Casting
鍛造	自由鍛造	FF	Free Forging
	型鍛造	FD	Dies Forging
プレス加工	せん断（切断）	PS	Shearing
	プレス抜き	PP	Punching
	曲げ	PB	Bending
	プレス絞り（絞り）	PD	Drawing
	フォーミング	PF	Forming
	スタンピング（圧縮成形）	PC	Stamping(Forming by Compression)
スピニング		S	Spinning
転造		RL	Rolling
圧延		R	Rolling
押出し		E	Extruding
引抜き		D	Drawing on Drawbench
切削	旋削	L	Turning(Lathe Turning)
	穴あけ（きりもみ）	D	Drilling
	中ぐり	B	Boring
	フライス削り	M	Milling
	平削り	P	Planing
	形削り	SH	Shaping
	立削り	SL	Slotting
	ブローチ削り	BR	Broaching
	のこ引き	SW	Sawing
	歯切り	TC	Gear Cutting(Toothed Wheel Cutting)
研磨		G	Grinding
特殊	放電加工	SPED	Electric Discharge Machining
	電解研削	SPEG	Electrolytic Grinding
手仕上げ	はつり	FCH	Chipping
	研磨布紙仕上げ	FCA	Coated Abrasive
	やすり仕上げ	FF	Filing
	ラップ仕上げ	FL	Lapping
	つや出し	FP	Polishing
	リーマ仕上げ	FR	Reaming
	きさげ仕上げ	FS	Scraping
	ブラッシ仕上げ	FB	Brushing

5）同一形状の個数の指示

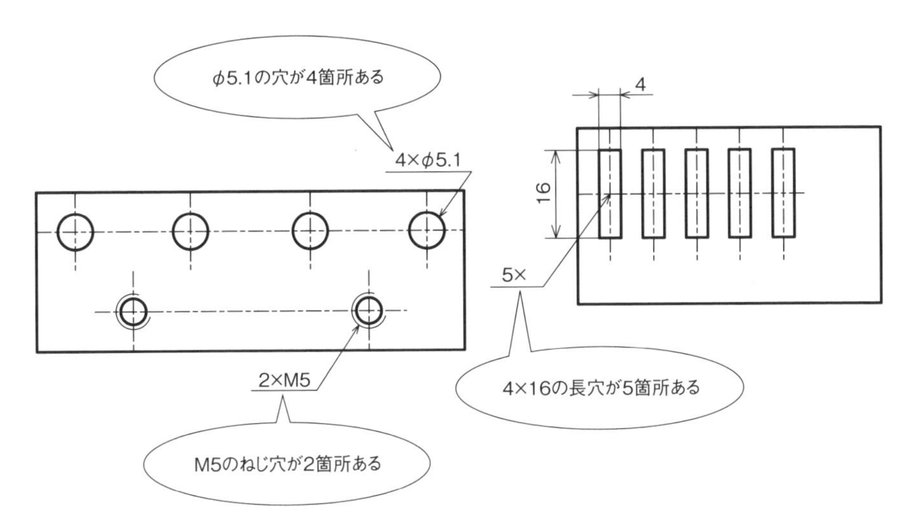

同一寸法の穴や形状が多数整列した場合、形状を表わす寸法の前にその総数が示されます。例えば、穴の場合は〝総数×穴の寸法〟と表されます。

製造業で用いられる現場用語や現場の声

旧JISでは、〝総数－穴の寸法〟と記号「－（ハイフン）」を使用していたため、未だにハイフンを使った図面も多く流通しています。同様に解釈して問題ありません。

6）等間隔に配列された形体の指示

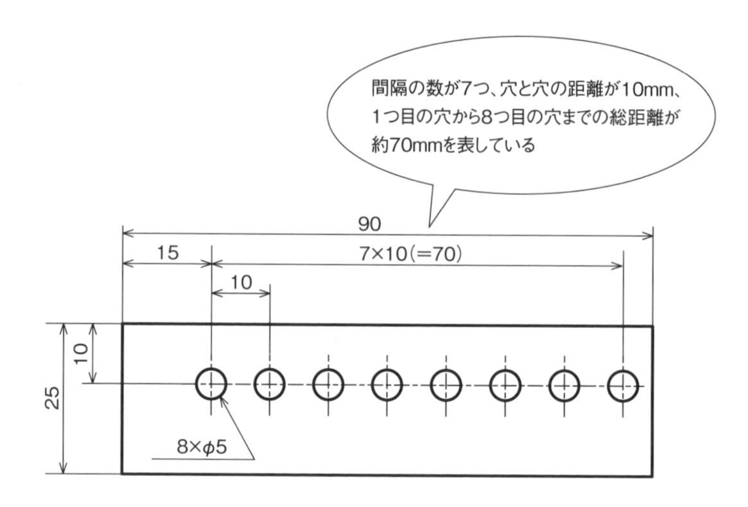

穴などの多数の形状が等間隔または一様に配置される場合、寸法を記入の際に、次のようにまとめて簡略的に指示されることがあります。

上図の例で示される「7×10（＝70)」は、「間隔の数」×「間隔の距離」(＝総距離）の意味です。

φ(@°▽°@)　メモメモ

パンチングメタル

パンチングメタルとは、金属板などをパンチングプレスの金型で多数の穴を開けて加工したものをいいます。放熱や軽量化を目的として使用されます。

丸穴や角穴、六角形穴、長穴、長角穴などがあり、配列も並列型や千鳥型などがあります。

丸穴千鳥型（60°配列）のパンチングメタル

7）合わせ加工

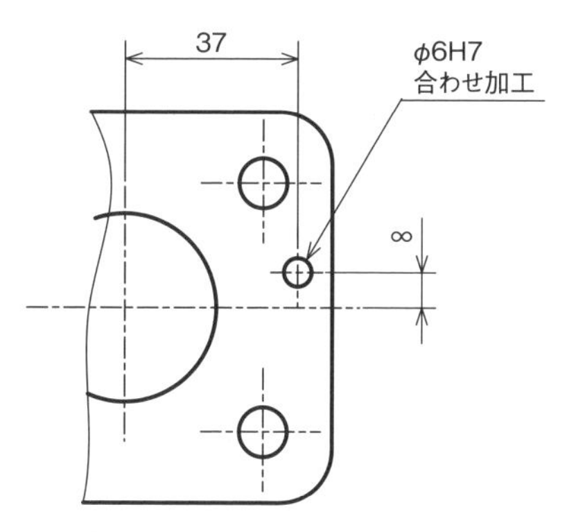

注記）部品No.A1015と組み合わせ、M10ボルト4本で固定後、合わせ加工のこと

２つの部品を組み合わせた後に、２部品もろとも加工して欲しい場合に、「合わせ加工」と指示されます。いわゆる現物合わせによって穴位置を決める手法ですが、同時加工した部品同士が必ずセットになり、他部品と入れ違いにならないよう刻印を打つなどして管理する必要があります。

へ～　2つの部品を
重ねてから加工する
場合もあるんか～

「同時加工のこと」って、
いう場合もあるで！

製造業で用いられる現場用語や現場の声

「合わせ加工」のことを、人によっては「共（とも）加工」という人もいます。

8）テーパ・勾配（こうばい）の指示

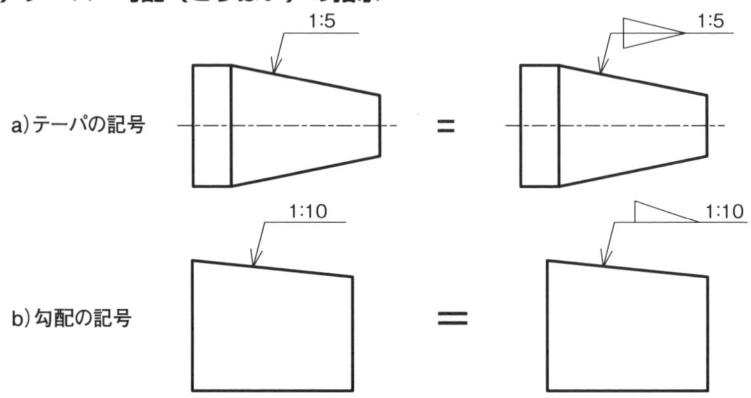

傾斜の付いた形状をテーパや勾配と呼び、比率を表す数値に加えて傾斜の方向を示す記号をつける場合もあります。

例えば、1：5で表されるテーパは、5mmの長さで直径が1mm変化することを意味します。また、1：10で表される勾配は、10mmの長さで高さが1mm変化することを意味します。

テーパや勾配の向きを明らかに表したい場合には、テーパや勾配の方向にあわせて傾きを示す図記号が描かれています。

参照線の上にわずかに離して記入する場合もあります。

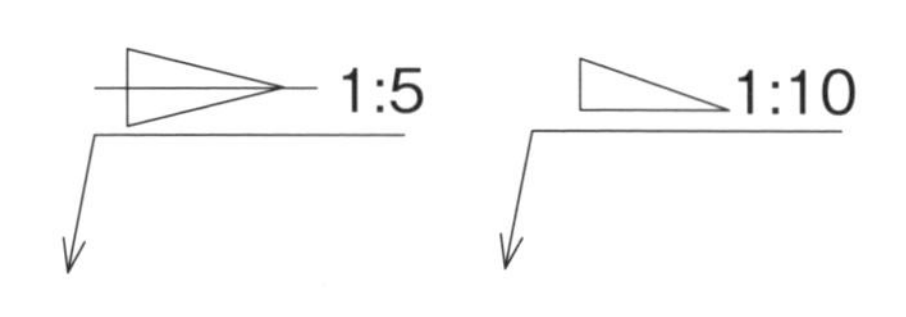

φ(@°▽°@)　メモメモ

テーパと勾配の違い

・テーパとは、軸の一部が円錐状に先細りになっている形状をいいます。
・勾配とは、ブロックのような部品の一部が傾斜している形状をいいます。

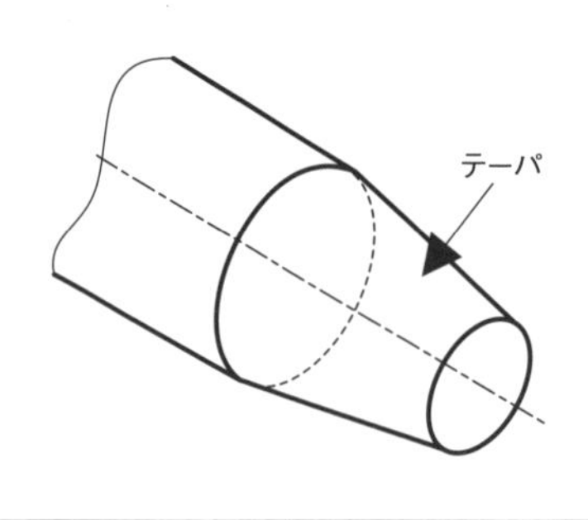

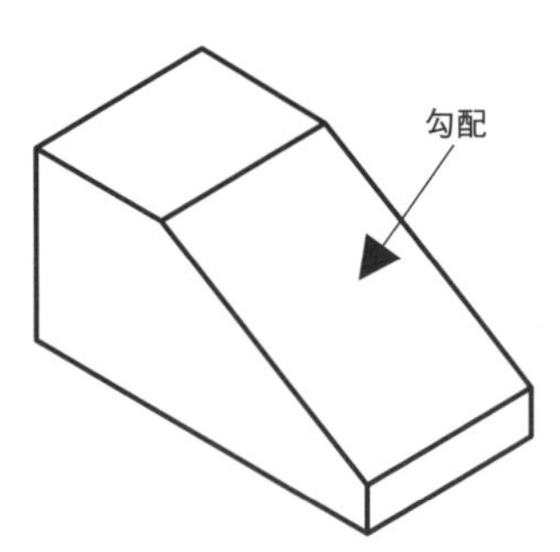

9）工具R／カッターRの指示

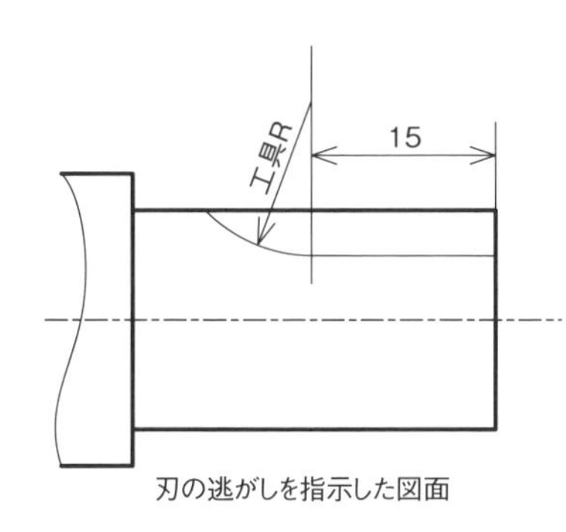

刃の逃がしを指示した図面

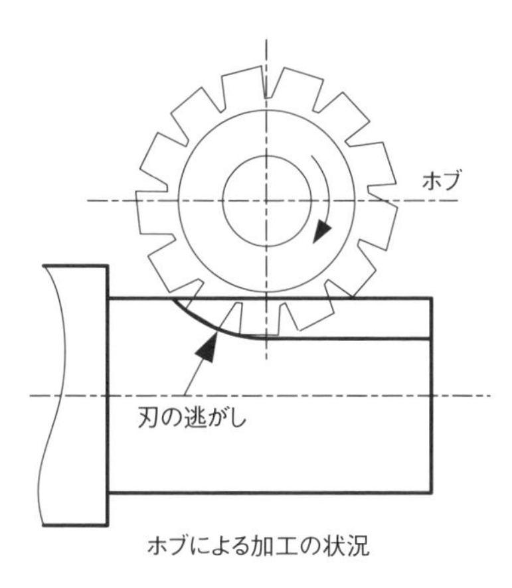

ホブによる加工の状況

ホブ盤を使って歯車やスプラインを切削する場合、刃（カッター）の先端が歯切り部以外に溝として残ってしまう部分が存在するときがあります。工具の逃げは、図面上に工具痕が残ってもよい場合に指示されます。

※ホブ盤とは、ホブと呼ばれる刃物を回転させながら歯切り加工を行う工作機械のこと。

製造業で用いられる現場用語や現場の声

ホブなど工具の逃げを指示する場合、工具の直径が判明している場合は半径の寸法が指示されていますが、加工者にお任せする場合は「工具R」と記入してあります。

加工の状況によって、逃げが必要かどうか設計者で判断できない場合は、「工具R可」と指示される場合もあります。「カッターR」と指示される場合も同じように解釈できます。

φ(@°▽°@)　メモメモ

工具の逃げ

工具の逃げとは、歯車やスプライン歯を加工する場合、ホブと呼ばれる円盤状の刃物で加工すると、必要な歯の長さ以上に工具の円弧が歯のない部分を削ってしまう部分のことです。この部分に軸受など内輪が接触しても問題ありませんが、オイルシールなどゴム部品が接するとゴムが破断するため注意が必要です。

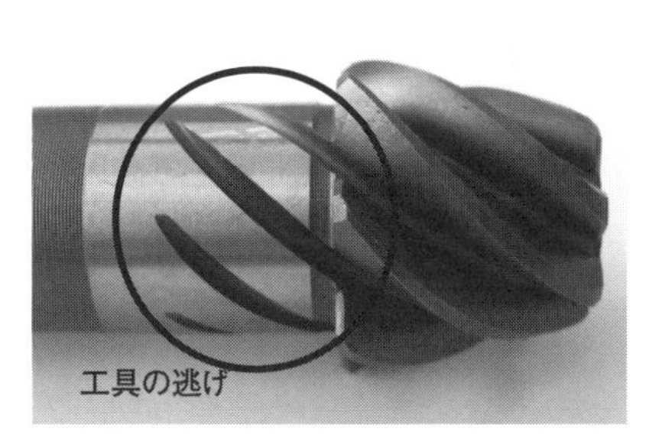

10）同一寸法の指示

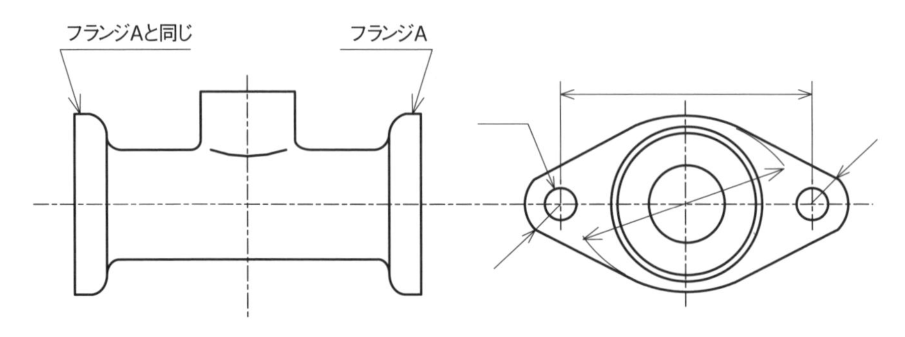

ひとつの部品に、全く同一の寸法が2つ以上ある場合は、寸法をそのうちのひとつにまとめて記入します。寸法を記入した方に代表の記号（例えばフランジAや面Aなど）を指示し、寸法を記入しない方にその記号の指す部分と同一寸法であることの注意書きを行います。

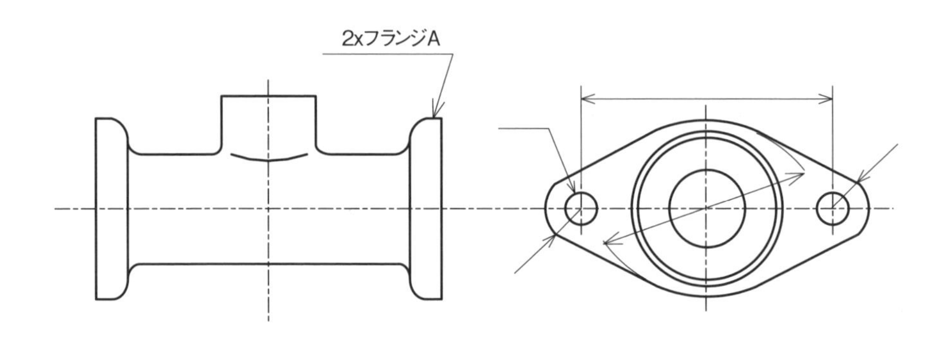

あるいは、片方の面に「個数と代表記号」を表記する場合もあります。
どちらの場合も、寸法が同一である側の投影図が省略されます。

第5章	2	寸法補助記号の意味を理解する

寸法補助記号って、なんのためにあるん？

投影図を読み解く場合、図面に描かれた投影図だけでは形状を判断できない場合が存在します。形状を図として表さずに形状を示す手段の一つに寸法数値と組み合わせて使用する寸法補助記号があります。

記号	呼び方	意味する形状	JIS の履歴
φ	まる/ふぁい	直径	
R	あーる	半径	
CR	しーあーる	コントロール半径	2010 年改正
C	しー	45°の面取り	
t	てぃー	板の厚さ	
□	かく	正方形の辺	
Sφ	えすまる/えすふぁい	球の直径	
SR	えすあーる	球の半径	
⌒	えんこ	円弧の長さ	2010 年改正
↧	あなふかさ	穴の深さ	2010 年改正
⌴	ざぐり	ざぐり・深ざぐり径	2010 年改正
∨	さらざぐり	皿ざぐり径	2010 年改正
∧	えんすい	軸先端の円すい	2019 年改正

投影図を描かずに、
形状を表すって??

そやで、記号を見て
形状を判断するんや！

1）直径の記号φ　←投影図に円形状が示されない場合、頭の中で変換する

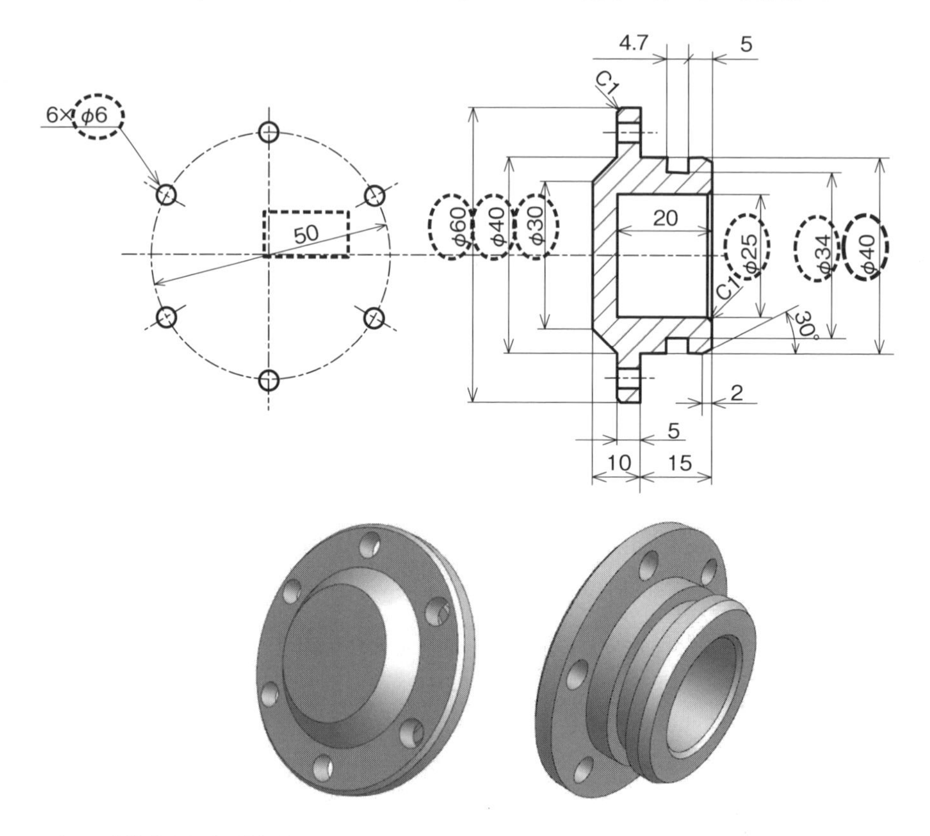

丸い形状を側面や断面で見たときに、その形状が円形であることを示すために寸法補助記号「φ」を用います（右側の図の破線の楕円で囲った部分を参照）。

あるいは、円形状から1つの矢がある引き出し線を使って寸法指示した場合も、寸法補助記号「φ」を用います（左側の図の破線の楕円で囲った部分を参照）。

製造業で用いられる現場用語や現場の声

慣例的に、発音しやすいことから「パイ」と呼ぶ人もたくさんいます。

左側の局部投影図において、6つの穴がピッチ円上に配置されていますが、ピッチ円の直径50にはφの記号がありません（破線の長方形で囲った部分を参照）。投影図を見ると、中心線で円形が表現されているうえに寸法線が円の両端、つまり直径を指しているので、記号φを省略しているのです。しかし、この50の数値にφを付ける企業もたくさんありますが、これらに意味の違いはありません。

2）半径の記号R　または CR ←形状と寸法補助記号の両方が示される

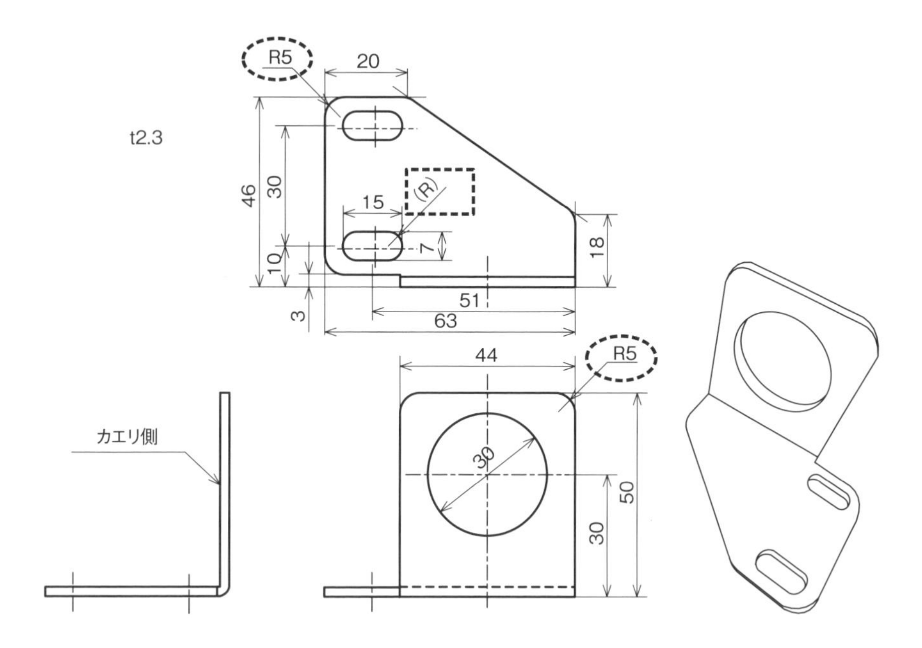

円の直径の半分を半径と呼び、一般的に180°以下の円弧を指示する場合、寸法補助記号「R」を用います（破線の楕円で囲った部分を参照）。

上図では、突起部分の角の形体に対するR面取りに指示されていますが、凹んだ隅の形体にも同様に使われます。

よりR形状の正確性が欲しい場合は、寸法補助記号「CR（コントロール半径）」を記入しますが、あまり使われることはありません。

長円の寸法を記入する場合には、製図のルールとして「(R)」（破線の長方形で囲った部分を参照）や「(R3.5)」とも記入されます。

製造業で用いられる現場用語や現場の声

JIS製図では、R面取りの個数は、表記せず省略します。

しかし、右下の投影図で2箇所のR面取りがある場合に「2×R5」というように、個数を明記する企業もたくさんあります。

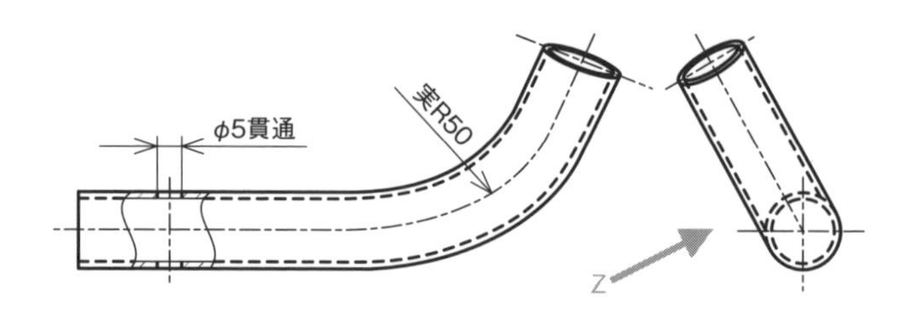

3次元的に曲がった配管部品や板金部品などにおいて、正投影である正面図や側面図などでは正しい角度で図示することができません。このような場合に、形状を簡略的に指示するための手段として「実R」または「TRUE R」という記号を使います。

「実R」とは、第三角法の正しい投影図を描かずに、実形を示していない投影図に実際の半径（上図ではZから見たときの曲げR）を表すものです。

「実R」以外には、板金部品などで曲げた後に該当部分が変形して幾何学的に寸法として表せない場合は、曲げ加工前の形状という意味で「展開R」または「DEVELOPED R」という記号が使われます。

Zの方向から
見たときを想定して、
「実際はR50ですよ」
という意味なんや！

3）45°面取りの記号C ←形状と寸法補助記号の両方が示される

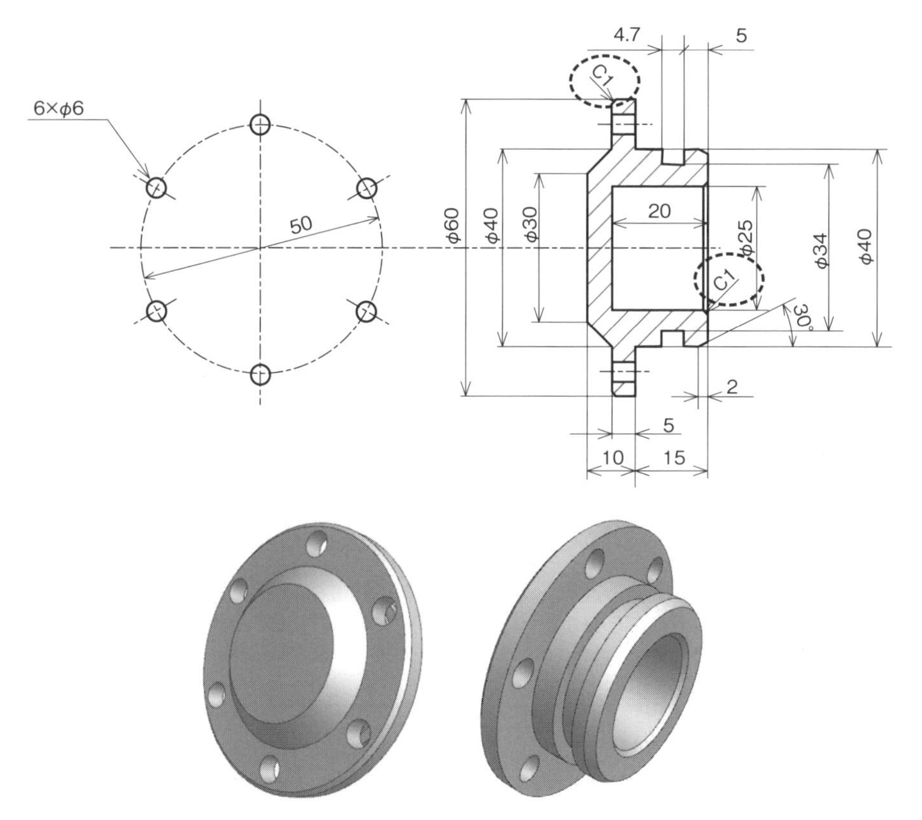

円筒やブロックの端部に45°の角度がついた面取りのことを通称「C面取り」と呼び、寸法補助記号「C」を用います。寸法補助記号「C」は、「面取りする」という英語「chamfer」の頭文字をとったものです。

C面取りは、シャープエッジをなくす安全性目的として施すことが一般的です。

製造業で用いられる現場用語や現場の声

JIS製図では、C面取りの個数を表記せずに省略します。

しかし、右側の投影図で2箇所のC面取りがある場合に「2×C1」というように、個数を明記する企業もたくさんあります。

φ(@°▽°@) メモメモ

【面取りの種類】

面取りとは、隣り合う面のつなぎ目を工具やヤスリを使って角や隅を除去した形状です。明確にサイズを指定する面取り以外に、"糸面取り"と呼ばれるやすりなどで角をC0.3程度削る面取りもあります。この場合、図面の注記に「この部分は糸面取りのこと」と指示されます。

・C面取りとは、直交する2面を45°の斜面で除去した形状をいいます。45°以外の面取りをテーパ面取りと呼びます。
・R面取りとは、隣り合う面のつなぎ目を、丸みを持たせて除去した形状をいいます。

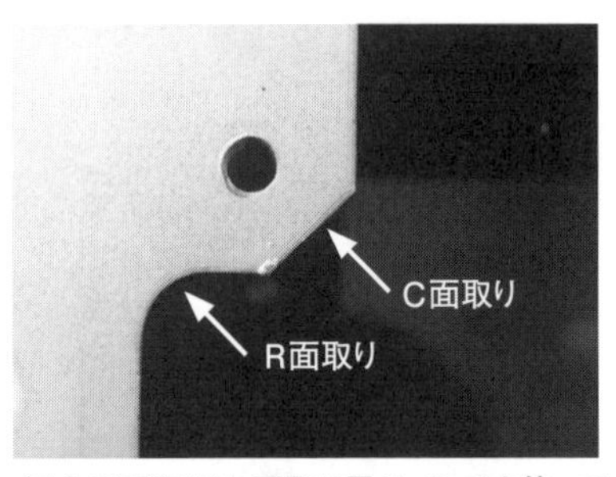

板金の面取りは、面取り用のパンチを使って打ち抜き加工されます。

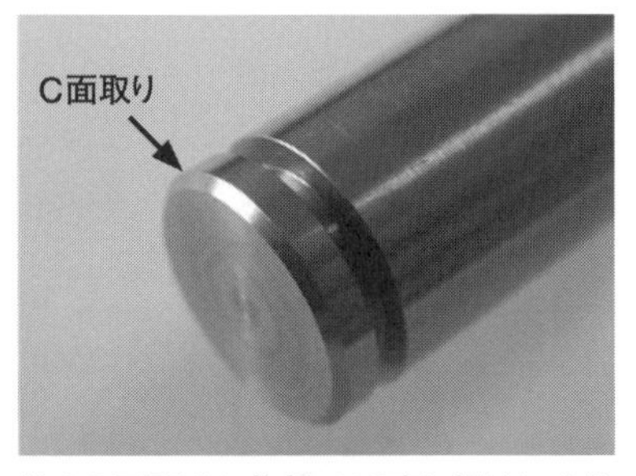

軸のC面取りは、旋盤で45度に傾けたバイト(刃物)で切削加工されます。

ブロックの角をR面取りする場合、コーナーRカッターやNCフライス盤でエンドミルを使って切削加工されます。

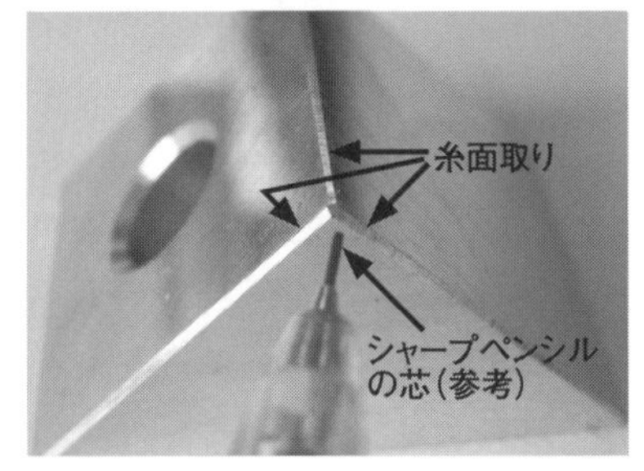

糸面取りは、面取り機による加工や手作業によるヤスリがけなどがあり、厳密に面取りの大きさを規定するわけではなく、怪我をしない程度に面取りをして欲しい場合に指示されます。

4）板の厚みの記号t　←投影図に円形状が示されない場合、頭の中で変換する

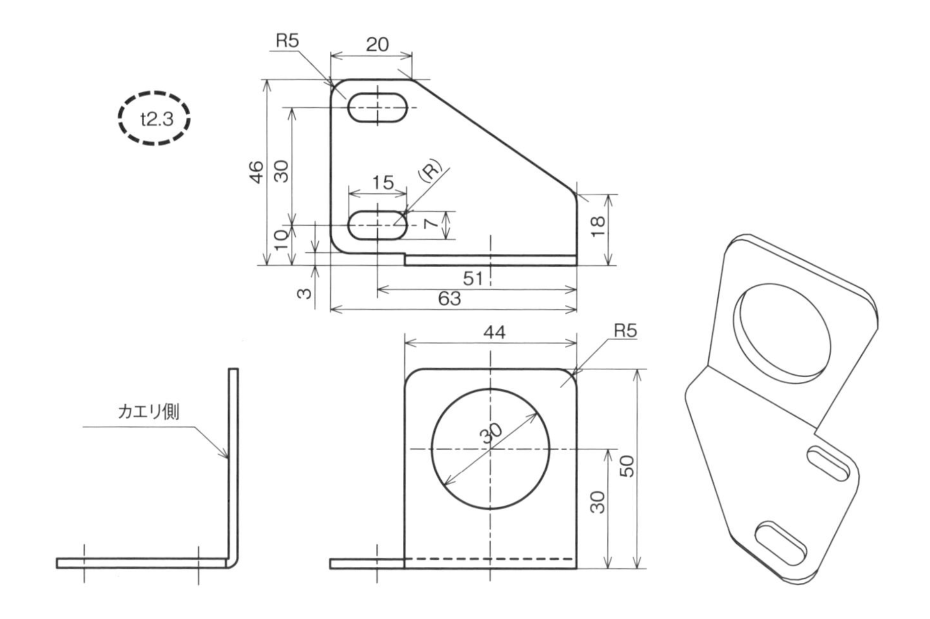

一枚の板を平板のまま、あるいは曲げて形状を作る場合、板の厚みの数値の前に寸法補助記号「t」を付けて、投影図の近辺、あるいは投影図の内側に記入します。

寸法補助記号「t」は、「厚み」を意味する英語「thickness」の頭文字をとったものです。

例えば板の厚さが2.3mmの場合、「 t 2.3」と記入されます。

板の厚さが示されたことによって、平板の場合は厚みを表す投影図が省略され、厚みの見える投影図でも板の厚みの寸法指示は省略されます。

製造業で用いられる現場用語や現場の声

大文字の「T」を使う企業もあり、同様に解釈することができます。

板厚の記入場所は、注記欄に記入されたり表題欄の中に記入されたりする場合もあります。

5）正方形の記号 □ ←形状が示されない場合、頭の中で変換する。

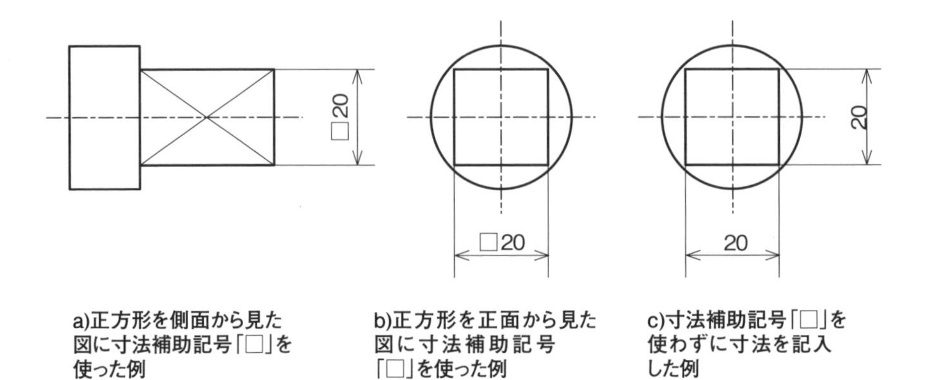

a)正方形を側面から見た図に寸法補助記号「□」を使った例

b)正方形を正面から見た図に寸法補助記号「□」を使った例

c)寸法補助記号「□」を使わずに寸法を記入した例

正方形である対象部を側面から見た図や断面で表した場合、その形を図に表さないで、辺の長さを表す寸法数値の前に〝□（カク)〟が記入されます。

6）球の直径の記号 Sφ←形状が示されない場合、頭の中で変換する。
球の半径の記号 SR←形状が示されない場合、頭の中で変換する。

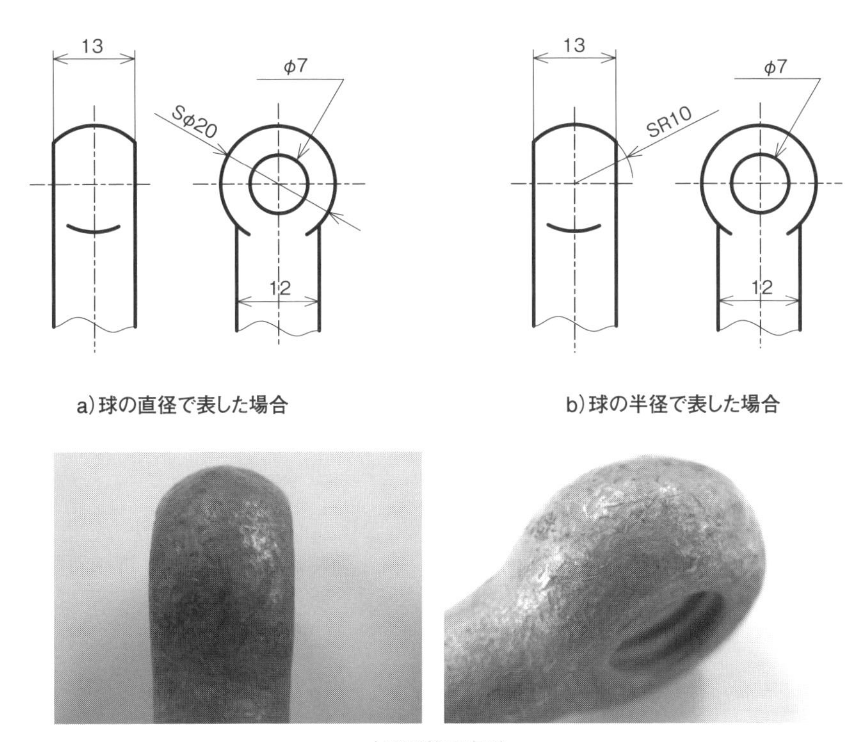

a）球の直径で表した場合

b）球の半径で表した場合

c）球形状の実形

球を側面や断面で見たときに、その形状が球であることを示すために寸法補助記号「Sφ」あるいは「SR」が使われます。

そっか、球は全周方向から見て同じ円形状やから、球の寸法は1箇所だけしか指示されへんのや～！

7）円弧の記号⌒ ←形状と寸法補助記号の両方が示される。

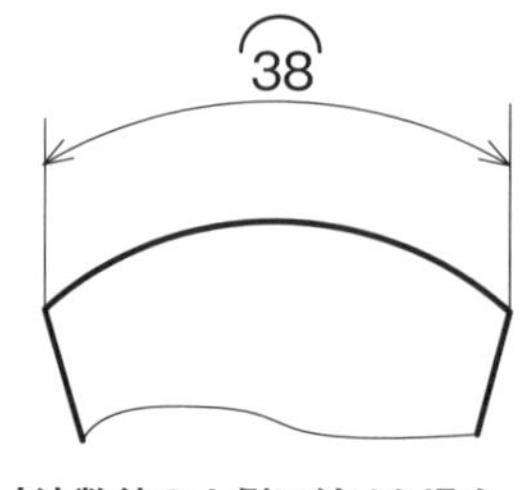

a)寸法数値の上側に付けた場合

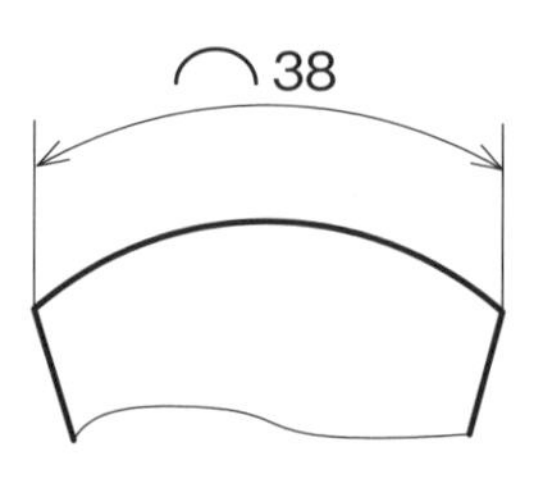

b)寸法数値の左側に付けた場合

円弧形状の円周長さを指示する場合に、寸法数値の上側あるいは左側に寸法補助記号「⌒」が指示され、矢の付いた寸法線も円弧状に曲げられます。

注意点として、弦（げん）の長さと混同しないようにしなければいけません。

φ(@°▽°@)　メモメモ

弧（こ）と弦（げん）の違い

弧とは円周上の線の長さをいい、弦とは円周上の二点間の直線距離をいいます。

弦の長さの場合は、寸法補助記号などを使わず、単純に2点間距離の寸法が示されます。

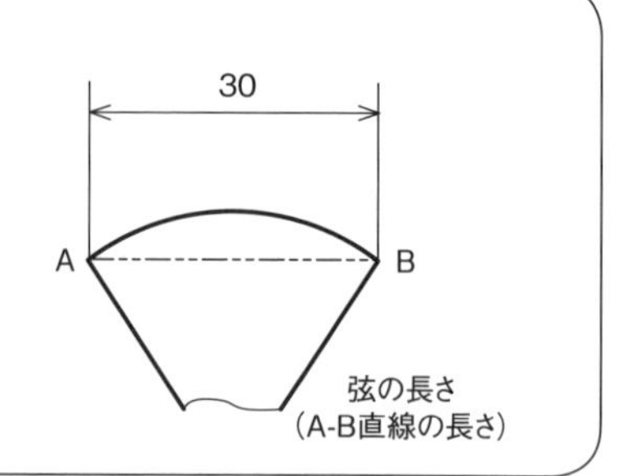

8）穴深さの記号↧←投影図に円形状が示されない場合、頭の中で変換する

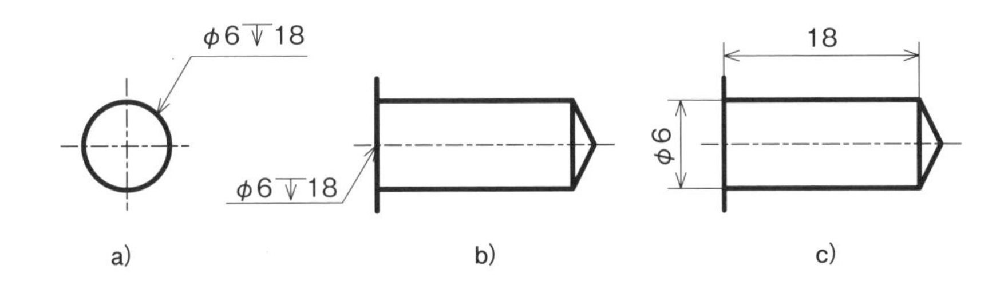

貫通穴の場合は、穴の深さは記入されませんが、わざわざ「貫通」と記入する企業もあります。

穴を貫通させずに深さの指示をする場合、直径の数値と深さの数値ではさむように「↧（あなふかさ）」の記号が記入されます。

製造業で用いられる現場用語や現場の声

旧JISでは、「φ6×18」あるいは「φ6深18」と記入することも許されていましたので、新旧の記号が利用されていると判断してください。

φ6×18 ＝ φ6深18

9）ざぐりの記号⊔←投影図に円形状が示されない場合、頭の中で変換する

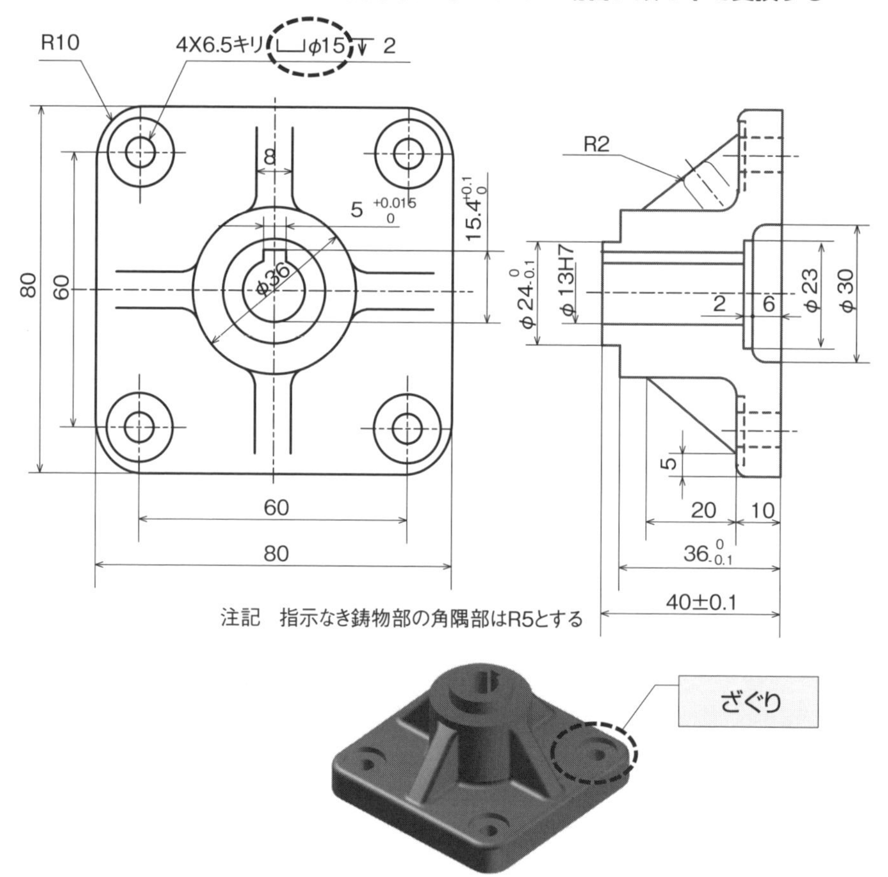

ざぐりとは、ボルト頭やナットなどとの接触面を平面にしたり掘り下げたりした「くぼみ」のことです。

鋳物部品の表面の黒皮を取る程度の浅いざぐりから、ボルト頭やナットを隠すための深ざぐりがあります。

ざぐりの記号「⊔」は、穴の直径の後に記入し、ざぐりの直径とその深さが続けて記入されます。

製造業で用いられる現場用語や現場の声

旧JISでは、「4×6.5キリ，ザグリ18深2」のように文字として記入していましたので、新旧の記号が混在していると判断してください。

10）皿ざぐりの記号∨←投影図に円形状が示されない場合、頭の中で変換する

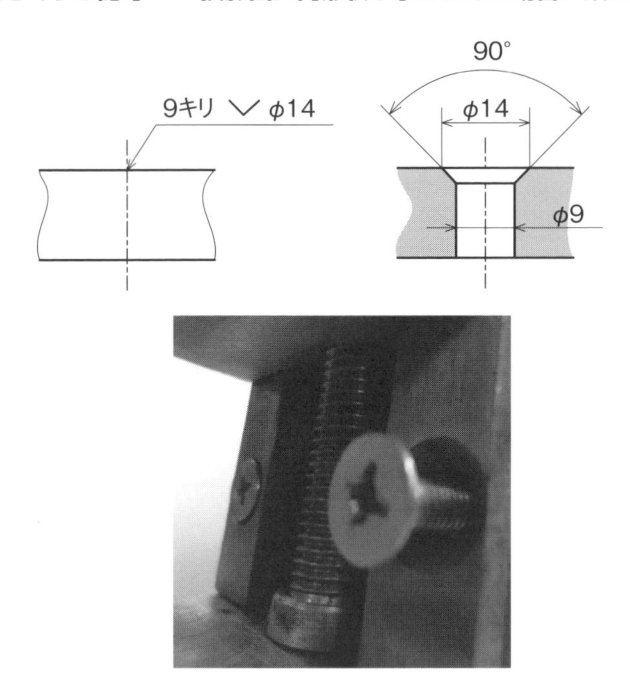

皿ざぐりとは、皿ねじを取り付けるために円錐状に掘り下げた「くぼみ」のことです。

皿ざぐりの記号「∨」は、穴の直径の後に記入し、皿ざぐりの直径が続けて記入されます。

製造業で用いられる現場用語や現場の声

旧JISでは、「9キリ,皿ザグリ14」のように文字で記入していましたので、新旧の記号が混在していると判断してください。

11）円すいの記号 ⌒ ←投影図に円形状が示されない場合、頭の中で変換する

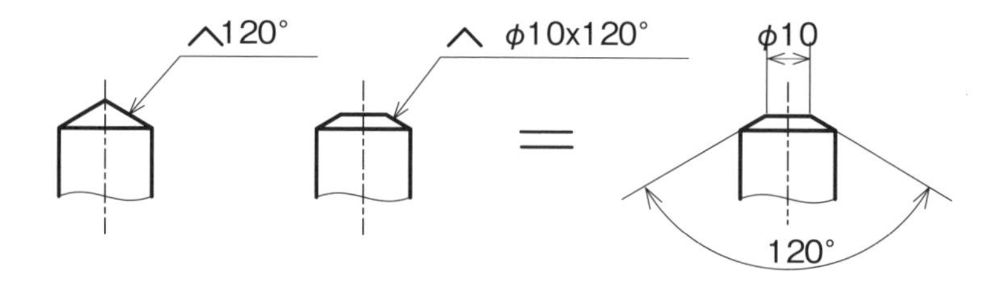

旧JISには存在しませんでしたが、2019年の改正で新しく追加されたのが円すいの記号です。

右側の図のように角度で指示することが一般的ですので、図面の中にこの記号を見ることはほとんどないのではないかと考えられます。

加工形状を表す記号を理解する

1）ねじの投影図と各部の名称

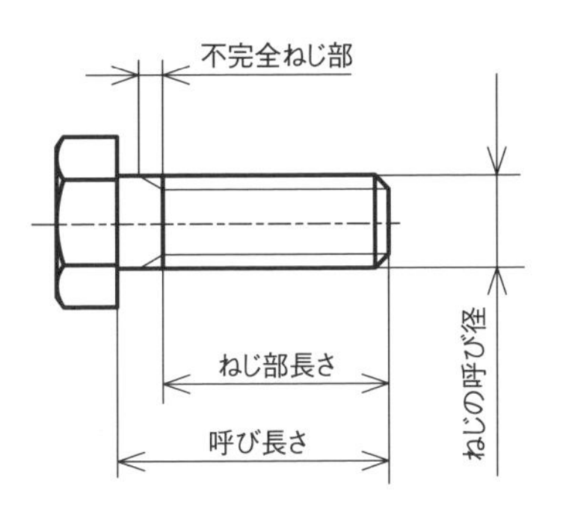

a）おねじの正面図

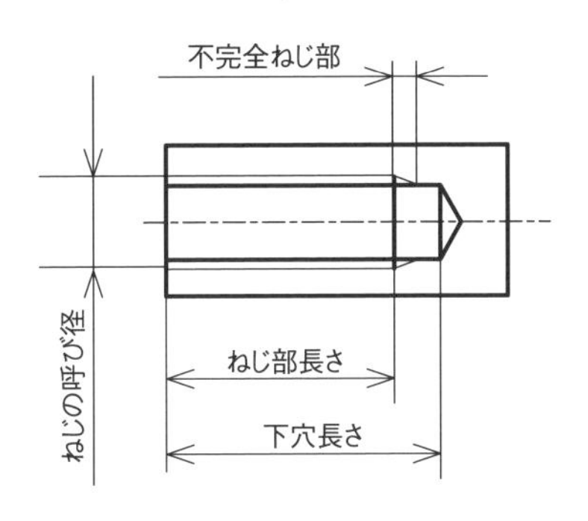

b）めねじの正面図（断面図）

ねじは三角や台形などの凹凸が螺旋状につながったものです。

図面では、この詳細な形状を描かずに太線と細線による簡略図として表します。ねじの各部の名称も理解しておきましょう。

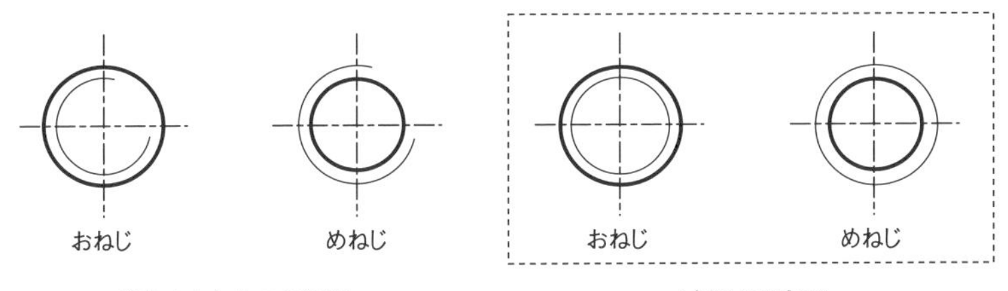

a）改定されたJIS表記　　b）旧JIS表記

ねじを丸く見える方向から見た投影図では、太い線と細い線を組み合わせた二重円で表されます。ねじの谷底を意味する細い実線は、やむをえない場合を除いて、右上方に1/4円が切り欠かれた投影図が使われます。

製造業で用いられる現場用語や現場の声

旧JISでねじの投影図を描いている企業も多く存在し、その場合は、太線と細線を組み合わせた切り欠きのない2重円で示されます（上図の右側参照）。

2）メートル並目ねじの指示

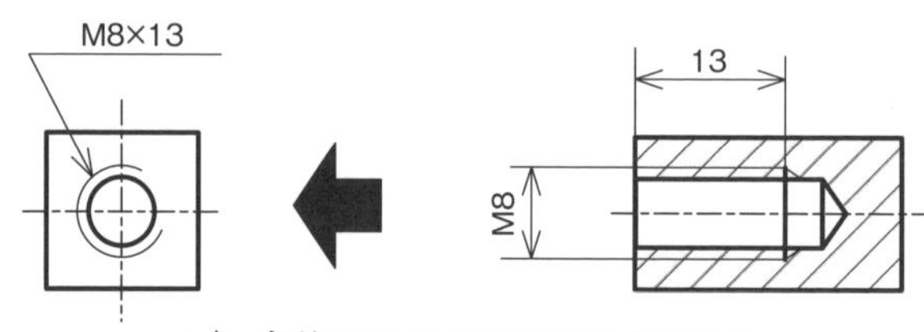

a）一般的に用いられるねじ穴の寸法指示

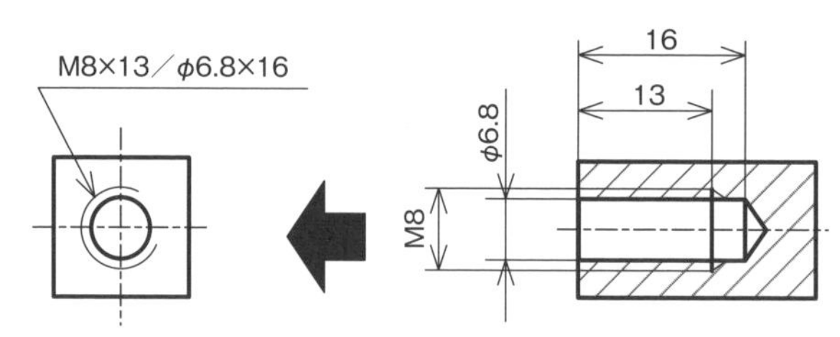

b）下穴まで記入したねじ穴の寸法指示

メートル並目ねじは、主に部品を固定するために用いるねじです。並目ねじの場合はピッチを省略し、下穴直径と深さも省略されることが一般的です。したがって、ねじが貫通する場合は、例えば「M8」や「M8貫通」と指示されます。

下穴まで指示する場合は、「メートルねじを表す記号M」「ねじの呼び径」×「ピッチ」×「深さ」／「下穴の直径」×「下穴深さ」で表されます。

φ(@°▽°@)　メモメモ

メートルねじ

メートルねじとは、固定用として身の回りの部品に使われる最も一般的なねじです。

ピッチ(ねじ山の間隔)がミリメートル単位で製作されたもので、記号Mを使います。

ねじ山の角度は60°の三角形状です。

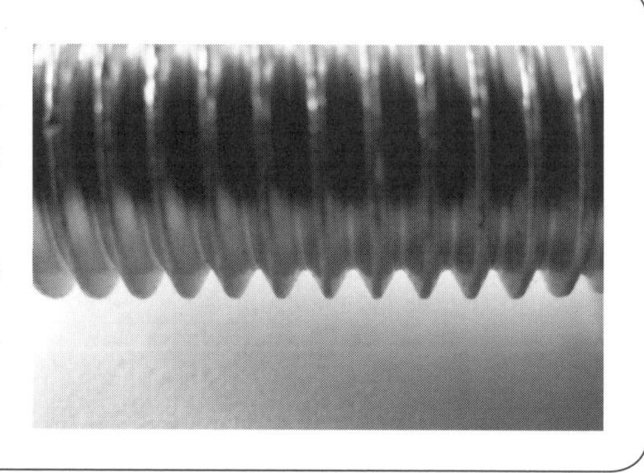

φ(@°▽°@)　メモメモ

メートルねじを使った機械要素の種類

メートルねじは機械部品に最もよく使用され、次のようなねじが利用されています。

・六角ボルト：頭部に六角形をもつおねじ。
・六角穴付ボルト：頭部が円筒で中央に六角穴があるおねじ。
・アイボルト：頭部がリング状になっているおねじ。製品の吊り下げフックとして使用します。
・十字穴小ねじ：プラスドライバーを使って締めこむ比較的小さなおねじ。
・すりわり付き小ねじ：マイナスドライバーを使って締めこむ比較的小さなおねじ。
・タッピンねじ：めねじが加工されていない板金穴に締めこむおねじ。ただし、タッピンねじはメートルねじではありません。
・皿ねじ：頭部が逆円すい形状を持つおねじ。ボルトの頭を出せない場合に使用します。
・六角穴つき止めねじ：外形に座のないおねじ。セットスクリュー、いもねじ、虫ねじとも呼びます。
・スタッドボルト：頭部を持たず両端におねじを持つものや全ねじのもの。
・六角ナット：母材が六角形のめねじ。
・袋ナット：穴の一方がドーム状になりふさがれているめねじ。

a)六角ボルト

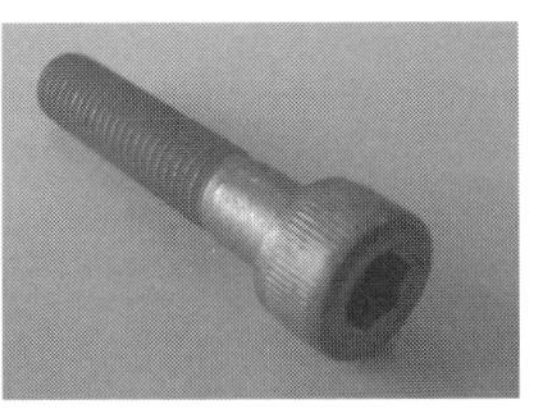

b)六角穴付ボルト

c)アイボルト

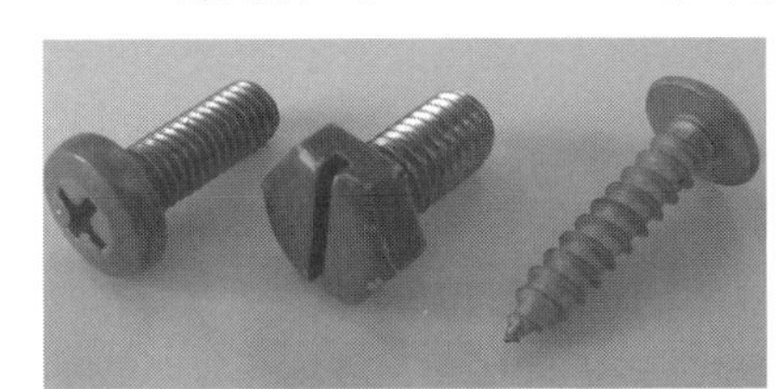

d)十字穴小ねじ、
すりわり付き小ねじ、タッピンねじ

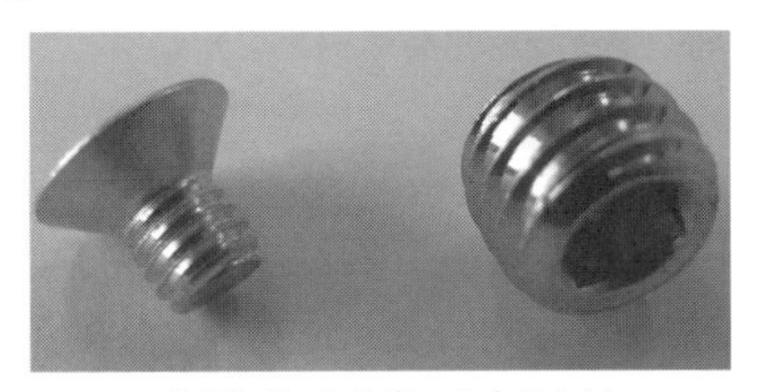

e)皿ねじ、六角穴つき止めねじ

f)スタッドボルト

g)ナット、袋ナット

3）メートル細目ねじの指示

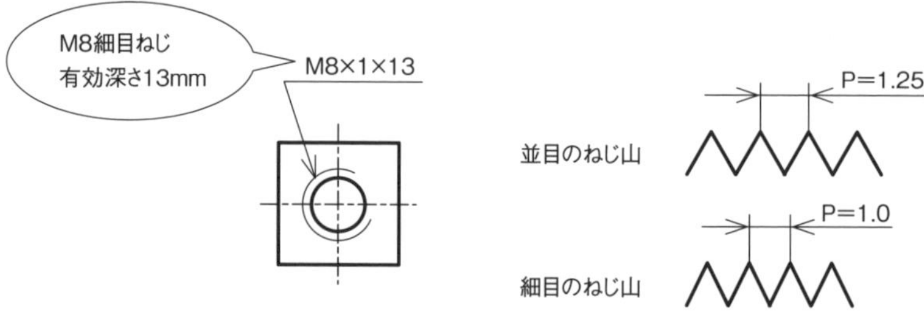

ピッチ	M3	M4	M5	M6	M8	M10	M12	M16	M20	M24
並目	0.5	0.7	0.8	1	1.25	1.5	1.75	2	2.5	3
細目	0.35	0.5	0.5	0.75	1 0.75	1.25 1 0.75	1.5 1.25 1	1.5 1	2 1.5 1	2 1.5 1

細目ねじとは、並目ねじより細かいピッチを持つもので、振動による緩み防止目的などに用いられます。

製造業で用いられる現場用語や現場の声

JIS B 0101ねじ用語では、「ほそめ」と記載されていますが、慣例的に「さいめ」と呼ぶ人もいます。どちらも同じ意味として理解すればよいでしょう。

4）左ねじの指示

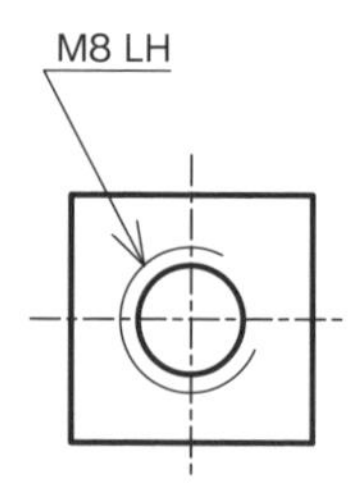

通常のねじは、右ねじと呼び、時計（右）回転すると締まる特徴があり、右ねじの場合はサイズのみを記入し、右ねじであることが省略されます。

左ねじとは、反時計（左）回転すると締まる特徴があり、右ねじと区別するために、ねじサイズの後に記号「LH」が記入されます。

※LHとはLeft Handを意味します。

5）台形ねじと多条（たじょう）台形ねじの指示

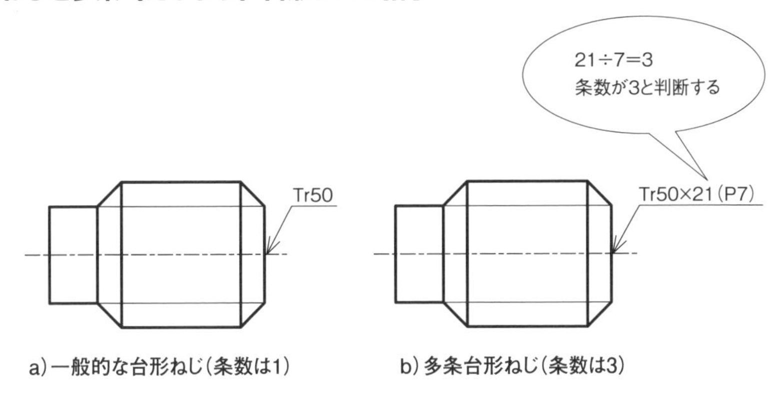

a）一般的な台形ねじ（条数は1）　b）多条台形ねじ（条数は3）

台形ねじは、主に大きな荷重を受ける送り機構に使われます。

台形ねじもメートルねじと同様に投影図は太い実線と細い実線で表されます。

多条台形ねじの場合、ねじサイズの後に「リード」「ピッチ」が続けて記載され、ピッチをカッコでくくります。

※条数とは、ねじのらせん形状の本数をいい、2条の場合は1本のねじに2本のねじのらせんが互いに交差することなく存在していることを意味します。

φ(@°▽°@)　メモメモ

台形ねじ

台形ねじは、ねじ山が台形形状のものをいいます。旋盤など工作機械の送り機構として利用され、記号Trを使います。

台形ねじの加工は、右の写真にあるように、台形の谷形状に加工したバイト（刃物）によって旋盤で切削加工されます。

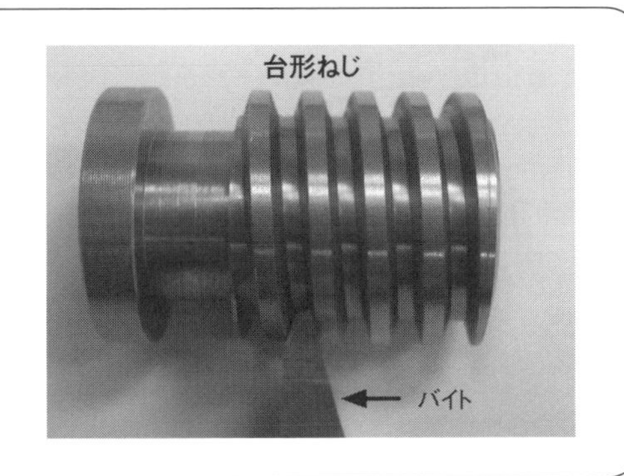

6）管用（くだよう）ねじの指示

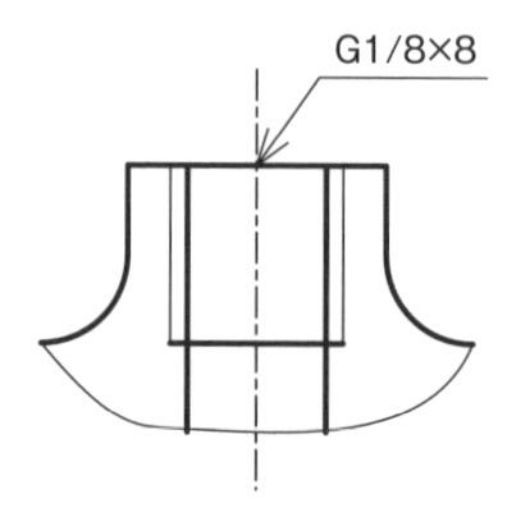

a）管用平行めねじ
貫通でない場合、深さ指示必要

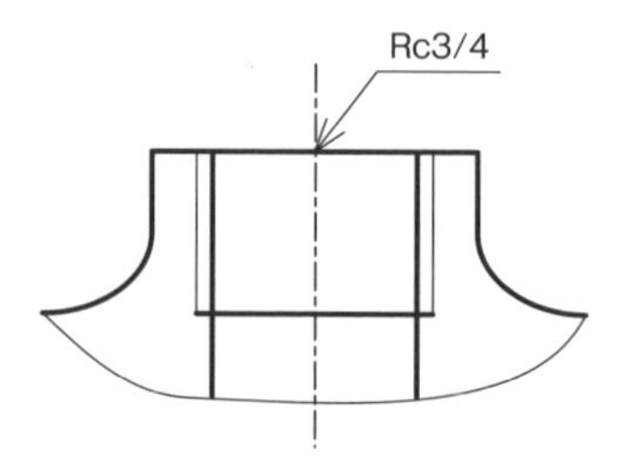

b）管用テーパめねじ
ねじは自然消滅するため深さ不要

管用ねじの種類		ねじの記号
管用平行ねじ（機械的接合を主目的とするねじ）	管用平行おねじ	例:G1/2A（おねじA級）
		例:G1/2B（おねじB級）
	管用平行めねじ	G
管用テーパねじ(ねじ部の耐密性を主目的とするねじ)	テーパおねじ	R
	テーパめねじ	Rc
	平行めねじ	Rp

管用平行ねじは、有効径の寸法公差によって、A級とB級に区別され、おねじの場合に限りねじの呼び数値の後に等級を表す記号（AまたはB）が記入されます。

めねじに等級を表す記号は記入されません。

φ(@°▽°@) メモメモ

管用ねじ

水道管などに用いられるねじで、サイズをインチで呼びます。機械的接合を目的とする管用平行ねじは記号Gを、ネジ部の密閉性を目的とする管用テーパねじは、おねじを記号R、めねじを記号Rcで表します。

管用テーパおねじ

7）インチねじの指示

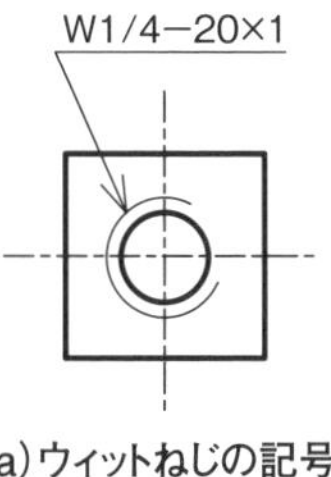

a)ウィットねじの記号
（深さ1inchの例）

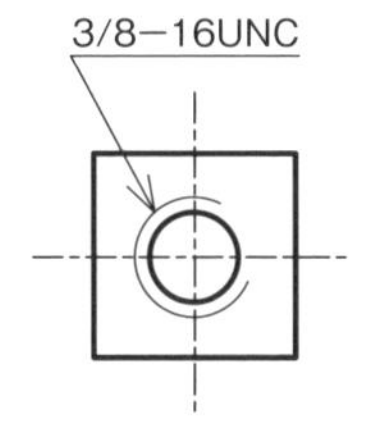

b)ユニファイ並目ねじ
（貫通の例）

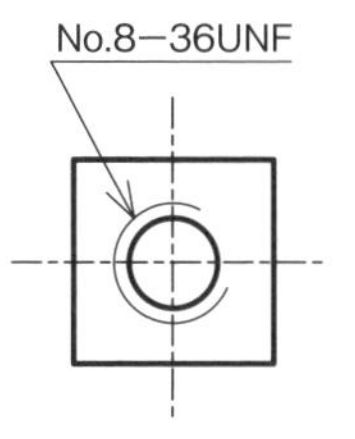

c)ユニファイ細目ねじ
（貫通の例）

インチねじは主にアメリカの規格ねじですが、身の周りの製品ではカメラなどの三脚固定用ねじや折りたたみ傘の先端のキャップ部のねじとして日本国内でも利用されています。

インチねじは分数を使ってねじ山の直径を表します。1inch＝25.4mmより、例えば3/8と表示されていれば、25.4×3/8＝9.525mmがねじの外径を意味します。

「ウィットねじの場合はWの記号」「ねじの呼び径」−「1インチあたりの山数」×「深さ（単位はinchの場合やmmの場合があります）」「ユニファイねじの場合はUNC、UNFの記号」で表されます。

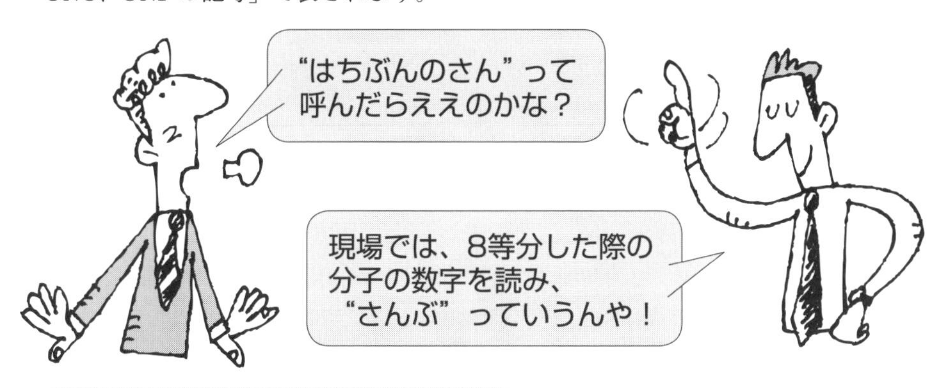

"はちぶんのさん"って
呼んだらええのかな？
現場では、8等分した際の
分子の数字を読み、
"さんぶ"っていうんや！

■D(￣ー￣*)コーヒーブレイク

インチねじは、下記のように図面に表記された分数を分母を８に変換して、分子の数字を読みます。

図面表記	1/8	1/4	5/16	3/8	1/2	5/8	3/4	7/8	1
分母を8に変換した分数		2/8	2.5/8		4/8		6/8		8/8
呼び方	いちぶ	にぶ	にぶごりん	さんぶ	よんぶ	ごぶ	ろくぶ	ななぶ	いんち

8）スプラインの指示

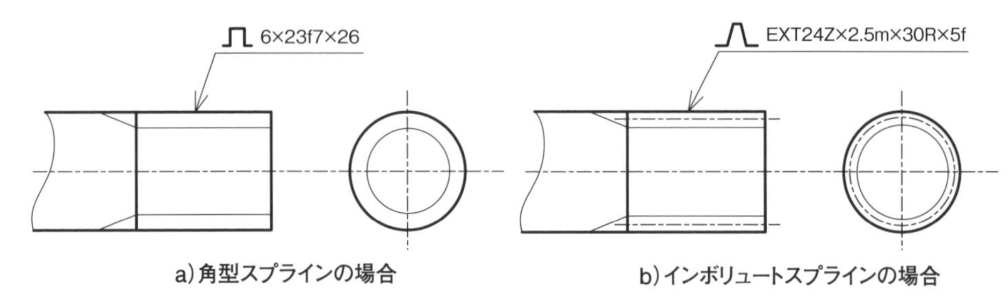

a）角型スプラインの場合　　b）インボリュートスプラインの場合

スプラインは、キーとキー溝のように、軸とそれに組み合わせる歯車やローラーの回転方向のすべり止めに使われます。

スプラインの種類によって異なる記号が使われます。

スプラインもねじと同様に詳細の歯形形状を描かずに、太線と細線を組み合わせて投影図に表されます。

角型スプラインの場合、図示記号に続けて、「スプラインの歯数N」×「小径ｄ」×「大径D」と記入されます。

インボリュートスプラインの場合、図示記号に続けて、「内歯/外歯の記号（INT／EXT）」×「歯数Z」×「モジュールｍ」×「圧力角と底の形状」×「公差等級とはめあいの種類」と記入します。

※INT は穴側、EXT は軸側の歯に対して指示されます。

φ(@°▽°@)　メモメモ

スプライン

スプラインとは、軸あるいは穴に平行な溝を持つ回転動力を伝達する形状をいいます。

角形スプラインとインボリュートスプラインがあり、比較的小径に用いられ60°の山をもつものをセレーションと呼びます。

スプライン（軸側）

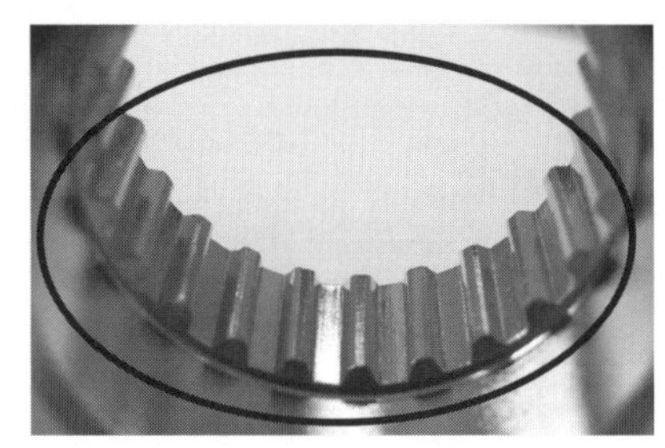

スプライン（穴側）

9）ローレット形状の指示

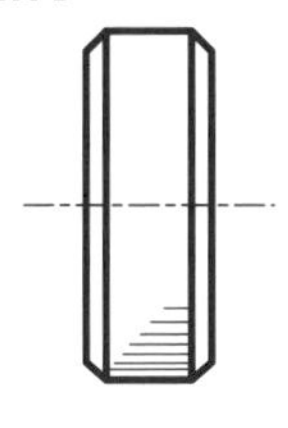

平目の図面指示

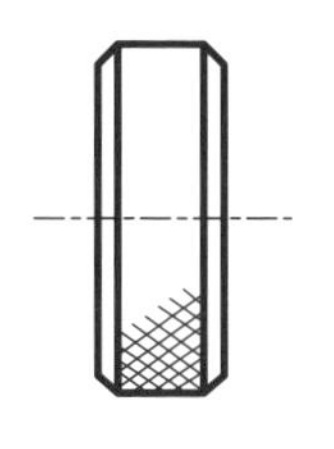

アヤ目の図面指示

ローレットには、軸線に平行な凹凸のある平目と30度の傾きを持った凹凸が交差するアヤ目があり、投影図にその模様を描いて表したり、言葉で表現したりします。

また、目の大きさとしてモジュールm＝0.2、m＝0.3、m＝0.5があります。

しかし、ローレットを指示する図面の中には、平目やアヤ目の形状の指示のないものや、モジュールの指示がないものが散見されますので、問い合わせをしなければ後でもめるかもしれません。

φ(@°▽°@)　メモメモ

ローレット

ローレットとは、丸軸に凹凸のギザギザを入れて滑り止めなどに利用したり、圧入部品の表面に加工することで相手部品に食いつかせ回り止めにしたりするものです。

ローレット（平目）

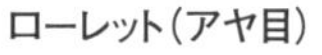

ローレット（アヤ目）

ローレットは右図のような工具を丸軸に押し当てて加工し、モジュールによって山と山の距離（ピッチ）や高さが異なります。

モジュール	山ピッチ	山谷高さ
0.2	0.628	0.132
0.3	0.942	0.198
0.5	1.571	0.326

10）センター穴の有無

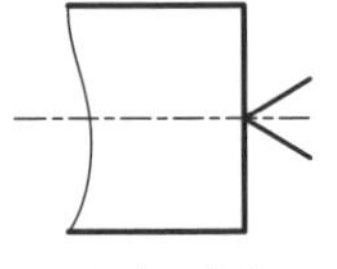

センター穴を
部品に残す場合

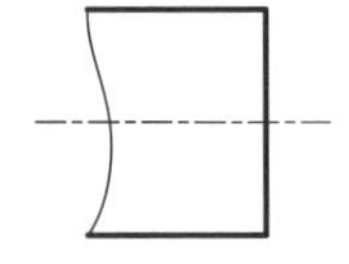

センター穴を
部品に残してもよい場合

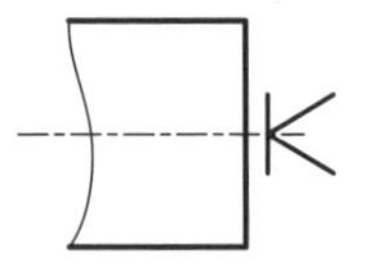

センター穴を
残してはならない場合

センター穴はその形を図に表さず、簡略図示法によって指示されます。

センター穴は、直径の公差や表面粗さ、真直度や同軸度、振れ公差などに厳しい精度を要求する場合に必要な形状です。

しかし、多くの設計者はセンター穴の重要性を理解しておらず、加工現場の判断によってセンター穴の有無が決定されているのが現実です。

※真直度（しんちょくど）･･･軸が真っ直ぐであって欲しいという幾何公差の一種

※同軸度（どうじくど）･･･段付き軸の一方を基準に、他方が同軸であって欲しいという幾何公差の一種

※円周振れ（えんしゅうふれ）･･･軸を回転させたときに、外径が振れないで欲しいという幾何公差の一種

φ(@°▽°@)　メモメモ

センター穴

センター穴とは、旋盤や円筒研削盤などで加工基準とするための穴をいいます。JISによって決められた形状が複数存在します。

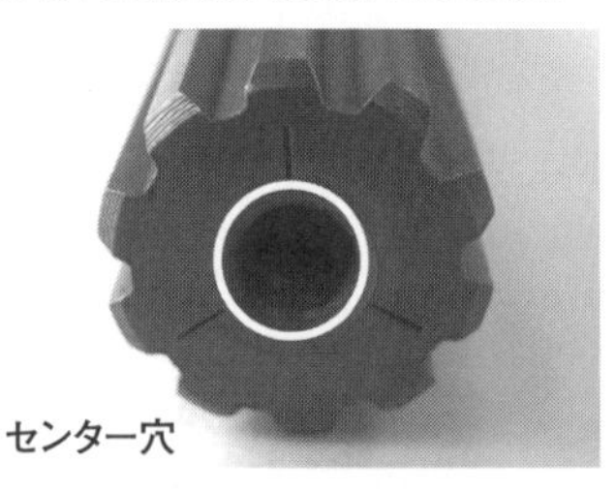

センター穴は60°のセンター角を持ち、面取りのないA形が一般的に用いられます。

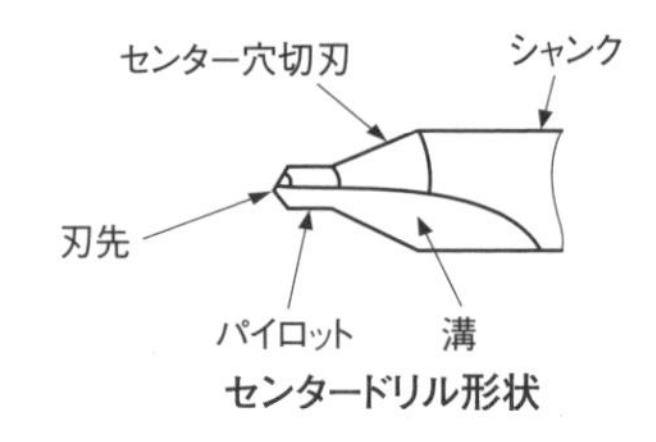

センタードリル形状

11）加工などの範囲の指示

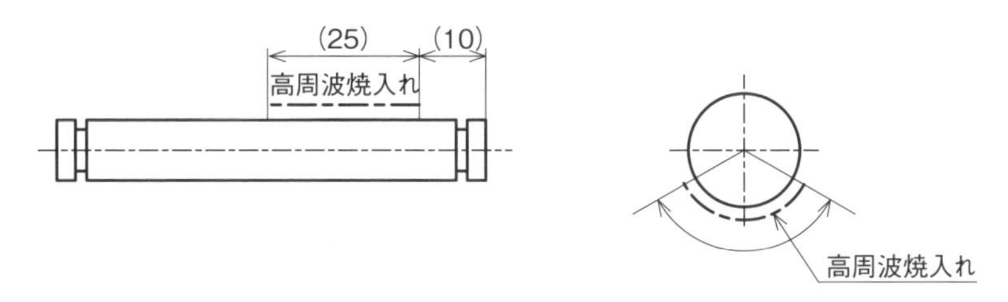

加工などの範囲を指示する場合、太い一点鎖線を用いて位置及び範囲を示し、その領域が寸法数値で記入されます。

部分的なめっきや塗装、マスキング、焼入れなどの処理の範囲や寸法公差の適用範囲などを指定するものです。

φ(@°▽°@)　メモメモ

高周波焼入れ

高周波焼入れとは、高周波による表皮効果（スキンエフェクト）によって、対象部の表面だけを加熱して焼入れする熱処理です。

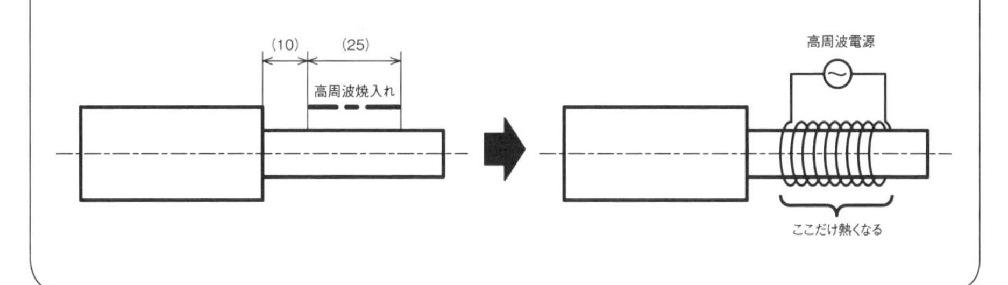

第6章

加工によってばらつくから公差を記入するねん!

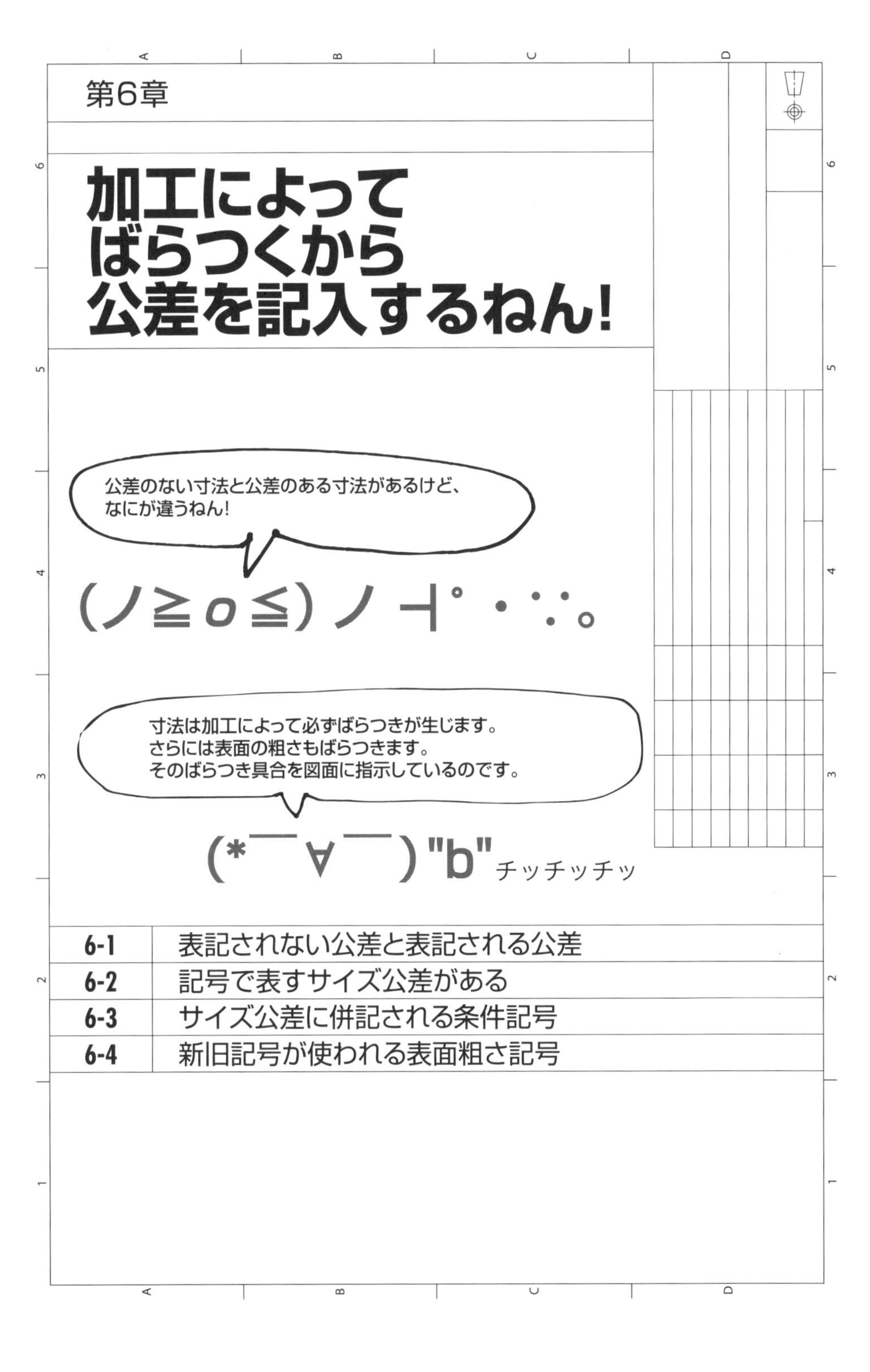
公差のない寸法と公差のある寸法があるけど、なにが違うねん!
(ノ≧o≦)ノ ┤°・∴。
寸法は加工によって必ずばらつきが生じます。さらには表面の粗さもばらつきます。そのばらつき具合を図面に指示しているのです。
(*￣∀￣)"b"チッチッチッ

第6章	1	表記されない公差と 表記される公差

公差って、そもそも何のためにあるん？

ばらつき

部品におけるばらつきとは、〝サイズのふぞろい〟と〝形状のふぞろい〟に大別され、寸法のばらつきを許す範囲が寸法公差で、形状のばらつきを許す範囲が幾何公差で表現されます。

図面に示された寸法数値は、手作業や加工機械の精度、加工熱・工具磨耗などの要因によって、大きさや位置、反りなどのばらつきが発生し、寸法数値と全く同じ寸法、つまりプラスマイナスゼロに仕上げることはできません。そこで、寸法に応じて実際の寸法として許される範囲を寸法の公差と呼びます。

2016年より、寸法は大きく分類して「サイズ」と「位置」に用語を使い分けるようになりました。

・サイズ：大きさや長さを表し、2点間距離で測定する直径や厚み、幅などを指します。サイズの寸法に公差が付くものを「サイズ公差」と呼びます。

・位置：穴間距離などの位置を指します。位置の寸法に公差が付くものを「位置の公差」と呼び、グローバル図面では幾何公差の中の位置偏差を使って指示します。

例えば寸法数値「20」や「65」などのように、数値だけが指示されている場合，寸法数値として描かれた基準寸法を中心としてプラス側に作ってもマイナス側に作っても構わないという範囲が決められており、それを普通許容差（ふつうきょようさ）といいます。

普通許容差は、切削加工や金属プレス加工、鍛造（たんぞう）加工、鋳造（ちゅうぞう）加工など加工方法によって変化します。切削加工の普通許容差には、精級（f）、中級（m）、粗級（c）、極粗級（v）の４段階の公差等級が定められています。

製造業で用いられる現場用語や現場の声

普通許容差のことを、「一般公差」あるいは「普通公差」と呼ぶことがあります。

普通許容差の公差等級は、企業ごとに技術標準として決められており、社内の技術文書や図面の表題欄に一覧表として記載されています。あるいは公差等級がｍ（中級）の場合、図面の中に「JIS B 0405-m」と明記されています。

一般的によく使う切削加工の普通許容差を下表に示します。

面取りを除く長さ寸法の普通許容差

公差等級	基準寸法の区分							
説明	0.5以上 3以下	3を超え 6以下	6を超え 30以下	30を超え 120以下	120を超え 400以下	400を 超え 1000以下	1000を 超え 2000以下	2000を 超え 4000以下
	許容差							
精級	±0.05	±0.05	±0.1	±0.15	±0.2	±0.3	±0.5	—
中級	±0.1	±0.1	±0.2	±0.3	±0.5	±0.8	±1.2	±2
粗級	±0.2	±0.3	±0.5	±0.8	±1.2	±2	±3	±4
極粗級	—	±0.5	±1	±1.5	±2.5	±4	±6	±8

注）0.5mm未満の基準寸法に対しては、その基準寸法に続けて許容差を個々に指示する。

面取り長さの普通許容差

<table>
<tr><th>公差等級</th><th colspan="3">基準寸法の区分</th></tr>
<tr><td rowspan="2">説明</td><td>0.5以上
3以下</td><td>3より上
6以下</td><td>6より上</td></tr>
<tr><td colspan="3">許容差</td></tr>
<tr><td>精級</td><td rowspan="2">±0.2</td><td rowspan="2">±0.5</td><td rowspan="2">±1</td></tr>
<tr><td>中級</td></tr>
<tr><td>粗級</td><td rowspan="2">±0.4</td><td rowspan="2">±1</td><td rowspan="2">±2</td></tr>
<tr><td>極粗級</td></tr>
</table>

角度寸法の普通許容差

<table>
<tr><th>公差等級</th><th colspan="5">対象とする角度の短い方の辺の長さの区分</th></tr>
<tr><td rowspan="2">説明</td><td>10以下</td><td>10より上
50以下</td><td>50より上
120以下</td><td>120より上
400以下</td><td>400
より上</td></tr>
<tr><td colspan="5">許容差</td></tr>
<tr><td>精級</td><td rowspan="2">±1°</td><td rowspan="2">±30′</td><td rowspan="2">±20′</td><td rowspan="2">±10′</td><td rowspan="2">±5′</td></tr>
<tr><td>中級</td></tr>
<tr><td>粗級</td><td>±1°30′</td><td>±1°</td><td>±30′</td><td>±15′</td><td>±10′</td></tr>
<tr><td>極粗級</td><td>±3°</td><td>±2°</td><td>±1°</td><td>±30′</td><td>±20′</td></tr>
</table>

表の読み方を下記に説明します。例えば公差等級が中級で寸法数値が「100」の場合、普通許容差は「± 0.3mm」とわかります。

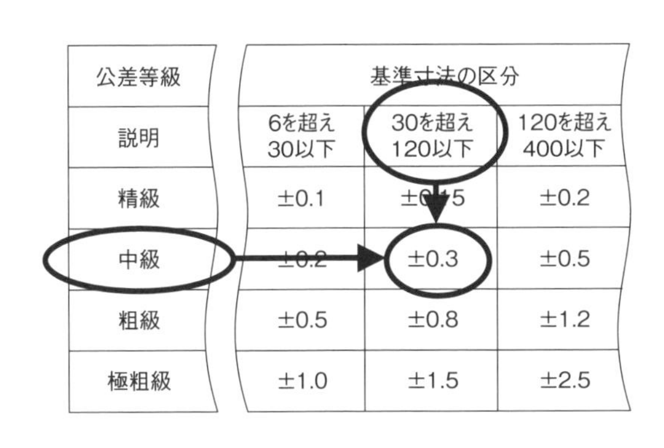

公差等級	基準寸法の区分		
説明	6を超え 30以下	30を超え 120以下	120を超え 400以下
精級	±0.1	±0.15	±0.2
中級	±0.2	±0.3	±0.5
粗級	±0.5	±0.8	±1.2
極粗級	±1.0	±1.5	±2.5

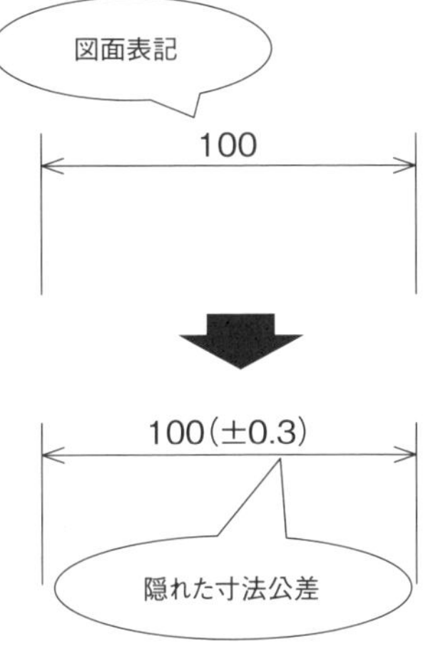

サイズ公差って、どう表示されるん？

普通許容差のばらつきでは機能を果たせない、あるいは組み立てできないなど不具合が避けられない場合、設計者は普通許容差よりもさらに厳しい公差を指示します。しかし、公差の範囲を厳しくすればするほど丁寧に加工しなければいけなくなるため加工時間が増え、結果コストアップにつながります。

公差は、必ずしも基準寸法に対してプラスマイナス均等に振り分けられるとは限らず、設計意図として、プラス側あるいはマイナス側に偏りをもたせることもあります。

サイズ公差は、次の2つに分類されます。

①長さの公差の指示

10 ± 0.01　　$10^{+0.05}_{\ 0}$

$10^{\ 0}_{-0.03}$　　$10^{+0.05}_{-0.03}$

長さの公差は寸法数値の次に記入され、寸法数値と同じ大きさで書いたり少し小さな文字で書いたりされます。文字の大きさの違いによる意味の違いはありません。基準寸法に対して不均等の場合は上段に上の許容差、下段に下の許容差が指示されます。

②角度の公差の指示

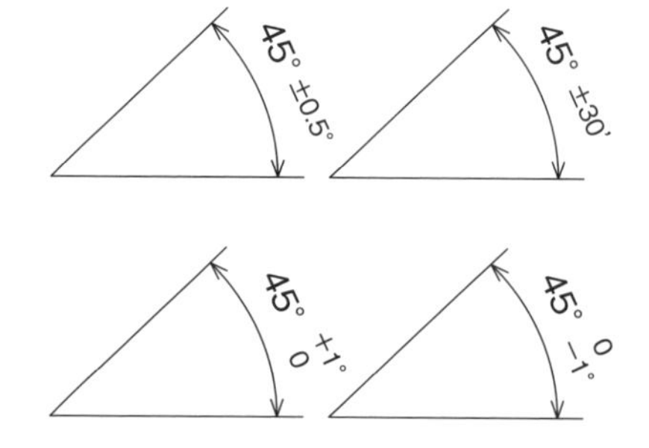

角度の換算は時計と同じです。
1°(度)=60′(分)
1′(分)=60″(秒)
例えば、30′=0.5°となります。

角度寸法の許容限界の記入も長さの公差と同じです。ただし、角度の単位記号が必要で、必ずしも「°（度)」で表わされるとは限らず、「′（分)」や「″（秒)」が使われます。

製造業で用いられる現場用語や現場の声

度、分、秒の使い分けに意味の違いはなく、設計者の判断で決められます。

第6章	2	記号で表す サイズ公差がある

サイズ公差を記号で表すって、どういうこと？

はめあい

はめあいとは、組み立てる穴（溝）と軸（突起）の組み合わせる前の寸法の差をいいます。

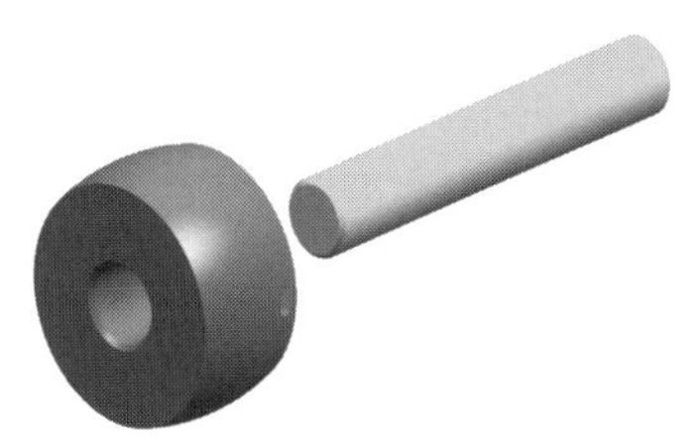

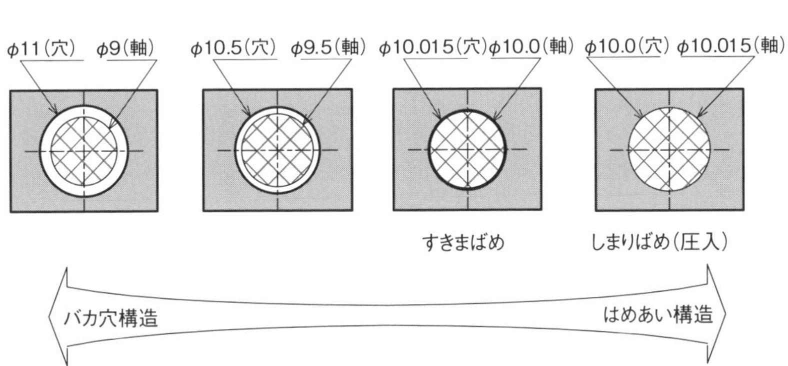

機械設計では、必ず複数の部品が接触し積み重なり、要求される機能を出す工夫が施されます。そこで精度よく部品同士を組みたい場合に使われるのが「はめあい」です。

この「はめあい」に使われるのが公差クラスの記号で、アルファベットと数値で表されます。

製造業で用いられる現場用語や現場の声

穴と軸の直径に十分な差があり、常識的な範囲（普通許容差程度）で直径や位置がばらついても問題なく組立できる関係のうち、穴の方を「バカ穴」と呼びます。

1）はめあいの種類

機械設計では穴と軸を挿入し、位置決めや摺動（しゅうどう）、固定などに用いることは設計の基本といえるほどよく使用されます。

このような場面で、はめあいが使われます。

はめあいとは、組み立てる穴と軸の組み合わせる前の寸法差の関係をいいます。

はめあいには次の３つの種類があります。

・すきまばめ

穴と軸を組み立てたときに、常にゼロ以上の隙間ができるはめあいをいいます。

組立する際に、ガタつきがほとんどない状態ながらも、簡単に手で挿入できる関係をいいます。

・しまりばめ

穴と軸を組み立てたときに、常にゼロ以上のしめしろ（干渉）ができるはめあいをいいます。

組立する際に、プレスなどを使って大きな力で押し込まないと組めない関係をいいます。別名、圧入（あつにゅう）とも呼びます。

・中間ばめ

組み立てた穴と軸の間に、実寸法のばらつき具合に依存して隙間またはしめしろのどちらかができるはめあいをいいます。

組立上、手で組めたり組めなかったりするどっちつかずの関係のため、設計的に使いづらい関係です。

2) 公差クラスの記号

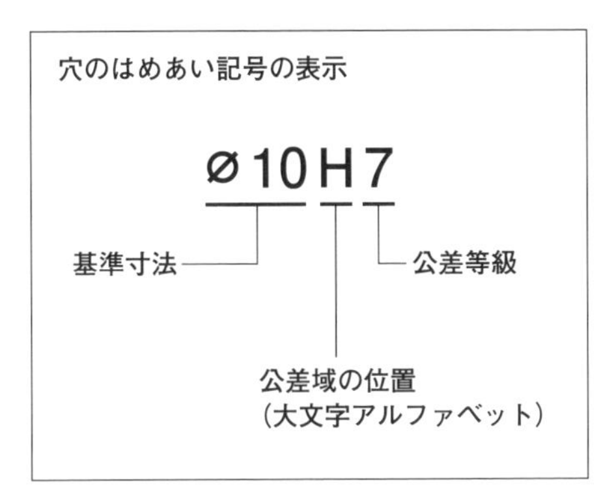

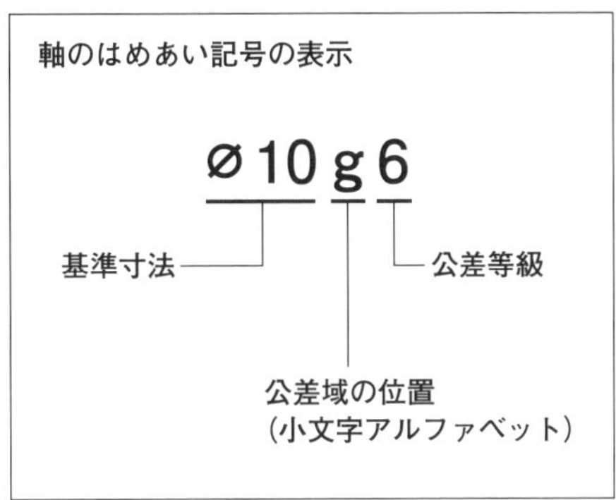

はめあい記号に用いられるアルファベットは、基準寸法に対して公差領域がどの範囲に存在するかを意味し、軸と穴の関係に隙間を設けたり、圧入にしたりと、はめあいの特性や精度を決定付ける要素です。アルファベットJ（あるいはj）が基準寸法に対して均等振り分けの公差を持ちます。

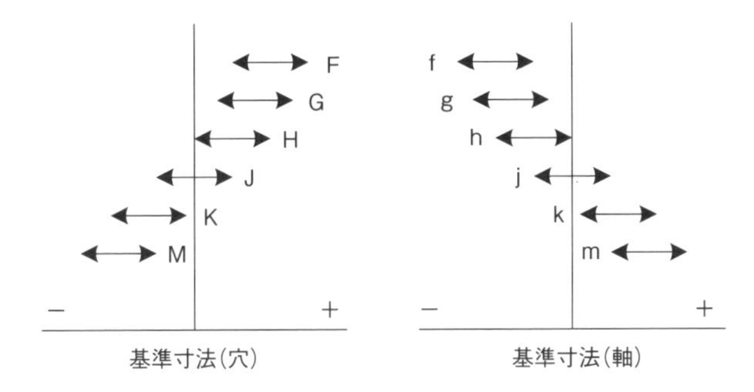

公差クラスの記号は、世界共通の記号として多用されています。

なかでも、穴に使う記号H（基準寸法に対してゼロからプラス側のばらつき）と、軸に使う記号h（基準寸法に対してゼロからマイナス側のばらつき）は、すきまばめの代表として利用頻度の多い記号です。

製造業で用いられる現場用語や現場の声

公差クラスの記号を使った公差のことを、「はめあい公差」と呼ぶ人もいます。
また、記号Hやhを使った公差のことを、「エイチ公差」と呼ぶ人もいます。

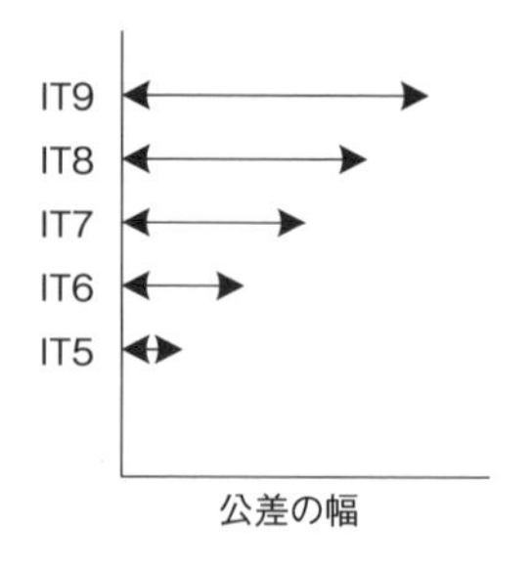

等級の数値は、IT公差と呼ばれる公差等級の数値を用いており、公差値の幅（レンジ）を表し、寸法ばらつきの大きさとコストを決定づける要素です。

数字が小さくなるほど、公差範囲が小さくなり、必然的にコストも高くなる傾向になります。

一般的にIT5〜IT11が使用されます。

図示サイズ（mm）		基準サイズ公差等級																	
		IT01	IT0	IT1	IT2	IT3	IT4	IT5	IT6	IT7	IT8	IT9	IT10	IT11	IT12	IT13	IT14	IT15	IT16	IT17	IT18
を超え	以下	基準サイズ公差値																			
		（μm）													（mm）						
−	3	0.3	0.5	0.8	1.2	2	3	4	6	10	14	25	40	60	0.1	0.14	0.25	0.4	0.6	1	1.4
3	6	0.4	0.6	1	1.5	2.5	4	5	8	12	18	30	48	75	0.12	0.18	0.3	0.48	0.75	1.2	1.8
6	10	0.4	0.6	1	1.5	2.5	4	6	9	15	22	36	58	90	0.15	0.22	0.36	0.58	0.9	1.5	2.2
10	18	0.5	0.8	1.2	2	3	5	8	11	18	27	43	70	110	0.18	0.27	0.43	0.7	1.1	1.8	2.7
18	30	0.6	1	1.5	2.5	4	6	9	13	21	33	52	84	130	0.21	0.33	0.52	0.84	1.3	2.1	3.3
30	50	0.6	1	1.5	2.5	4	7	11	16	25	39	62	100	160	0.25	0.39	0.62	1	1.6	2.5	3.9
50	80	0.8	1.2	2	3	5	8	13	19	30	46	74	120	190	0.3	0.46	0.74	1.2	1.9	3	4.6
80	120	1	1.5	2.5	4	6	10	15	22	35	54	87	140	220	0.35	0.54	0.87	1.4	2.2	3.5	5.4
120	180	1.2	2	3.5	5	8	12	18	25	40	63	100	160	250	0.4	0.63	1	1.6	2.5	4	6.3
180	250	2	3	4.5	7	10	14	20	29	46	72	115	185	290	0.46	0.72	1.15	1.85	2.9	4.6	7.2
250	315	2.5	4	6	8	12	16	23	32	52	81	130	210	320	0.52	0.81	1.3	2.1	3.2	5.2	8.1
315	400	3	5	7	9	13	18	25	36	57	89	140	230	360	0.57	0.89	1.4	2.3	3.6	5.7	8.9
400	500	4	6	8	10	15	20	27	40	63	97	155	250	400	0.63	0.97	1.55	2.5	4	6.3	9.7
500	630	−	−	9	11	16	22	32	44	70	110	175	280	440	0.7	1.1	1.75	2.8	4.4	7	11
630	800	−	−	10	13	18	25	36	50	80	125	200	320	500	0.8	1.25	2	3.2	5	8	12.5
800	1000	−	−	11	15	21	29	40	56	90	140	230	360	560	0.9	1.4	2.3	3.6	5.6	9	14
1000	1250	−	−	13	18	24	33	47	66	105	165	260	420	660	1.05	1.65	2.6	4.2	6.6	10.5	16.5
1250	1600	−	−	15	21	29	39	55	78	125	195	310	500	780	1.25	1.95	3.1	5	7.8	12.5	19.5
1600	2000	−	−	18	25	35	46	65	92	150	230	370	600	920	1.5	2.3	3.7	6	9.2	15	23
2000	2500	−	−	22	30	41	55	78	110	175	280	440	700	1100	1.75	2.8	4.4	7	11	17.5	28
2500	3150	−	−	26	36	50	68	96	135	210	330	540	860	1350	2.1	3.3	5.4	8.6	13.5	21	33

上表より、直径10mmで公差等級「7」を指示した場合、軸（あるいは穴）の寸法公差は15μm（マイクロメートル）の公差の幅を持つことを意味します。

同様に直径300mmの軸（あるいは穴）の寸法公差は、52μm（マイクロメートル）の公差の幅を持ちます。

つまり、同じ公差等級でも、基準となる寸法が大きくなるほど公差範囲が広がる決まりを持つことを知っておきましょう。

穴の公差クラス

基準寸法の区分 (mm)		穴の公差域クラス (μm)																										基準寸法の区分 (mm)	
超	以下	F6	F7	F8	G6	G7	H5	H6	H7	H8	H9	H10	Js5	Js6	Js7	K5	K6	K7	M5	M6	M7	N6	N7	P6	P7	R7	S7	超	以下
—	3	+12	+16	+20	+8	+12	+4	+6	+10	+14	+25	+40	±2	±3	±5	0	0	0	−2	−2	−2	−4	−4	−6	−6	−10	−14	—	3
			+6		+2					0						−4	−6	−10	−6	−8	−12	−10	−14	−12	−16	−20	−24		
3	6	+18	+22	+28	+12	+16	+5	+8	+12	+18	+30	+48	±2.5	±4	±6	0	+2	+3	−3	−1	0	−5	−4	−9	−8	−11	−15	3	6
			+10		+4					0						−5	−6	−9	−8	−9	−12	−13	−16	−17	−20	−23	−27		
6	10	+22	+28	+35	+14	+20	+6	+9	+15	+22	+36	+58	±3	±4.5	±7.5	+1	+2	+5	−4	−3	0	−7	−4	−12	−9	−13	−17	6	10
			+13		+5					0						−5	−7	−10	−10	−12	−15	−16	−19	−21	−24	−28	−32		
10	18	+27	+34	+43	+17	+24	+8	+11	+18	+27	+43	+70	±4	±5.5	±9	+2	+2	+6	−4	−4	0	−9	−5	−15	−11	−16	−21	10	18
			+16		+6					0						−6	−9	−12	−12	−15	−18	−20	−23	−26	−29	−34	−39		
18	30	+33	+41	+53	+20	+28	+9	+13	+21	+33	+52	+84	±4.5	±6.5	±10.5	+1	+2	+6	−5	−4	0	−11	−7	−18	−14	−20	−27	18	30
			+20		+7					0						−8	−11	−15	−14	−17	−21	−24	−28	−31	−35	−41	−48		
30	50	+41	+50	+64	+25	+34	+11	+16	+25	+39	+62	+100	±5.5	±8	±12.5	+2	+3	+7	−5	−4	0	−12	−8	−21	−17	−25	−34	30	50
			+25		+9					0						−9	−13	−18	−16	−20	−25	−28	−33	−37	−42	−50	−59		
50	80	+49	+60	+76	+29	+40	+13	+19	+30	+46	+74	+120	±6.5	±9.5	±15	+3	+4	+9	−6	−5	0	−14	−9	−26	−21	−30	−42	50	65
																										−60	−72		
			+30		+10					0						−10	−15	−21	−19	−24	−30	−33	−39	−45	−51	−32	−48	65	80
																										−62	−78		
80	100	+58	+71	+90	+34	+47	+15	+22	+35	+54	+87	+140	±7.5	±11	±17.5	+2	+4	+10	−8	−6	0	−16	−10	−30	−24	−38	−58	80	100
																										−73	−93		
100	120		+36		+12					0						−13	−18	−25	−23	−28	−35	−38	−45	−52	−59	−41	−66	100	120
																										−76	−101		
120	180	+68	+83	+106	+39	+54	+18	+25	+40	+63	+100	+160	±9	±12.5	±20	+3	+4	+12	−9	−8	0	−20	−12	−36	−28	−48	−77	120	140
																										−88	−117		
																										−50	−85	140	160
																										−90	−125		
			+43		+14					0						−15	−21	−28	−27	−33	−40	−45	−52	−61	−68	−53	−93	160	180
																										−93	−133		
180	200	+79	+96	+122	+44	+61	+20	+29	+46	+72	+115	+185	±10	±14.5	±23	+2	+5	+13	−11	−8	0	−22	−14	−41	−33	−60	−105	180	200
																										−106	−151		
200	225																									−63	−113	200	225
																										−109	−159		
225	250		+50		+15					0						−18	−24	−33	−31	−37	−46	−51	−60	−70	−79	−67	−123	225	250
																										−113	−169		
250	315	+88	+108	+137	+49	+69	+23	+32	+52	+81	+130	+210	±11.5	±16	±26	+3	+5	+16	−13	−9	0	−25	−14	−47	−36	−74	—	250	280
																−20	−27	−36	−36	−41	−52	−57	−66	−79	−88	−126	—		
			+56		+17					0						同上										−78	—	280	315
																										−130	—		
315	355	+98	+119	+151	+54	+75	+25	+36	+57	+89	+140	+230	±12.5	±18	±28.5	+3	+7	+17	−14	−10	0	−26	−16	−51	−41	−87	—	315	355
																										−144	—		
355	400		+62		+18					0						−22	−29	−40	−39	−46	−57	−62	−73	−87	−98	−93	—	355	400
																										−150	—		
400	500	+108	+131	+165	+60	+83	+27	+40	+63	+97	+155	+250	±13.5	±20	±31.5	+2	+8	+18	−16	−10	0	−27	−17	−55	−45	−103	—	400	450
																										−166	—		
			+68		+20					0						−25	−32	−45	−43	−50	−63	−67	−80	−95	−108	−109	—	450	500
																										−172	—		
超	以下	F6	F7	F8	G6	G7	H5	H6	H7	H8	H9	H10	Js5	Js6	Js7	K5	K6	K7	M5	M6	M7	N6	N7	P6	P7	R7	S7	超	以下
基準寸法の区分 (mm)		穴の公差域クラス (μm)																										基準寸法の区分 (mm)	

軸の公差クラス

基準寸法の区分 (mm) 超	以下	軸の公差域クラス（μm） f6	f7	f8	g4	g5	g6	h4	h5	h6	h7	h8	h9	js4	js5	js6	js7
—	3		−6			−2				0				±1.5	±2	±3	±5
		−12	−16	−20	−5	−6	−8	−3	−4	−6	−10	−14	−25				
3	6		−10			−4				0				±2	±2.5	±4	±6
		−18	−22	−28	−8	−9	−12	−4	−5	−8	−12	−18	−30				
6	10		−13			−5				0				±2	±3	±4.5	±7.5
		−22	−28	−35	−9	−11	−14	−4	−6	−9	−15	−22	−36				
10	18		−16			−6				0				±2.5	±4	±5.5	±9
		−27	−34	−43	−11	−14	−17	−5	−8	−11	−18	−27	−43				
18	30		−20			−7				0				±3	±4.5	±6.5	±10.5
		−33	−41	−53	−13	−16	−20	−6	−9	−13	−21	−33	−52				
30	50		−25			−9				0				±3.5	±5.5	±8	±12.5
		−41	−50	−64	−16	−20	−25	−7	−11	−16	−25	−39	−62				
50	80		−30			−10				0				±4	±6.5	±9.5	±15
		−49	−60	−76	−18	−23	−29	−8	−13	−19	−30	−46	−74				
80	120		−36			−12				0				±5	±7.5	±11	±17.5
		−58	−71	−90	−22	−27	−34	−10	−15	−22	−35	−54	−87				
120	180		−43			−14				0				±6	±9	±12.5	±20
		−68	−83	−106	−26	−32	−39	−12	−18	−25	−40	−63	−100				
180	250		−50			−15				0				±7	±10	±14.5	±23
		−79	−96	−122	−29	−35	−44	−14	−20	−29	−46	−72	−115				
250	280		−56			−17				0				±8	±11.5	±16	±26
280	315	−88	−108	−137	−33	−40	−49	−16	−23	−32	−52	−81	−130				
315	400		−62			−18				0				±9	±12.5	±18	±28.5
		−98	−119	−151	−36	−43	−54	−18	−25	−36	−57	−89	−140				
400	500		−68			−20				0				±10	±13.5	±20	±31.5
		−108	−131	−165	−40	−47	−60	−20	−27	−40	−63	−97	−155				
超	以下	f6	f7	f8	g4	g5	g6	h4	h5	h6	h7	h8	h9	js4	js5	js6	js7

軸の公差域クラス（μm） k4	k5	k6	m4	m5	m6	n6	p6	r6	s6	t6	基準寸法の区分 (mm) 超	以下
+3	+4	+6	+5	+6	+8	+10	+12	+16	+20	—	—	3
	0			+2		+4	+6	+10	+14			
+5	+6	+9	+8	+9	+12	+16	+20	+23	+27	—	3	6
	+1			+4		+8	+12	+15	+19			
+5	+7	+10	+10	+12	+15	+19	+24	+28	+32	—	6	10
	+1			+6		+10	+15	+19	+23			
+6	+9	+12	+12	+15	+18	+23	+29	+34	+39	—	10	14
	+1			+7		+12	+18	+23	+28		14	18
+8	+11	+15	+14	+17	+21	+28	+35	+41	+48	—	18	24
	+2			+8		+15	+22	+28	+35	+54	24	30
										+41		
+9	+13	+18	+16	+20	+25	+33	+42	+50	+59	+64	30	40
										+48		
	+2			+9		+17	+26	+34	+43	+70	40	50
										+54		
+10	+15	+21	+19	+24	+30	+39	+51	+60	+72	+85	50	65
								+41	+53	+66		
	+2			+11		+20	+32	+62	+78	+94	65	80
								+43	+59	+75		
+13	+18	+25	+23	+28	+35	+45	+59	+73	+93	+113	80	100
								+51	+71	+91		
	+3			+13		+23	+37	+76	+101	+126	100	120
								+54	+79	+104		
+15	+21	+28	+27	+33	+40	+52	+68	+88	+117	+147	120	140
								+63	+92	+122		
								+90	+125	+159	140	160
								+65	+100	+134		
	+3			+15		+27	+43	+93	+133	+171	160	180
								+68	+108	+146		
+18	+24	+33	+31	+37	+46	+60	+79	+106	+151	—	180	200
								+77	+122			
								+109	+159		200	225
								+80	+130			
	+4			+17		+31	+50	+113	+169		225	250
								+84	+140			
+20	+27	+36	+36	+43	+52	+66	+88	+126	—	—	250	280
								+94				
	+4			+20		+34	+56	+130			280	315
								+98				
+22	+29	+40	+39	+46	+57	+73	+98	+144	—	—	315	355
								+108				
	+4			+21		+37	+62	+150			355	400
								+114				
+25	+32	+45	+43	+50	+63	+80	+108	+166	—	—	400	450
								+126				
	+5			+23		+40	+68	+172			450	500
								+132				
k4	k5	k6	m4	m5	m6	n6	p6	r6	s6	t6	超	以下

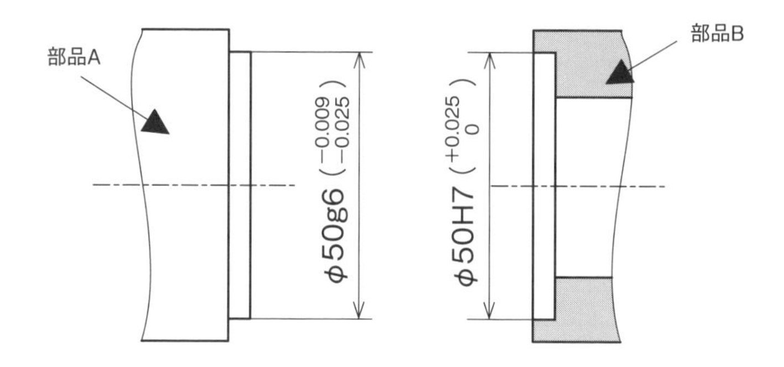

公差クラス記号のある部品は、相手部品も同じような公差クラス記号が指示されている場合が多いといえます。

図面は1枚1枚見るものですから、図面を読むだけの人にとっては、他部品との関係はどうでもよいといえますが、設計意図（隙間を持たせている、圧入するなど）を探るためのヒントにつながります。

製造業で用いられる現場用語や現場の声

インロー

インロー部とは、はめあい公差などが指示された短い突起と穴で、最小限のガタをもたせてしっくりとはめ合い、位置決めする構造の総称をいいます。一般的にインロー部とは、突起側と穴側のどちらにも使われる用語ですが、突起側をボスと呼んだり、穴側をインロー穴と呼んだりする場合があります。

インローという言葉は、英語のように思いがちですが、実は水戸黄門でおなじみの「印籠（いんろう）」の本体に蓋がはめ合わされている構造から由来しています。

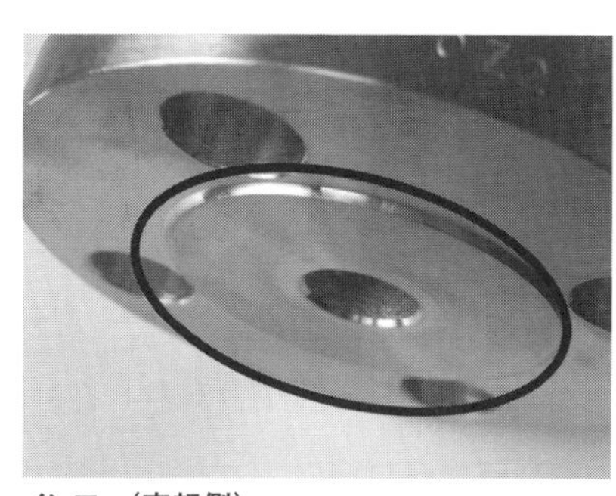
インロー（突起側）

インロー（穴側）

1つの寸法に公差クラスの記号が2種類記入されてるのはなぜ？

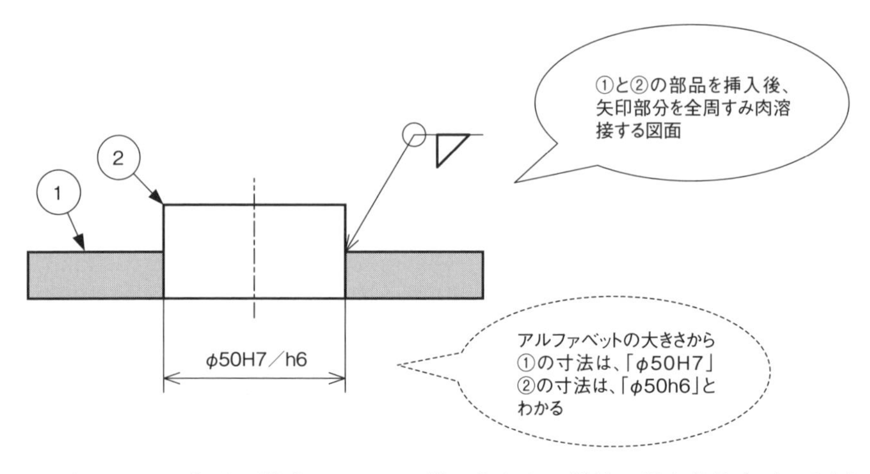

①と②の部品を挿入後、
矢印部分を全周すみ肉溶
接する図面
2
1
φ50H7／h6
アルファベットの大きさから
①の寸法は、「φ50H7」
②の寸法は、「φ50h6」と
わかる

レアなケースですが、前述のインロー部のような2部品の組立状態を示した図面において、軸と穴のそれぞれの公差クラスの記号を「H7/h6」のように同時に表現する場合があります。

このような場合も、アルファベットの大文字小文字によって、軸側か穴側かを判断することができます。

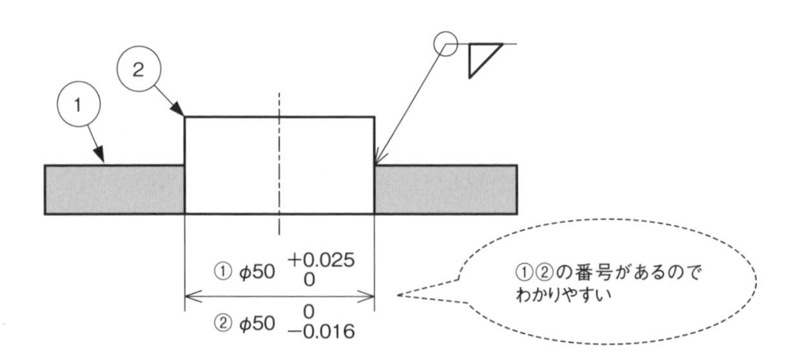

公差数値だけで表現する場合は、部品番号の①や②を使ったり、「穴」や「軸」という言葉を使ったりして明確に区別するよう工夫してくれる場合もあります。

3）サイズ公差の厳しい部品の測定

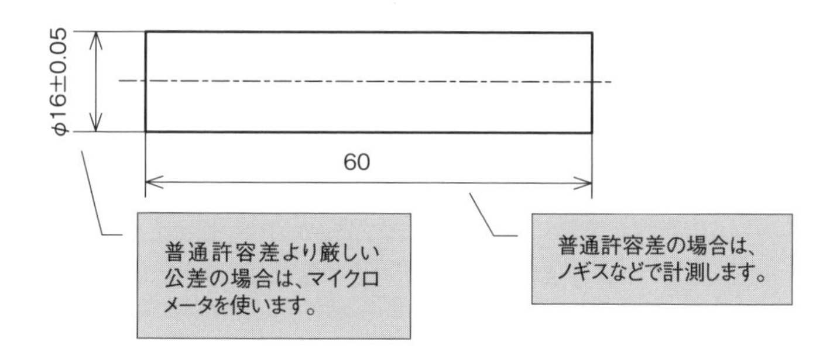

サイズやサイズ公差は、その形体の物理的な大きさや長さを示すものです。公差のないサイズの場合は、第5章で紹介したようにノギスを使って計測することが一般的です。

しかし、公差の値が0.1mmを下回るような場合、ノギスの測定精度では測定誤差が大きくなるため、より測定精度の高いマイクロメータを用います。

また、「h7」のような公差クラスの記号が指示されているサイズを計測する場合は、マイクロメータのほかに限界ゲージなどを使用することもできます。

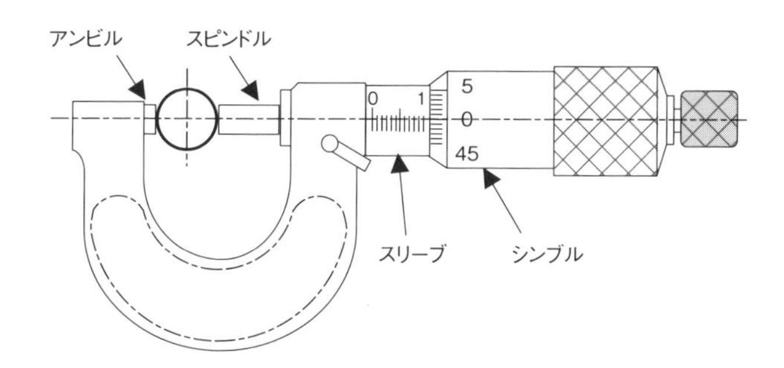

マイクロメータでの計測は、部品をマイクロメータのアンビルとスピンドルの間に挟んで目盛を読みます。

φ(@°▽°@) メモメモ

マイクロメータ

半円形またはU字形をしたフレームの一方に測定面を持つアンビルを固定し、この測定面に対して垂直な方向に目盛をもつスリーブとその上をスピンドルの動き量に応じてシンブルが回転移動する構造です。一般的なマイクロメータの最小読取値は0.01mmであり、ノギスより精度の高い測定結果が得られます。

例えば、16±0.05mmで指示された部品を測定する方法を説明します。部品をマイクロメータではさみ、スリーブの目盛とシンブルの端面が重なる部分が測定点です。

シンブル端面が指すすぐ左側上にあるスリーブ目盛が1mm単位の大きさで、基準線下にある目盛が0.5mmの単位となります（下図では16mm)。

次にスリーブの基準線と同一線上に一致するシンブルの垂直部の目盛を読みます。このシンブル側の目盛が0.01mm単位の大きさです（下図では0.03mm)。

したがって、マイクロメータの読取値L＝16+0.03＝16.03mmとなります。

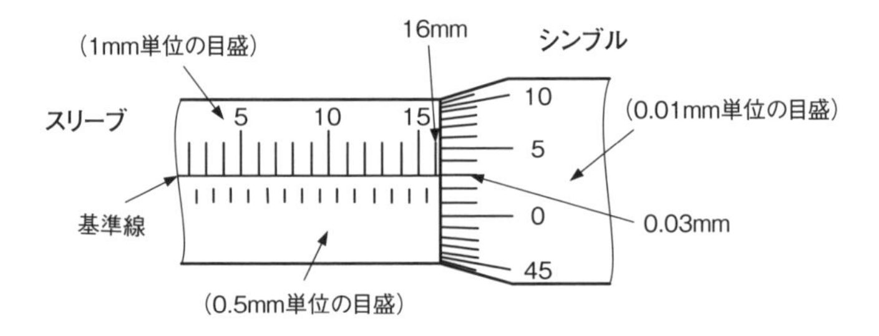

スリーブの目盛1mm分に対して、シンブルは2回転します。したがって、スリーブの基準線の上側にある1mm単位の目盛が隠れ、基準線の下側の0.5mm単位の目盛が見える場合、マイクロメータの読取値L＝15.5+0.48＝15.98mmとなります。

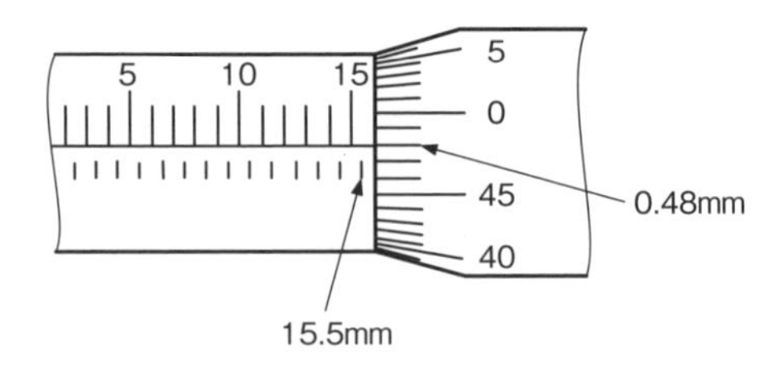

上記のどちらの結果が出ても、図面に指示された16±0.05mmの公差を満足することになり、部品として合格品と判断されます。

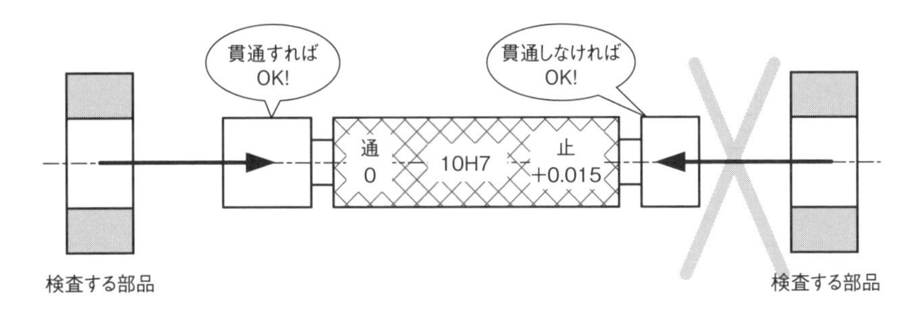

公差クラスの記号で指示されているサイズを計測する場合は、そのクラス記号専用の限界ゲージが存在します。上図のように、穴を検査するものを「限界プラグゲージ」と呼びます。

検査する部品に指示された公差クラスの記号と同じ規格をもつ限界プラグゲージの「通り側」が全長に渡りスムーズに貫通し、「止り側」が引っかかって貫通できなかったり挿入すらできなかったりすれば、公差クラス記号の公差内で部品ができていると判断し合格品となります。

限界プラグゲージは合否を判定するもので、出来上がりの数値結果を求めるものではありません。

■D(￣ー￣*)コーヒーブレイク

測定時の温度の影響

厳しい寸法公差になるほど、測定する室温や取り扱いに注意が必要です。寸法計測は一般的に20～25℃程度の室温で計測した値を結果として残します。ちなみにJISでは、"常温"を20±15℃（5～35℃）としており、様々な製品評価温度として利用されています。

材料には線膨張係数といって、一般的に高温になるほど材料は伸びる特性を持ち、低温になるほど縮む特性を持ちます。

したがって、μm（マイクロメートル：メートルの100万分の1）単位の寸法公差を計測する場合、部品を手で持つと体温が部品に移り寸法が変化する可能性があり、手袋を使用して部品を持ちます。またマイクロメータ自身も手で触ることで変動する可能性があり、作業性の向上も兼ねてマイクロメータ専用のスタンドに取りつけて測定することもあります。

nm（ナノメートル：メートルの10億分の1）単位の部品では、計測者の息がかかっただけでも寸法が変化するほど敏感になるのです。

製造業で用いられる現場用語や現場の声

限界ゲージのことを、「通り・止まりゲージ」や「Go／No Goゲージ」と呼ぶ人もいます。

第6章 3

サイズ公差に併記される条件記号

サイズに関する新しい記号ができたって？

「JIS B 0420-1：2016」において、様々なサイズが定義され、それらを適用する場合の条件記号が追加されました。

条件記号	説明
LP	2点間サイズ
LS	球で定義される局部サイズ
GG	最小二乗サイズ（最小二乗当てはめ判定基準による）
GX	最大内接サイズ（最大内接当てはめ判定基準による）
GN	最小外接サイズ（最小外接当てはめ判定基準による）
CC	円周直径（算出サイズ）
CA	面積直径（算出サイズ）
CV	体積直径（算出サイズ）
SX	最大サイズ
SN	最小サイズ
SA	平均サイズ
SM	中央サイズ
SD	中間サイズ
SR	範囲サイズ

たくさんの記号がありますが、実務で使う可能性があるものは、「GG」「GX」「GN」の3つくらいと想定できます。

これらの記号はどんな意味を持っているかを確認してみましょう。

サイズを検査するときの決まりごとってあるん？

例えば、穴のサイズ公差（φ 15H7）の場合、どんな検査方法があるのか確認しましょう。

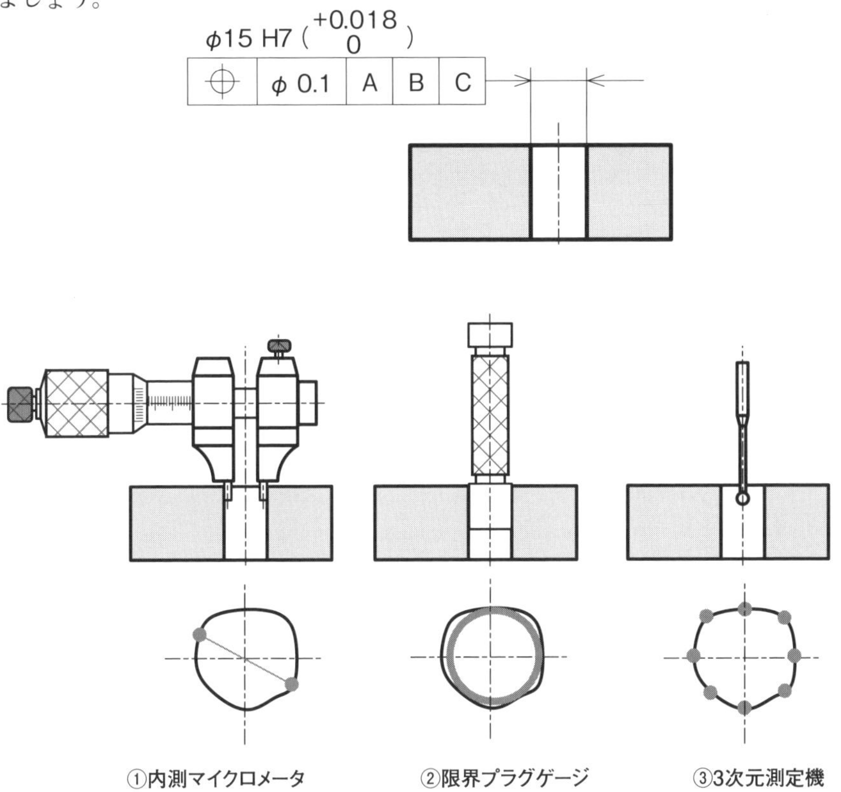

①内測マイクロメータ　②限界プラグゲージ　③3次元測定機

JISには、どの検査方法を使うべきという指定は明示されていませんが、穴の直径を検査する場合、上図に示すいずれかの方法で検査されます。

①内測マイクロメータなどを使い、2点間距離として直径を測定する。

②限界プラグゲージを使い、内接円直径として合否判定する。

③3次元測定機を使い、穴の周囲を複数の点として直径を測定する。

このとき、③項の3次元測定機の複数の点が作る形状は真円にはなりません。円が存在しなければ直径の数値を得ることができず結果を出すことができないので、困ってしまいます。そこで条件記号によって円を定義します。

新しくできた条件記号は、3次元測定器で直径を検査をした際に、真円から崩れた形状に対して円の概念を得るための記号と理解すればよいでしょう。

LP 2点間サイズ	GG 最小二乗サイズ	GX 最大内接サイズ	GN 最小外接サイズ
特に明示しない限り、サイズはLPが採用される。	設計意図として、平均的な円の直径が欲しい場合に使う。	設計意図として、穴と軸を確実に挿入したい場合に、穴のサイズに対して使う。	設計意図として、穴と軸を確実に挿入したい場合に、軸のサイズに対して使う。
寸法記入例) $\phi 15\ \pm 0.05$	寸法記入例) $\phi 15\ \pm 0.05$ (GG)	寸法記入例) $\phi 15\ \mathrm{H7}\left(^{+0.018}_{0}\right)$ (GX)	寸法記入例) $\phi 15\ \mathrm{h7}\left(^{0}_{-0.018}\right)$ (GN)

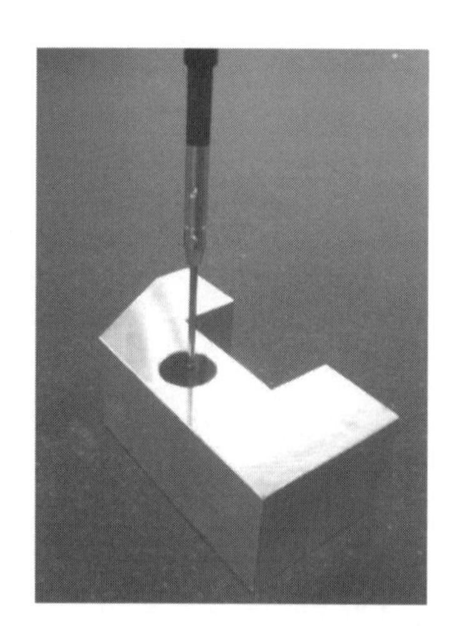

なるほど！
これらの記号は、
3次元測定を前提とする
記号なんか！

記号「CT」ってなんなん？

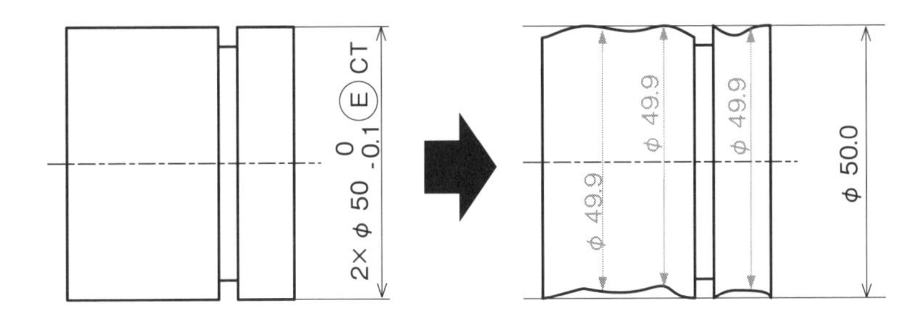

複数に分離した形状をまとめて、1つの形状としてみなす場合の条件記号も新しく追加されています。

例えば、元は1本の円筒軸だけど、溝の追加によって円筒形状の連続性が失われた場合、「1本の連続した軸として考えてください」と意思表示するための記号が「CT」で、分離した形体の数を「×」で表します。

CTは、Common feature of size Toleranceの略で、直訳すると「サイズ公差の共通形体」という意味になります。

製図の世界では、溝などで形状に不連続性ができると、同一の形状とはみなせへんから個数と記号CTを明記せなあかんのや！

へー！
CTは形状としてつながってますよっていう意味なんか！

第6章 | 4

新旧記号が使われる表面粗さ記号

表面粗さの記号って、なんで必要なん？

表面性状（ひょうめんせいじょう）と
表面粗さ（ひょうめんあらさ）

表面性状とは、主として機械部分、構造部材などの表面における表面粗さ、筋目方向、表面うねり、傷、圧こんなどの総称をいいます。

表面粗さとは、主として機械加工またはこれに準じる方法によって、表層部を除去加工した際に生じる凹凸やうねり、筋目などの度合いを明確に数値化したものです。

寸法と同様に、表面の粗さもばらつきます。表面の粗さとは、材料を削った際の刃物の傷跡の程度のことをいいます。

表面粗さ記号は、加工者が機械加工する際に、その面をどの程度きれいに仕上げなければいけないかを指示するための記号です。

製造業で用いられる現場用語や現場の声

一般的に板金や樹脂成形品には指示されません。ただし樹脂成形品の場合は、金型の図面に表面粗さを指示する必要があり、別資料として金型業者と打ち合わせるか、樹脂成形部品の部品図に代用として表面粗さ記号を指示するなどの手段があります

表面粗さ記号は、日本を含めて世界的にもＲａ（算術平均粗さ）の採用が多いといえます。圧力のかかる装置や真空装置のように〝漏れ〟が許されないパッキン部では、１ヵ所でも深い傷があると機能を果たさない可能性があるため、Ｒｚ（最大高さ）が指示されます。

製造業で用いられる現場用語や現場の声

最新製品の設計でも、部品の共通化という面で古い時代の図面をいまだに流用して使うことがあります。その場合、最大高さRzの代わりに「Rmax」、「Ry」と指示されていることがありますが、同様に解釈をしてかまいません。JISが改定されていることを知らずに古い記号を使う設計者もまだまだ多いのが現状なのです。

	1992年以前の記号	2002年以前の記号 （代表数値例）	2002年以降の記号 （代表数値例）
除去加工の有無を問わない場合	～ （なみと呼ぶ）	数値 （上限の数値を記入）	数値 （上限の数値を記入）
寸法的に差し支えない荒仕上げ面	▽ （いっぱつ）	25	Ra 25
極めて経済的なきれいな仕上げ面	▽▽ （にはつ）	6.3	Ra 6.3
良好な機械仕上げ面	▽▽▽ （さんぱつ）	1.6	Ra 1.6
非常に精密な仕上げ面	▽▽▽▽ （よんぱつ）	0.1	Ra 0.1

表面粗さ記号は、何度か改定があり、古いものから最新の世界標準の記号まで、3種類の記号が流通しています。通常、表面粗さ記号の数値は上限値を示すため、指示した表面粗さよりもかなりきれいな状態で表面を仕上げてくれます。

φ(@°▽°@)　メモメモ

表面粗さ測定器

表面粗さ測定器とは、先端半径2μmの触針で測定対象表面をトレースし、触針の上下動作を作動トランスなどで電気的な信号に変えて出力します。表面の粗さやうねり、そりなどの測定を行う計測器です。表面粗さ測定方法のうち、最も広く普及しているのが触針式粗さ計です。

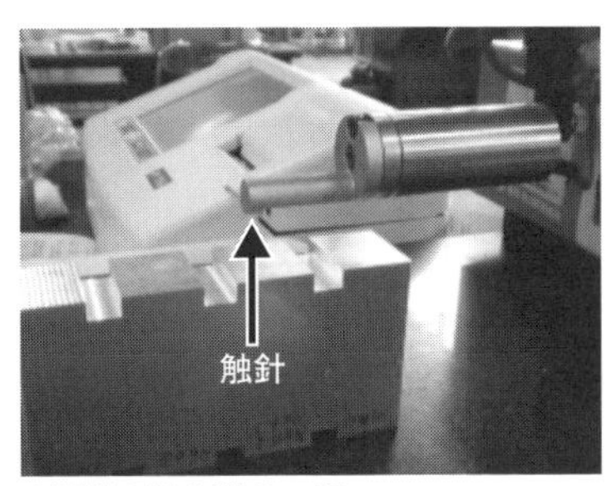

表面粗さ測定器の一部

実測値　Ra47　Ra30　Ra4.0　Ra1.2

切削加工による表面粗さの実例（参考）

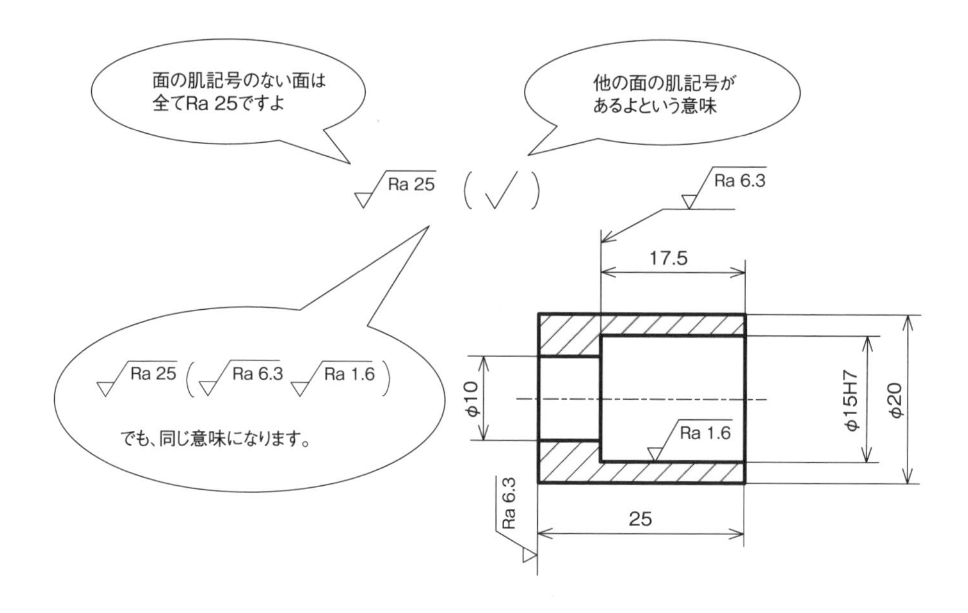

表面粗さの記号は、投影図上にあっても、寸法補助線上にあっても、全く同じ解釈となります。

一般的に部品の切削加工するすべての部分に表面粗さ記号が指示されますが、全ての面に記号を付けると図面が見づらくなってしまいます。そこで投影図の近辺に代表となる記号を指示することによって、代表で表した記号を投影図の指示から省略する場合もあります。

表面粗さの基本記号は上記の3種類があります。除去加工とは、刃物などで材料を削ること意味します。

つまり、左から順番に「加工してもしなくてもどちらでもいいよ」「機械加工しなさい」「機械加工するな」という設計者からの指示記号なのです。

ただし、ほとんどの場合は、中央の「必ず除去加工する」を意味する三角記号が使われます。

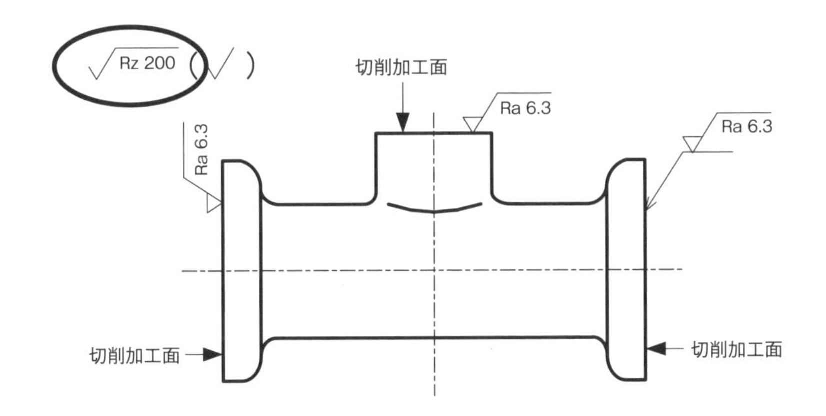

少し特殊な加工ですが、鋳物部品の図例を見てみましょう。

黒皮（くろかわ）のままで納品してよい場合は、表面性状の記号のうち「除去加工の有無を問わない」記号で表されます。この場合、加工してもしなくてもよいと判断します。表面粗さ記号が指示されていない鋳肌面は、「加工してもしなくてもよいから、最大高さ200μm（0.2mm）以下であればよい」という意味になります。

φ(@°▽°@) メモメモ

黒皮（くろかわ）

黒皮とは、鉄鋼材料では熱間加工（ねっかんかこう）時に高温から常温まで冷却する過程でできる黒い色の酸化皮膜（さんかひまく）のことです。鋳物では、砂型を使用するために、表面が砂の粒によってザラザラになった面のことを指します。鋳物の黒皮は、鋳肌（いはだ）とも呼ばれます。関連する用語で、ノコ切断機で加工したままの表面の粗い状態をノコ目と呼びます。

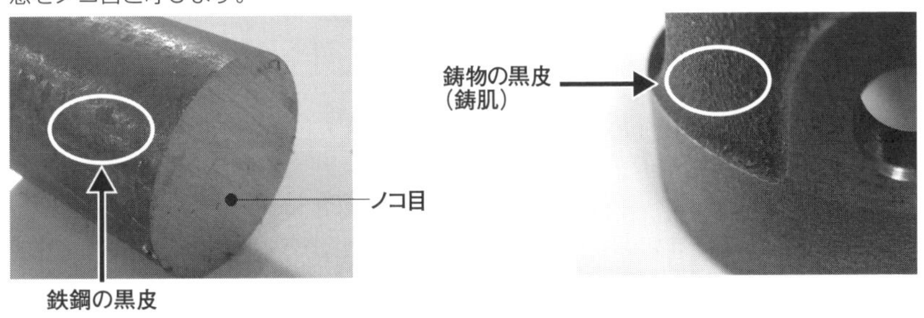

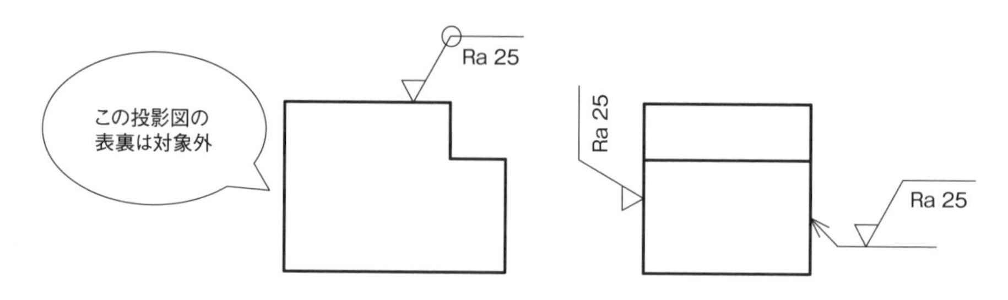

表面粗さ記号の角部に「○」の記号が組み合わされた場合は、記号が接している面を1周する面が指示された表面粗さとなります。ただし、その投影図の表面と裏面は対象外となるため、側面図や平面図に別途、表面粗さ記号が指示されます。

全周記号は、2002年に改定された最新の表面粗さ記号のみに使用されますが、前ページの図面例でも示したように、一括指示を使う方が多いため、実際に見ることは少ないでしょう。

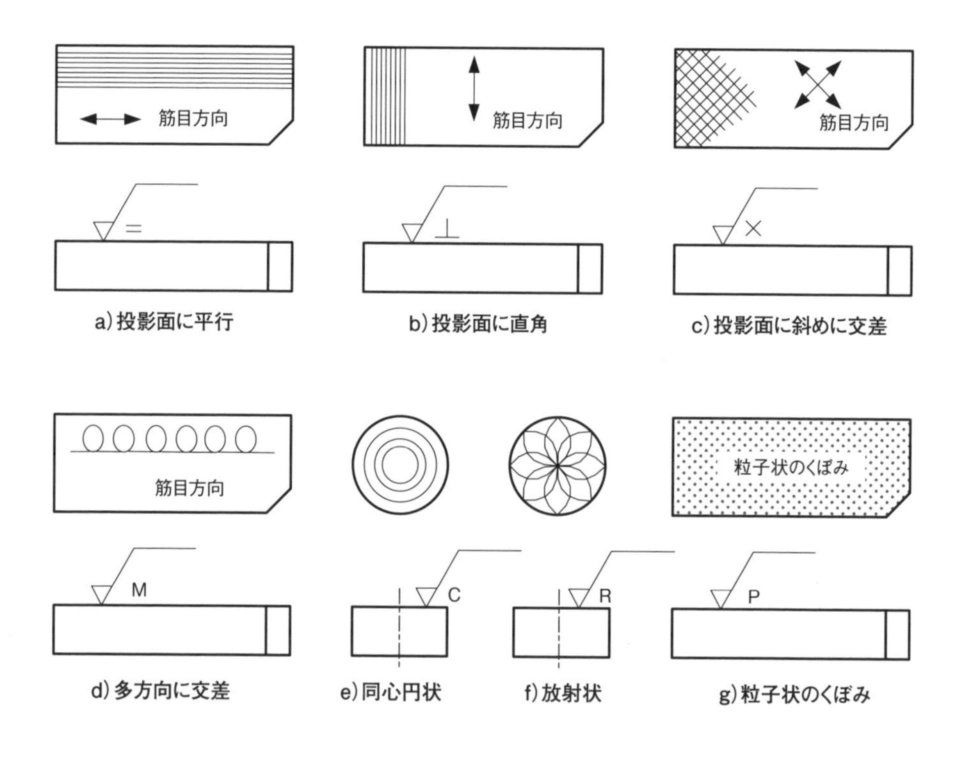

また、使用頻度は少ないといえますが、表面粗さ記号に筋目方向（すじめほうこう）の記号を付与して、機械加工時の刃物痕の方向が指示されることもあります。

第7章

グローバル図面に欠かせない幾何公差ってなんやねん!

幾何公差って、寸法公差と何が違うのかさっぱりわからへん!

(ノ≧ο≦)ノ ┫゜・∴。

幾何公差は設計者でも苦手意識の強い公差の一種です。しかし理屈で読み解けば、比較的簡単に理解できます。

(*￣∀￣)"b"チッチッチッ

第7章	1	幾何公差の必要性を知る

そもそも幾何公差って必要なん？

幾何公差（きかこうさ）

完全に正しい形状や位置に対して明確な定義を与え、その幾何偏差の許容値（幾何公差という）の表示、並びに図示法を定めたものです。

サイズやサイズ公差は大きさを規制するものです。

なぜ幾何公差が必要なのかというと、サイズやサイズ公差ではどうしても規制できない形の崩れ（反りや変形）に加えて位置ずれが存在するからです。

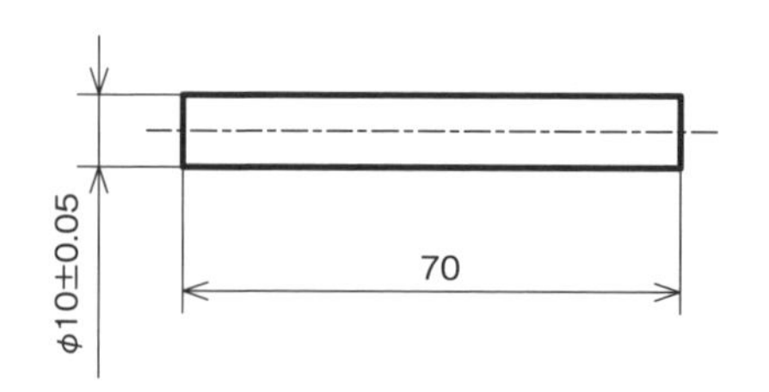

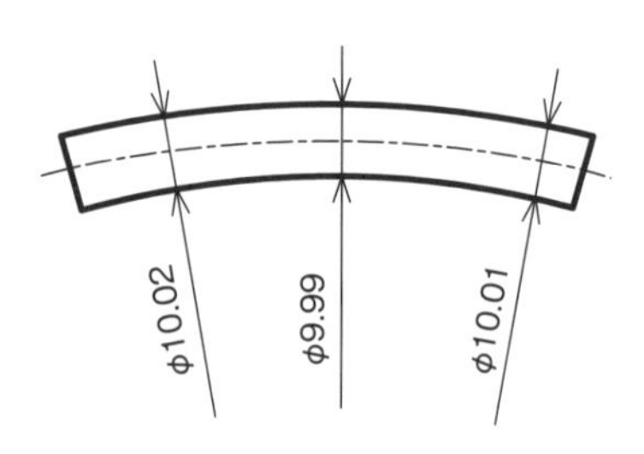

反りが極めて少ない真っ直ぐな軸を要求する場合、サイズ公差を極限まで厳しい数値に変更しても軸の反りについて規制することはできません。サイズはあくまでも2点間測定なので、2点間の直径サイズさえ満足すれば合格となり、反りという変形は検査スルーされてしまうためです。

そこで、幾何公差が登場し、反りがいくらまで許されるのかが指示されるわけです。

これは独立の原則によるもので、「図面上に指定された各要求事項、例えばサイズ公差や幾何公差は、特別な相互関係が指示されていなければ、他のいかなる寸法や公差又は特性とも関連しないで、独立して適用される」と定義されています。つまり、サイズ公差と幾何公差が別々に測定されるため、互いに関連性はない（独立している）という意味です。

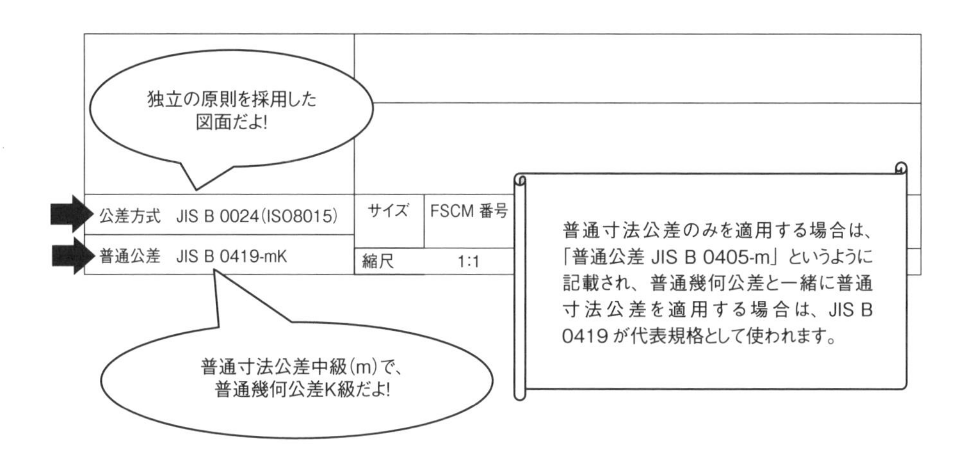

ISO（国際標準化機構）やJIS（日本工業規格）では「独立の原則」を採用しています。

独立の原則を採用していることを明確に示し、サイズ寸法の普通許容差とともに普通幾何公差を適用する場合は、表題欄の中やその付近に下記の文言が記載されます。

公差方式　JIS B 0024（ISO 8015）

普通公差　JIS B 0419-mk

※上記の記号は機械加工において、普通寸法公差がJIS B 0405の中級（記号m）で、かつ普通幾何公差はJIS B 0419の公差等級Kとする場合を意味しています。

残念なことに、日本国内の図面に正しく幾何公差を指示している図面は少ないねん…
幾何公差指示に関しては、広い心で図面を見てあげるしかないんや…

製造業で用いられる現場用語や現場の声

普通公差の決まりごとは、上記のように図面に明記されている以外に企業の技術標準として別資料に明記されている場合もあります。

データムが部品の基準を示している

データムって何のこと？

データム

形体の姿勢公差、位置公差、振れ公差などを規制するために設定した理論的に正確な幾何学的基準のことです。

データムは英単語に存在し、和訳すると「基準」を意味します。

基準とは、設計の基準（取り付け基準や機能的な基準）や加工の基準、計測の基準となる面などの部分をいいます。

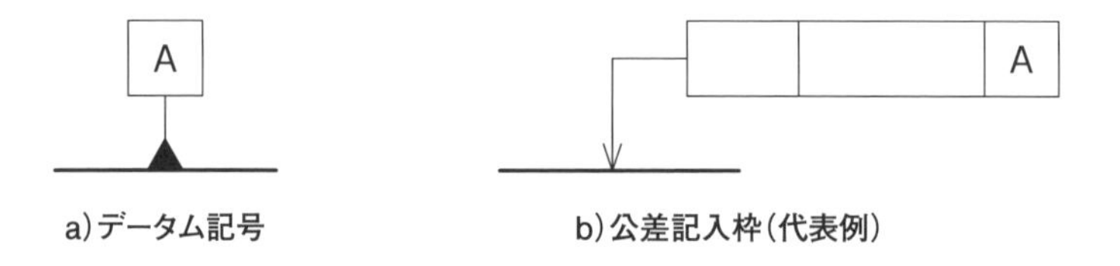

a)データム記号　　b)公差記入枠（代表例）

データムの場所とそのデータムを使って検査する場所には、上記のような記号が指示されます。

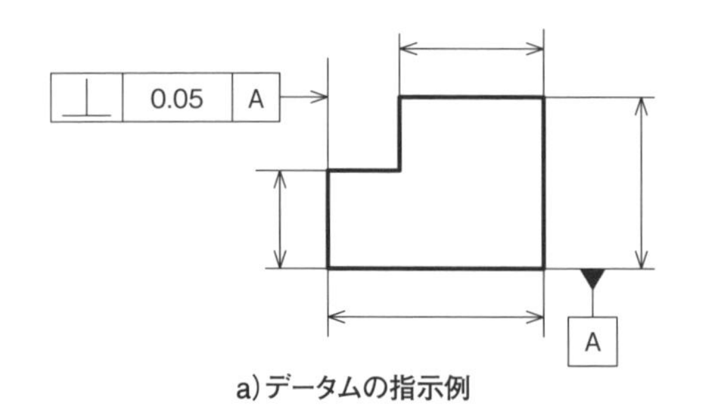

a)データムの指示例

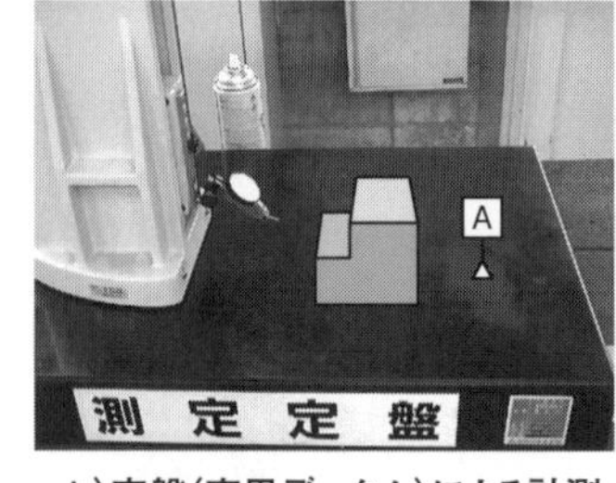

b)定盤（実用データム）による計測

データムで指示された面などを直接、計測器で触って測定するわけではありません。

データム面よりも精密で形状的に信頼できる定盤（じょうばん）やブロックゲージなどの面に密着させて、定盤やゲージの面を測定基準として計測を行うものです。定盤やゲージの面を実用データムと呼びます。

データムには、どんな種類があるん？

1）各種データムの種類とその意味

①共通データム

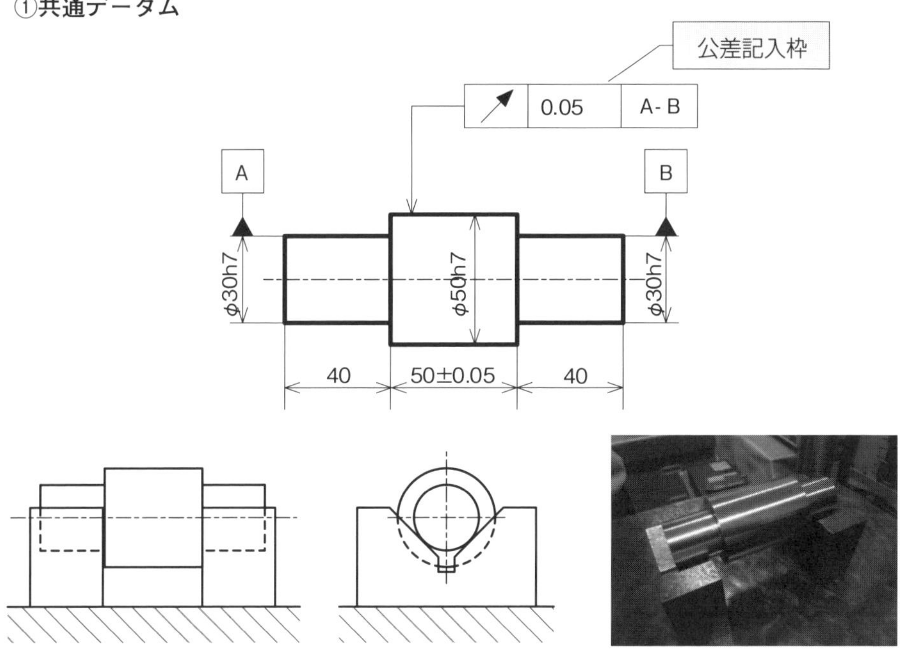

共通データムは、「回転する軸には必ず指示される」と考えて間違いありません。回転軸は両端を軸受（ベアリングと同じ意味）で指示される構造であるため、2か所で受ける部分を同時に保持するという意味で「A-B」のような共通データムが指示されます。

公差記入枠の一つの区画に「A-B」のように2つのデータム記号をハイフンで結んで記入されている場合、それらは1つのデータムとして設定することを意味します。共通データムが指示されている場合、一般的に2つのVブロックに乗せた状態で計測します。

製造業で用いられる現場用語や現場の声

実図面をみると、回転機能をもつ軸部品に幾何公差を記入する場合、必ずといってよいほど共通データムが使われています（使われていなければいけません）。

②三平面データム

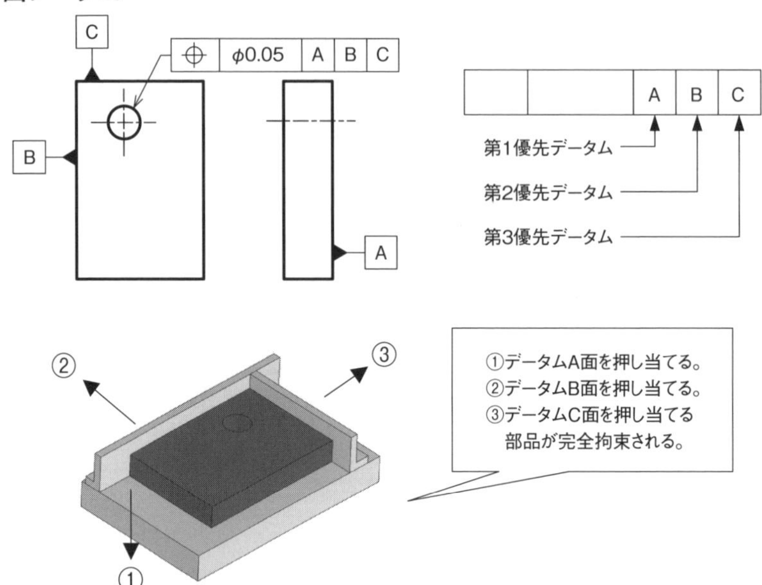

三平面データムは、「部品固定時に正確な位置決めをしたい」というときに使います。

2つ以上のデータムが公差記入枠に指示されている場合、優先が高いもの順に左から右へ記入されます。

したがって、上図の部品を検査する際には、データムA→B→Cの順に定盤などの検査治具に押し当てて位置決めした後、穴の位置を検査することを意味します。

φ(@°▽°@) メモメモ

幾何公差を計測するための機器

幾何公差はノギスや精度の高いマイクロメータで測定することはできません。幾何公差に必須と思われる代表的な計測機器を紹介します。

・精密定盤（せいみつじょうばん）

多目的のための精密な平面またはデータム平面を使用面として上面に備え、一般的に花崗岩（かこうがん）などの石または鋳鉄（ちゅうてつ）で作られた盤状の構造体です。検査部門や工場の片隅に行けば見ることができます。

石製定盤・・・非磁性（ひじせい）
- ・傷ができてもカエリがない
- ・磁石がくっつかない

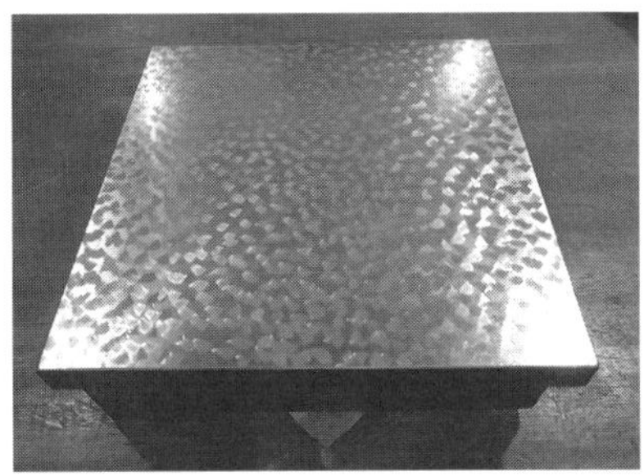

鋳鉄製定盤・・・磁性（じせい）
- ・傷ができるとカエリが出る
- ・磁石がくっつく

・座標測定機（ざひょうそくていき）

通称、3次元測定機とも呼び、プローブ先端の接触子を測定対象物に接触させ測定対象物表面の空間座標を決定する接触式と、カメラによって形状を画像として読み取る非接触式のものがあります。

主に曲面など複雑な形状の測定に用いられます。

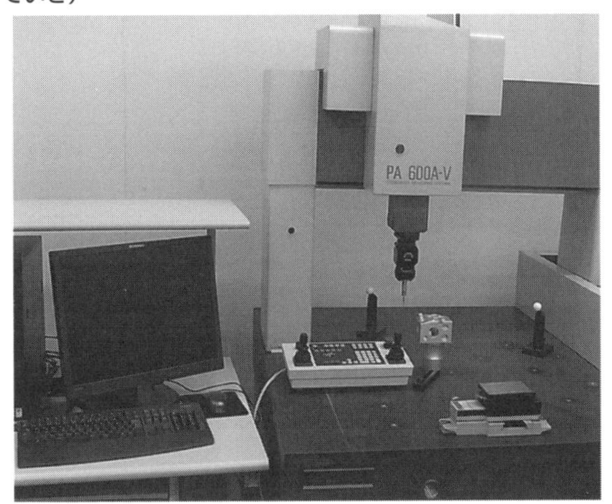

③データムターゲット

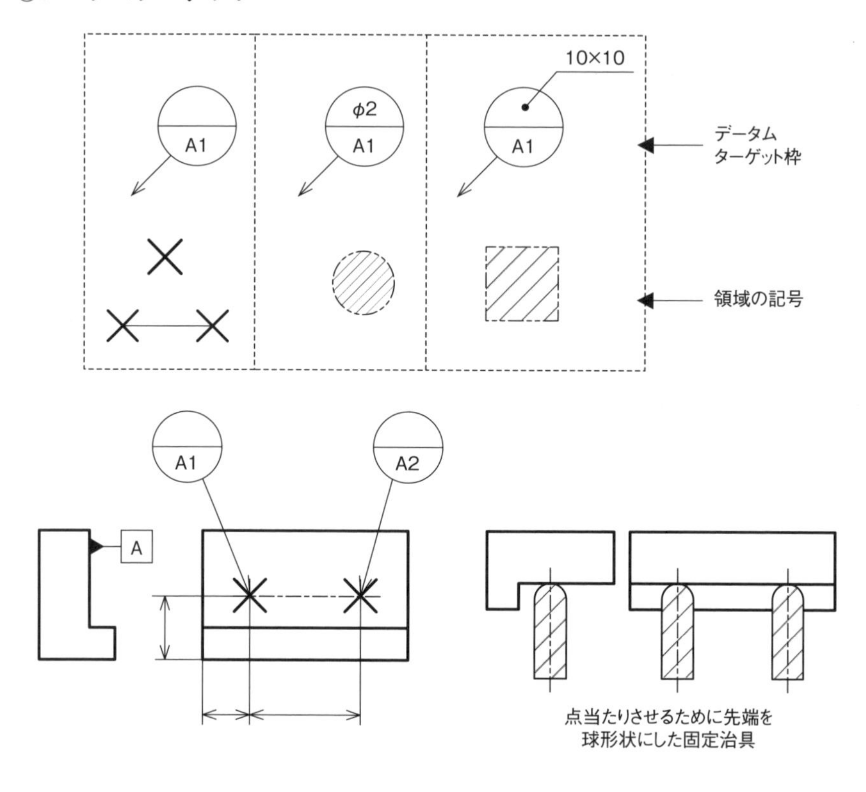

a）図面指示例（2点支持の例）　　b）検査方法（治具2点で受ける）

設計の構造上、面全体で部品を当てるのではなく、1つあるいは複数の狭い領域や点などに当てて位置決めする構造の場合、その当てる部分にデータムターゲット記号という風船マークで指示します。

データムターゲットは、横線で2つに区切った円形の枠（データムターゲット記入枠）によって図示されます。データムターゲット記入枠の下段には、データム三角記号を指示したアルファベットと同じ文字に続けてデータムターゲット番号（単なる通番と考えてよい）を表す数字が記入されます。

データムターゲット記入枠の上段には、相手部品の接触部分の形状が記入されます。

第7章	3	様々な幾何特性記号

幾何特性は、どんだけあるん？

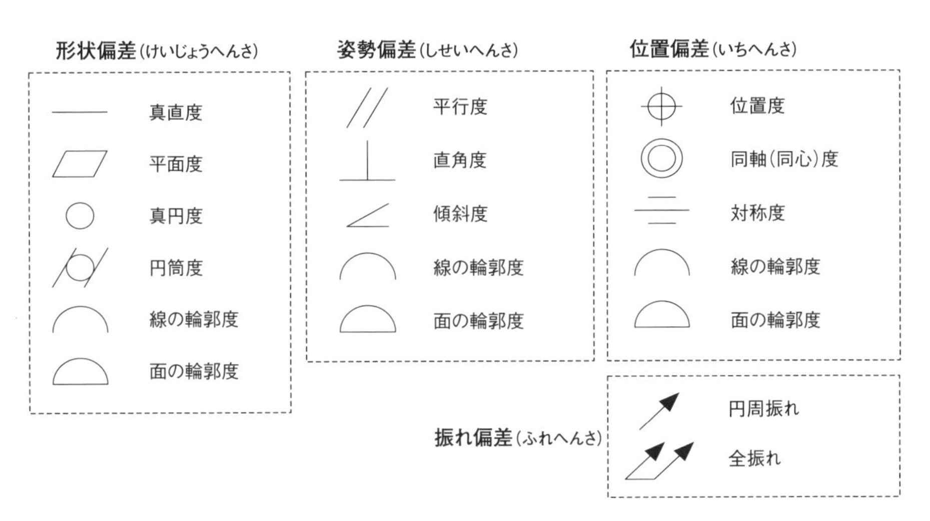

幾何特性は、全部で14種類あります。

これらの幾何特性を大きく分類すると次の2つになり、計4グループに分けられます。

・データムを必要としない「形状偏差」

・データムを必要とする「姿勢偏差」「位置偏差」「振れ偏差」（一部データム不要でもよい特性あり）

φ(@°▽°@) メモメモ

幾何公差のポイント

1. 幾何公差が示す領域は公差値で示された数値の幅を表し、公差領域内であれば任意の形状または姿勢を問いません。
2. 幾何公差で指示される形体は、現実に存在しているもの（例えば、円筒やブロックの外側表面）または派生したもの（例えば、軸線または中心平面）です。
3. 特に指示がない限り、幾何公差の対象範囲は、矢を当てた面や線が稜線など変化点のある部分までの領域全体を指します。
4. データム自身の形状の崩れは規制せず、データム面をより精密な定盤などの測定治具に押し当てることでデータム面を定義します。

1）形状偏差

①真直度（しんちょくど）・・・データムはありません

どの程度、真っ直ぐになって欲しいかを表すものです。

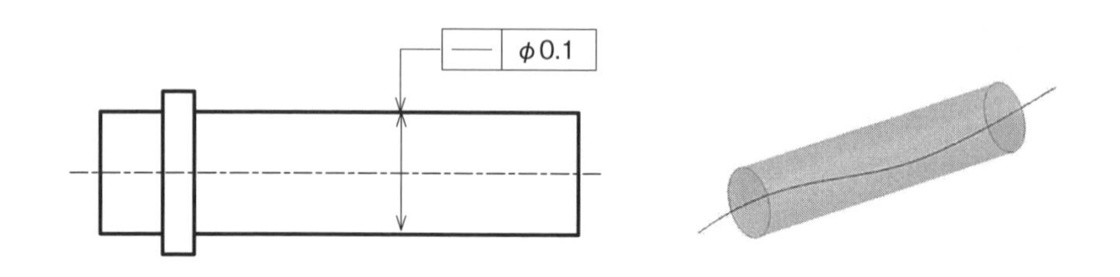

実際の中心線が直径0.1mmの真っ直ぐな円筒内に入ればよいという要求事項です。

②平面度（へいめんど）・・・データムはありません

どの程度、真っ平になって欲しいかを表すものです。

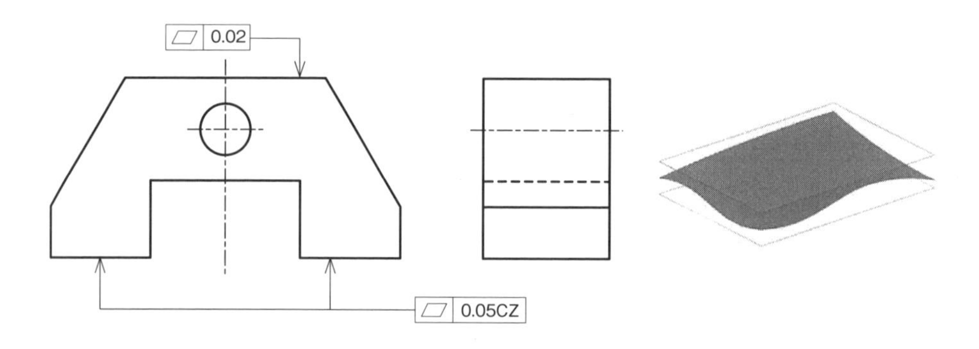

上面の平面度の意味は、表面が0.02mm離れた平行な2平面の範囲内に入ればよいという要求事項になります。ただし、高さの位置ずれや平行は平面度では規制することができません。

下面の平面度には記号「CZ」が付けられています。CZの意味は、分離した2つの表面が同時に0.05mm離れた平行な2平面の範囲に入ればよいという要求事項になります。

記号「CZ」は英語の「Common Zone（共通領域）」の省略語です。

③真円度（しんえんど）・・・データムはありません

どの程度、任意の場所における円筒の断面が真円に近くなって欲しいかを表すものです。

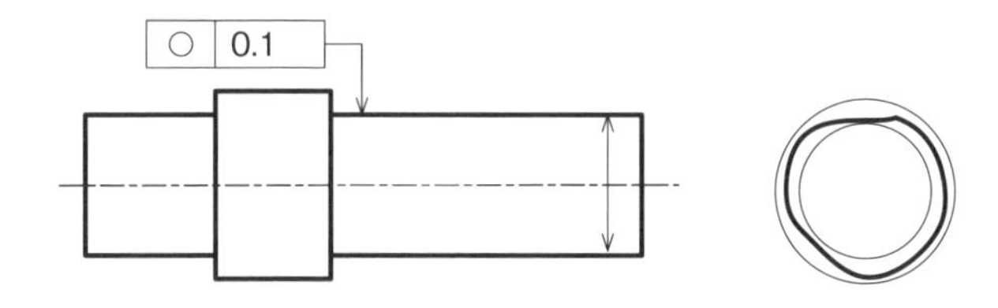

任意の断面位置で、円の外径が0.1mm隙間の空いた同心2円間に入ればよいという要求事項になります。

④円筒度（えんとうど）・・・データムはありません

どの程度、円筒表面全体が真円かつ真っ直ぐな円筒になって欲しいかを表すものです。

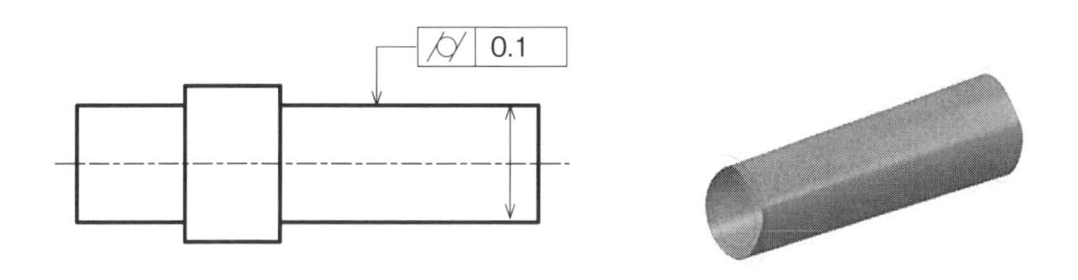

円筒表面全体が0.1mm隙間の空いた同軸2円筒間に入ればよいという要求事項になります。

⑤線の輪郭度（せんのりんかくど）･･･偏差の種類によってデータムがある場合とない場合があります

どの程度、任意の断面位置で理論的に正確な寸法で示した輪郭線通りになって欲しいかを表すものです。

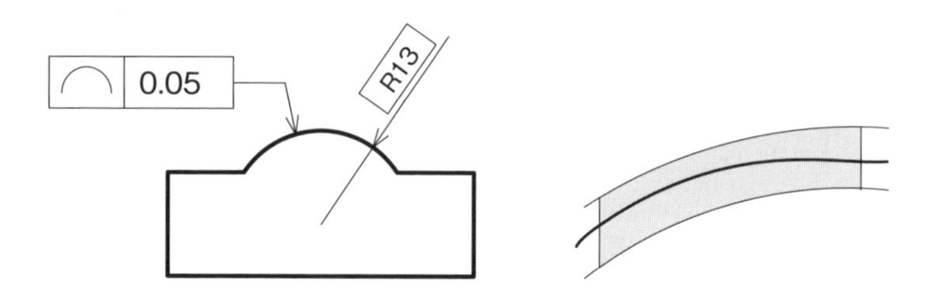

任意の断面において、R13の曲線が0.05mm（理論的に正しいR13.0に対して±0.025mm）隙間の空いた同心2円弧間に入ればよいという要求事項になります。

⑥面の輪郭度（めんのりんかくど）･･･偏差の種類によってデータムがある場合とない場合があります

どの程度、全面に理論的に正確な寸法で示した輪郭面通りになって欲しいかを表すものです。

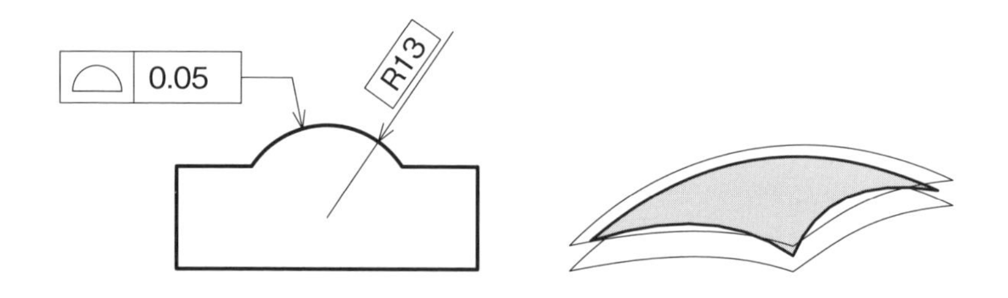

R13の曲面全体が0.05mm（理論的に正しいR13.0に対して±0.025mm）隙間の空いた同軸2曲面間に入ればよいという要求事項になります。

2）姿勢偏差

①平行度（へいこうど）・・・データムと対象形体との平行の関係を考えます

どの程度、表面や中心軸がデータムに対して平行であって欲しいかを表すものです。

この特性は平行だけを要求するため、位置ずれは検査されません。

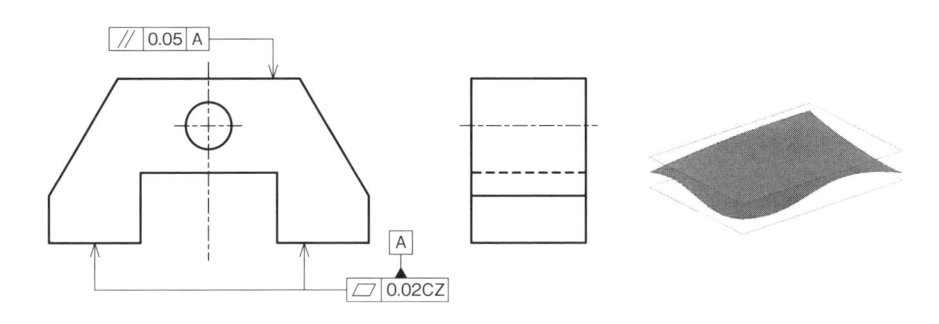

対象となる面が、データムに対して平行な0.05mmの隙間のある2平面間に入ればよいという要求事項になります。

②直角度（ちょっかくど）・・・データムと対象形体との直角の関係を考えます

どの程度、表面や中心軸がデータムに対して直角であって欲しいかを表すものです。

この特性は直角だけを要求するため、位置ずれは検査されません。

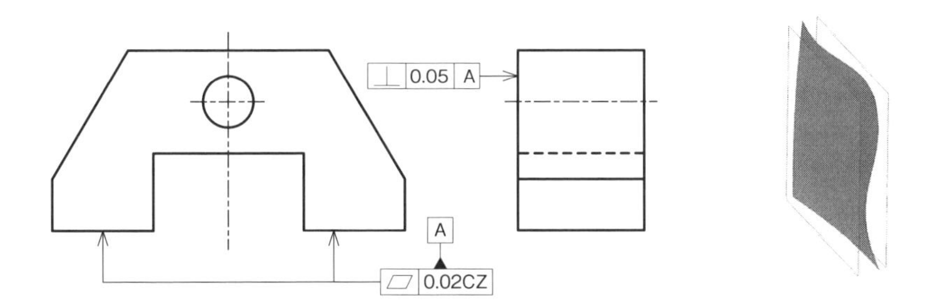

対象となる面が、データムに対して直角な0.05mmの隙間のある2平面間に入ればよいという要求事項になります。

③傾斜度（けいしゃど）・・・対応するデータムと、指定された角度の関係を考えます

どの程度、表面や中心軸がデータムに対して指定した角度になって欲しいかを表すものです。

この特性は指定された傾斜だけを要求するため、位置ずれは検査されません。

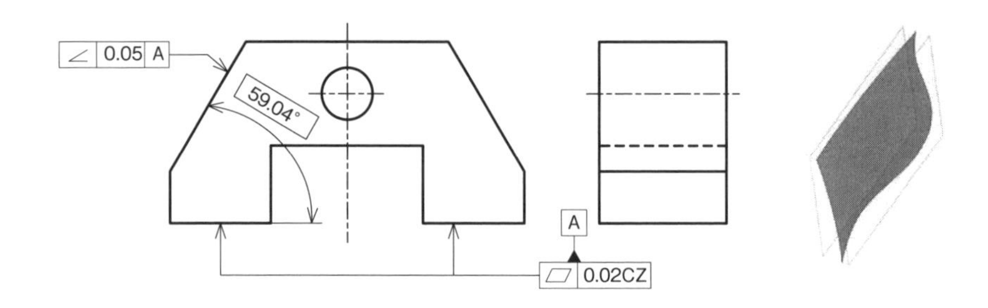

対象となる面が、データムに対して59.04°傾いた0.05mmの隙間のある2平面間に入ればよいという要求事項になります。

φ(@°▽°@) メモメモ

理論的に正確な寸法（TED：Theoretically Exact Dimension）

幾何公差を用いて指示する場合、ばらつき範囲は幾何公差によって表現されるため、寸法のばらつきを排除しなければいけません。そのため、位置度公差や傾斜度などには寸法公差のない理論的に正確な寸法として、寸法数値が四角い枠で囲まれます。

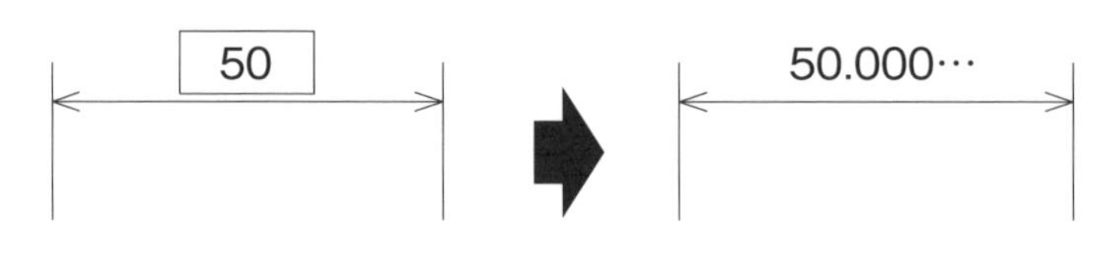

3）位置偏差

①同心度（どうしんど）／同軸度（どうじくど）・・・データムと同一軸上の位置関係を考えます

どの程度、対象となる中心点や中心線が、データムと同軸上にあって欲しいかを表すものです。

※同心度…板金など薄い部品の場合に言葉として使い分けます。

※同軸度…軸などある程度長さがある部品の場合に言葉として使い分けます。

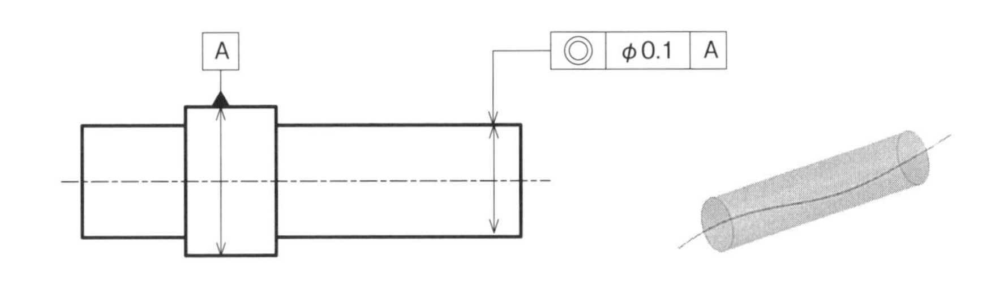

対象となる中心線がデータム中心線と同軸上の直径0.1mmの円筒に入ればよいという要求事項になります。

②対称度（たいしょうど）・・・データムと同一平面上の位置関係を考えます

どの程度、対象となる中心線や中心平面が、データムと同一平面上にあって欲しいかを表すものです。穴などの円筒形状に対称度を指示した場合は、中心線の位置ずれを表します。

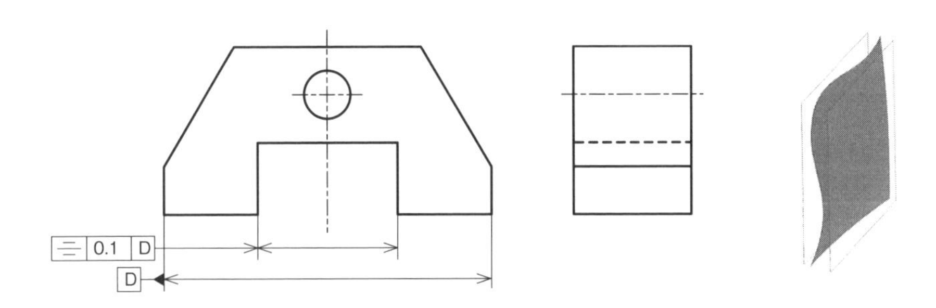

対象となる中心平面がデータム中心平面から±0.05mm（幅で0.1mm）の隙間のある2平面間に入ればよいという要求事項になります。

③位置度（いちど）・・・データムと指定された距離にある位置関係を考えます

どの程度、対象となる中心点や中心線、中心平面、表面が、データムから指定した位置にあって欲しいかを表すものです。

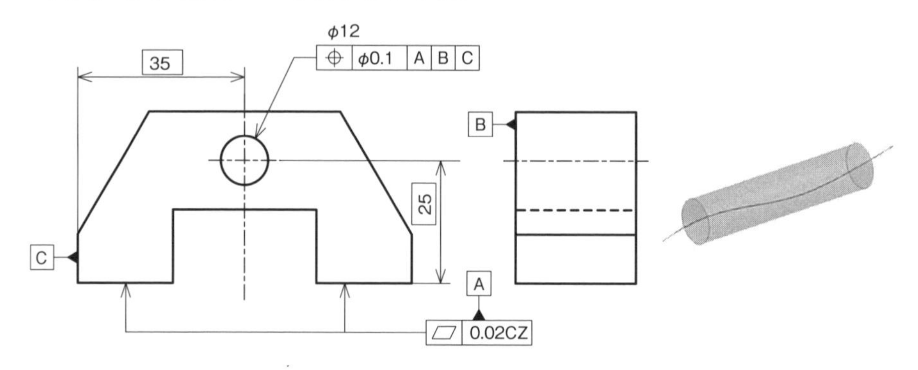

データムA、B、Cの順に定盤や治具などに押し当て固定し、対象となる穴の中心線が理論的に正確な寸法で指示された位置（ここではX軸方向に35mm、Y軸方向に25mm、Z軸方向に対して直角）を中心とした直径0.1mmの範囲内に入ればよいという要求事項になります。

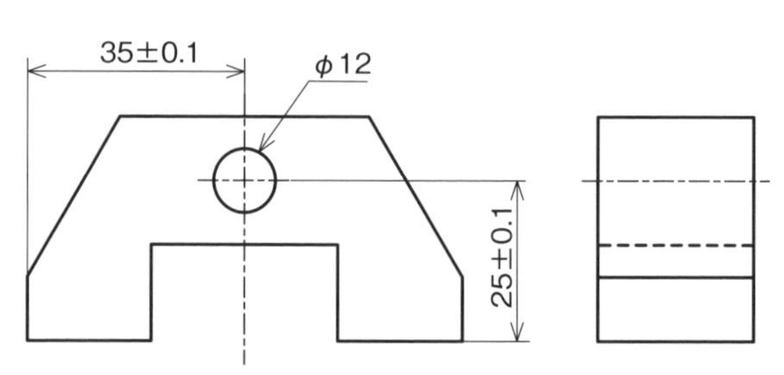

現在でも日本国内で流通している図面が上図になります。

従来は機能的に重要な穴位置に対して、寸法公差で指示をしていましたが、今後グローバル図面化する動きによって、幾何公差で位置を指示する方向になりつつあります。

製造業で用いられる現場用語や現場の声

2016年に位置に関する公差を従来の寸法公差（例えば、○○±0.1など）で記入しているのは日本の図面だけであり、いわゆるガラパゴス化しているという解説がJISに掲載されました。グローバルに通用する図面を描くべきとの提言により位置に関する公差は、位置度を用いて指示する方向に変わりつつあります。

4）振れ偏差

①円周振れ（えんしゅうふれ）・・・データムに対する任意の位置での振れを考えます

データム軸を中心にして部品を回転させたとき、どの程度、任意の断面位置で指定された方向に振れてもよいかを表すものです。

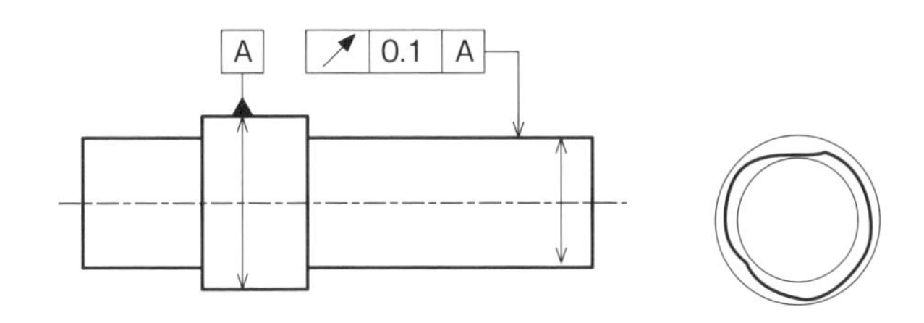

データム軸を中心として回転し、対象部の任意の断面位置で0.1mm以内に振れてもよいという要求事項になります。

②全振れ（ぜんぶれ）・・・データムに対する全面の振れを考えます

データム軸を中心にして部品を回転させたとき、どの程度、面全体が指定された方向に振れてもよいかを表すものです。

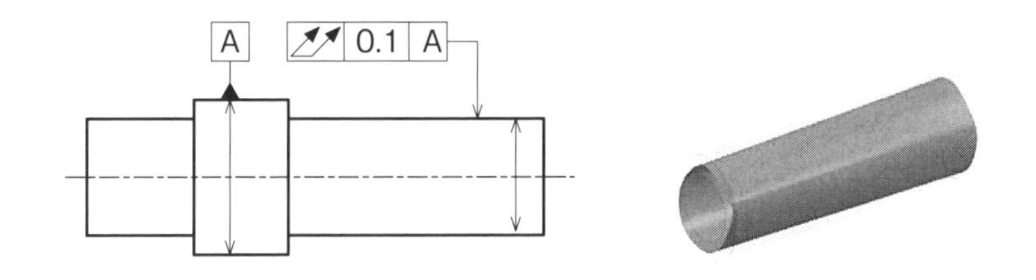

データム軸を中心として回転し、対象部全面で0.1mm以内に振れてもよいという要求事項になります。

第8章

溶接記号は思ったほど難しくないねん!

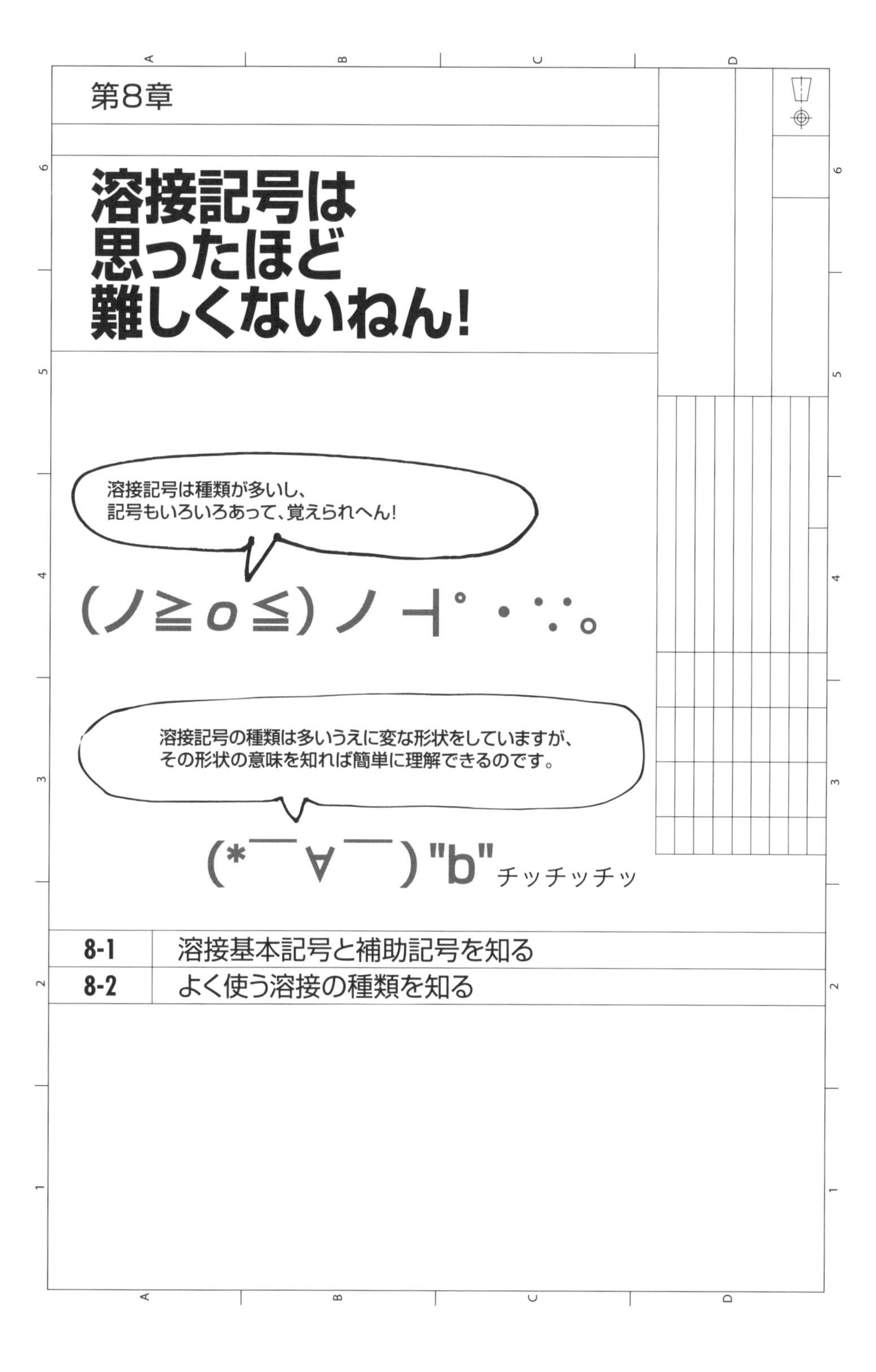

溶接記号は種類が多いし、記号もいろいろあって、覚えられへん!
(ノ≧o≦)ノ ┤°・:。
溶接記号の種類は多いうえに変な形状をしていますが、その形状の意味を知れば簡単に理解できるのです。
(*￣∀￣)"b" チッチッチッ

第8章	1	溶接基本記号と補助記号を知る

溶接の基本記号って、なにを意味してるん？

溶接記号（ようせつきごう）
溶接の種類、開先形状、位置、寸法、溶接長さ、ビード、表面の状態、裏面溶接の有無、工場溶接か現場溶接かその他の必要事項を明示するための記号です。

溶接記号は、基本記号と補助記号から構成されます。

1）基本記号

基本記号は、主に溶接部の溶接前の形状を表しています。

溶接名称	基本記号			溶接前の形状例 ※上側を矢で指しているとした場合
	矢の側を溶接する場合	矢の反対側を溶接する場合	矢の両側を溶接する場合	
I形開先				
V形開先			X形	
レ形開先			K形	矢を折る必要あり
J形開先			両面J形	矢を折る必要あり
U形開先			H形	

V形フレア溶接	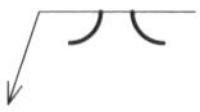	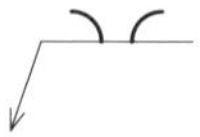	 フレアX形	
レ形フレア溶接		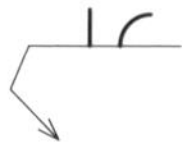	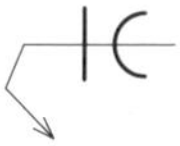 フレアK形	 矢を折る必要あり
へり溶接		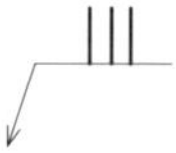	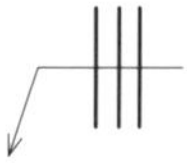	
すみ肉溶接	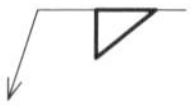	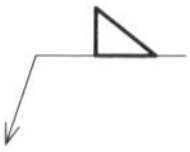	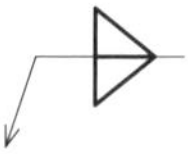	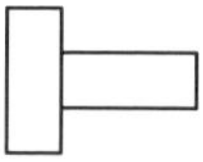
プラグ溶接 スロット溶接	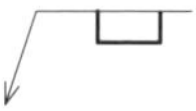	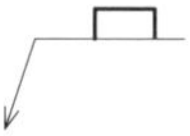	使用しない	―
ビード溶接			使用しない	―
肉盛溶接		使用しない	使用しない	―
キーホール溶接		使用しない	使用しない	
スポット溶接 プロジェクション溶接		使用しない	使用しない	―
シーム溶接		使用しない	使用しない	―
スカーフ溶接		使用しない	使用しない	 ろう付けに使う
スタッド溶接	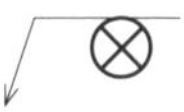	使用しない	使用しない	―

2）補助記号

補助記号は、溶接工程や、仕上げ方法、溶接後の形状、検査方法などを表しています。

①作業工程に関する記号

補助記号	作業工程	図面と要求形状
（旗）	現場溶接	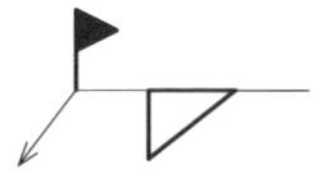 溶接は工場の外、つまりビルや橋梁のような設置現場で実施することを意味します。
○	全周溶接	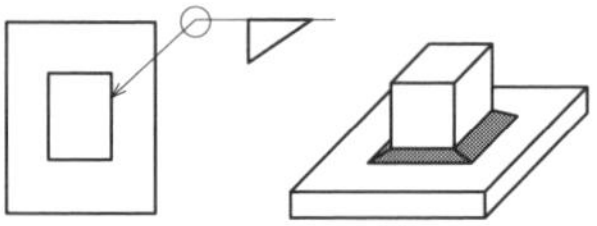 円筒部品など全周溶接が明らかな場合は省略できます。
（コの字）	裏当て	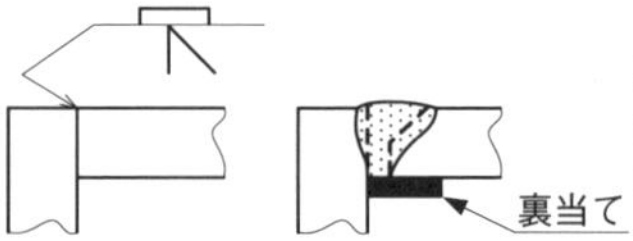 裏当て 裏当て材を残すか残さないかを注記で指示します。

②仕上げ方法に関する記号

補助記号	C（Chipping）	G（Grinding）	M（Milling）	P（Polishing）
仕上げ方法	チッピング（はつり）	グラインダ	切削	研磨

製造業で用いられる現場用語や現場の声

本書の溶接記号に関しては、JIS Z 3021:2010の規格に基づき説明しています。

本書が発刊される2020年時点において、JIS Z 3021:2016が公開されていますが、溶接作業に対する細かい指示内容が多く、図面に指示されることはごく稀であると考え、掲載は省略しました。

溶接記号にかかわらず、古い年代のJISハンドブックは捨てずに置いておくことで、新たに改定したJIS製図との違いの比較や経緯を知ることができます。

③仕上げ後の形状に関する記号

補助記号	表面形状	図面	要求形状
—	平ら仕上げ	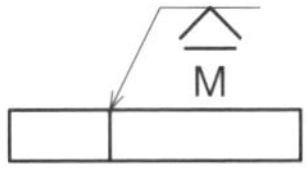 M	
 ⌒	凸形仕上げ	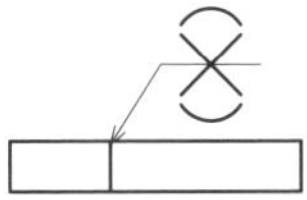	
 ◡	へこみ仕上げ	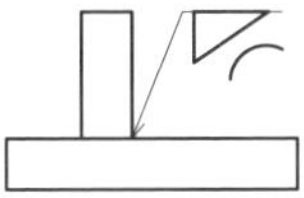	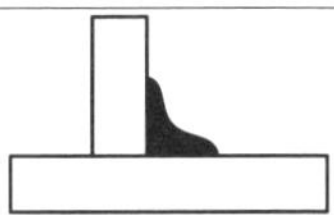
	止端(したん)を 滑らかに仕上げ	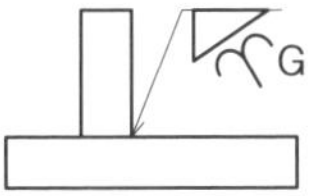 G	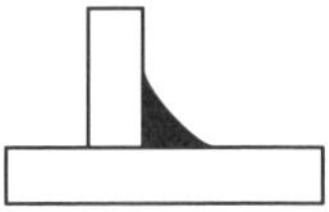

④検査に関する記号

補助記号	非破壊試験方法		備考
RT RT-W	放射線透過試験	一般 二重壁投影	一般とは、溶接部に放射線透過試験などの各試験方法を示すだけで内容を表示しない場合に用いる。 各記号以外の試験については、必要に応じ適宜な表示を行うことができる。 例) 漏れ試験　LT ひずみ測定試験　SM 目視試験　VT アコースティックエミッション試験　AET 渦電流探傷試験　ET
UT UT-N UT-A	超音波探傷試験	一般 垂直探傷 斜角探傷	
MT MT-F	磁粉探傷試験	一般 蛍光探傷	
PT PT-F PT-D	浸透探傷試験	一般 蛍光探傷 非蛍光探傷	
○	全線検査		各試験記号の後に付ける
△	部分試験(抜取試験)		

溶接に関連する記号は、どこに記入されるん？

溶接基本記号や補助記号は次のように配置する場所が決まっています。

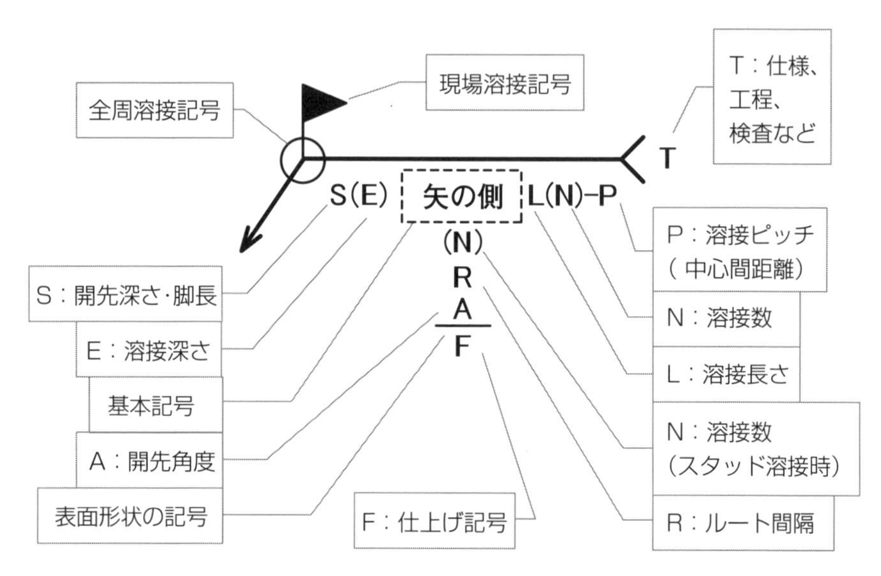

a) 矢の手前側を溶接する場合

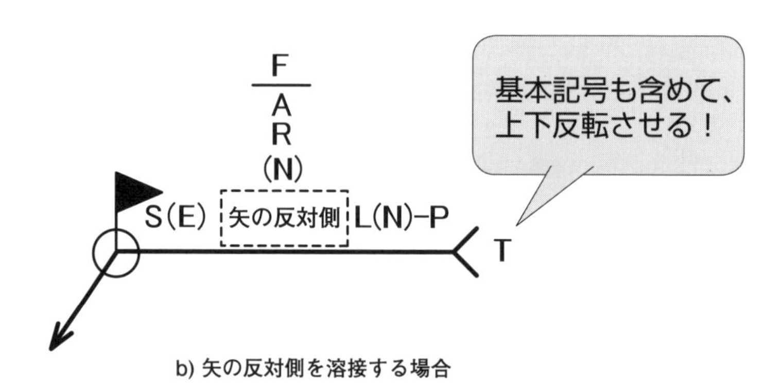

b) 矢の反対側を溶接する場合

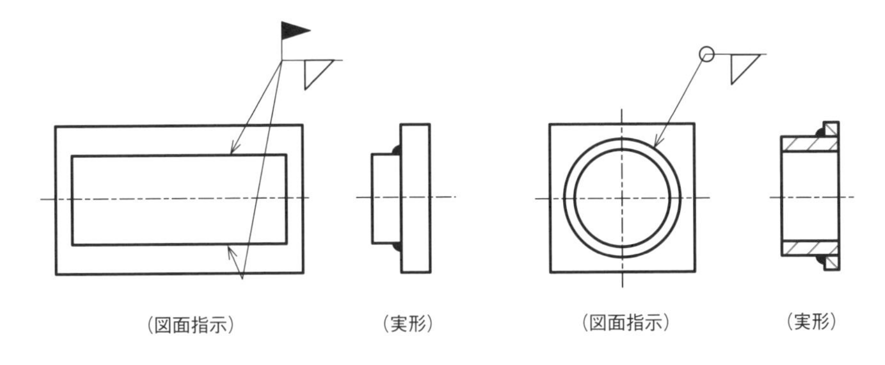

▶ ：工場で溶接するのではなく、設置現場で溶接するという意味です。
○ ：全周溶接を意味します。

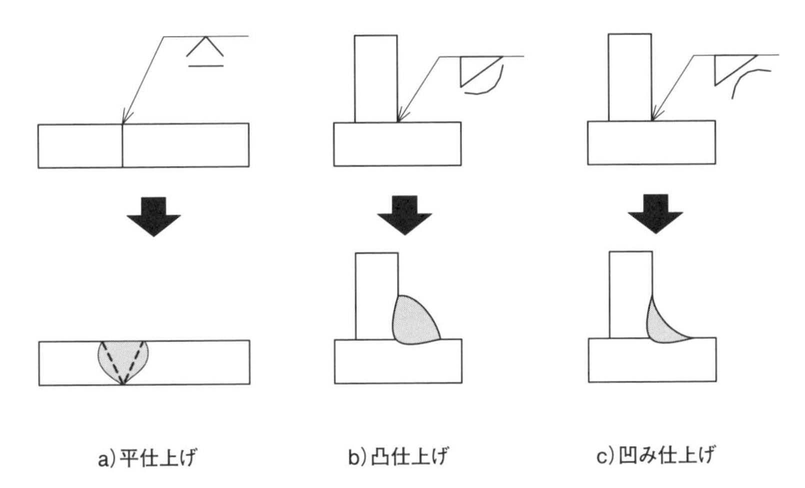

―― ：溶接の盛り上がりを許さず、平らにして欲しいという意味です。
その他に「 ⌒ 」の記号によって、凹凸を表します。

第8章	2	よく使う溶接の種類を知る

溶接って、どんな種類があるん？

溶接には様々な種類があって、ビルなどの工事現場で火花をバチバチと飛ばしている溶接や、工場内で火花が飛び散るもの、あるいは「ピカー！」と光ったままのものなど、全て種類が違います。

製造業でよく使われる代表的な溶接の種類と記号の指示例を確認しましょう。

1）隅肉（すみにく）溶接

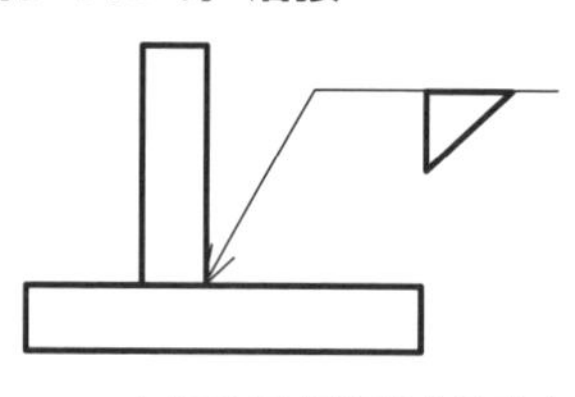

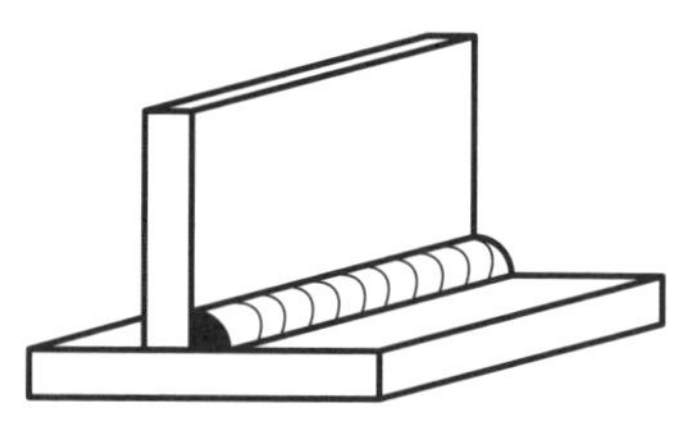

a) 矢の側を溶接する場合の指示法 (溶接の脚長を指示しない場合)

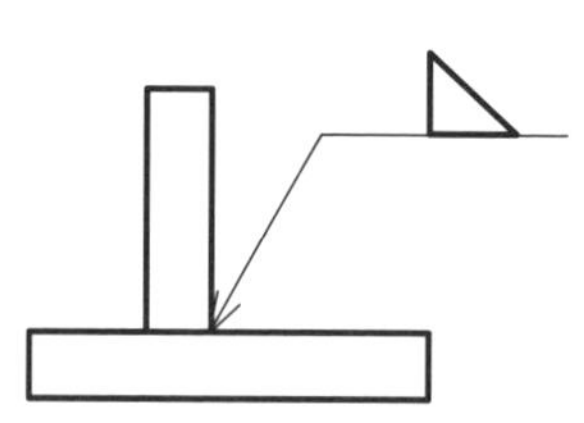

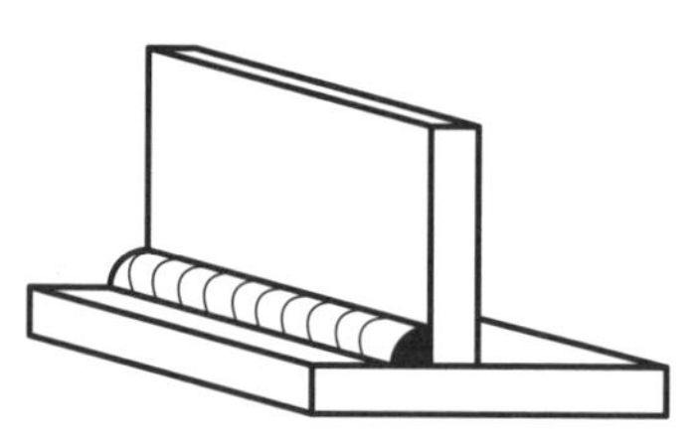

b) 矢の反対側を溶接する場合の指示法 (溶接の脚長を指示しない場合)

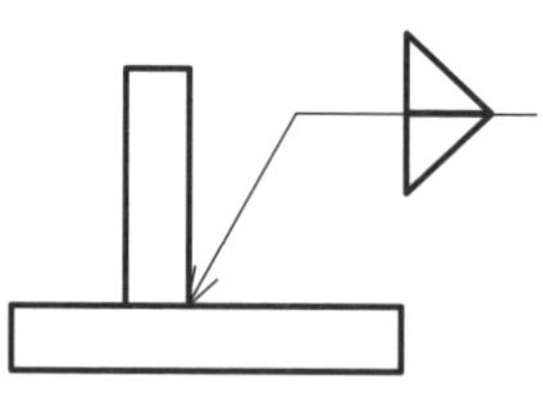

c) 矢の両側を溶接する場合の指示法 (溶接の脚長を指示しない場合)

隅肉溶接基本記号は、説明線（矢と水平線の組合せ）の上下に配置することで、次のような決まりごとがあります。

・基本記号が説明線の下側に配置されている場合、矢が指した側を溶接する。
・基本記号が説明線の上側に配置されている場合、矢が指した裏側を溶接する。
・基本記号が説明線の上下両側に配置されている場合、矢が指した両側を溶接する。

溶接の肉盛り（ビードという）の大きさを脚長（きゃくちょう）といいます。
脚長は溶接強度を保証するために記入され、溶接基本記号の左横に配置されます。

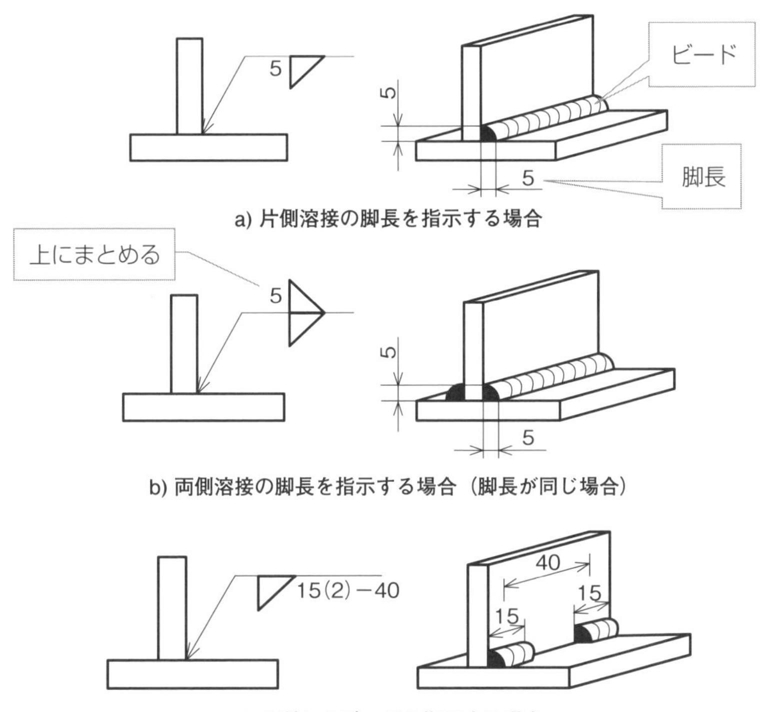

a) 片側溶接の脚長を指示する場合

b) 両側溶接の脚長を指示する場合（脚長が同じ場合）

c) 分断したビードを指示する場合

φ(@°▽°@) メモメモ

知っておきたい溶接用語(1)

ビード：溶接部にできる帯状の盛り上がりのことです。

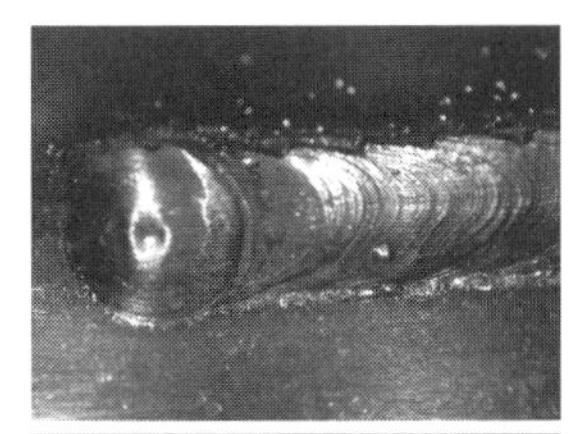

スパッタ：溶接作業中に溶接棒や溶接ワイヤーからビード表面や溶接近傍の母材周辺部に飛び散った溶融金属の粒のことです。スパッタの除去は、溶接作業者のマナーであるため、特に必要がない場合、スパッタの除去を指示することはありません。

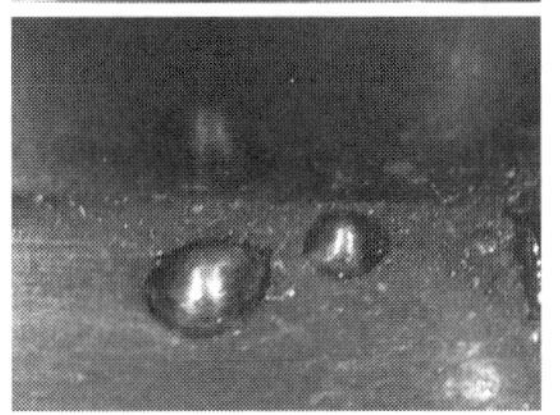

2) 開先（かいさき）溶接…グルーブ（溝）溶接ともいう

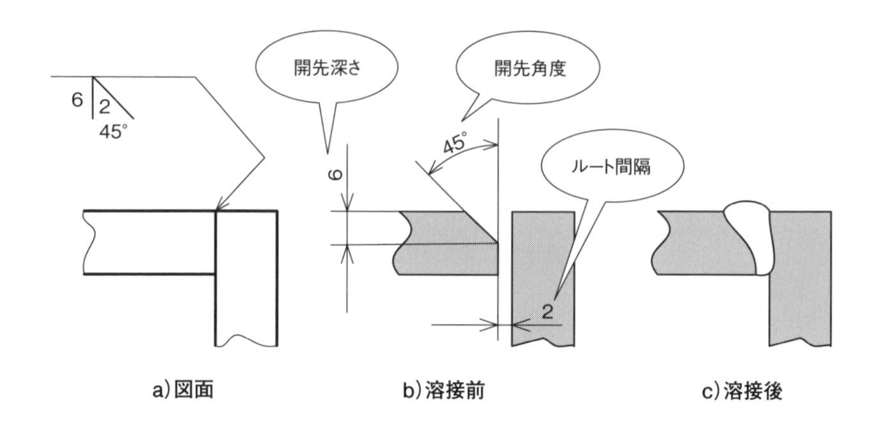

開先溶接は、隅肉溶接のようにビードを盛り上がらせずに素材側に溶加材を溶かし込むタイプの溶接です。隅肉溶接に比べて溶加材の接触面積が広くなる分、より強固な溶接を実現します。

2つの部品の対向する面をルート面と呼び、「ルート間隔」、「開先角度」、「開先深さ」の数値が記入されます。

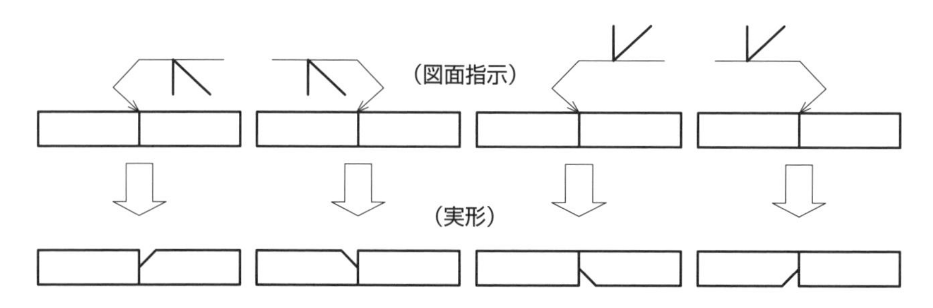

説明線の矢の先が向いている方の部材を面取りします。

開先溶接のポイントは、説明線からでる矢の折り方で、どちらの部品に面取りするかがわかるんや！

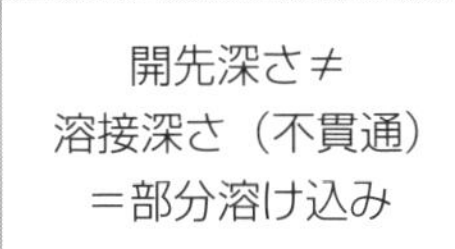

開先深さ≠
溶接深さ（不貫通）
＝部分溶け込み

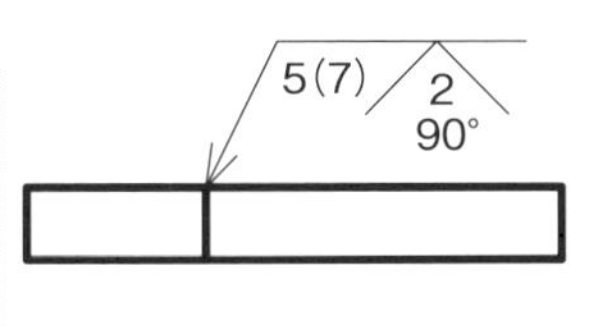

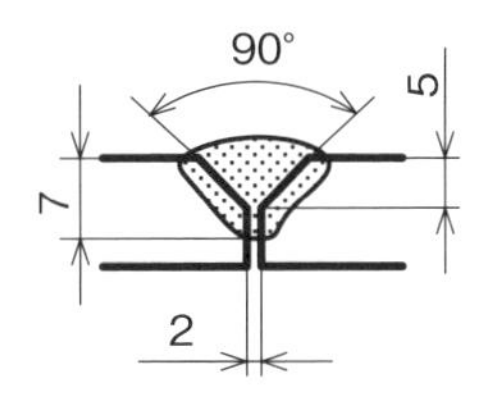

a) 開先深さと溶接深さが異なる部分溶け込み

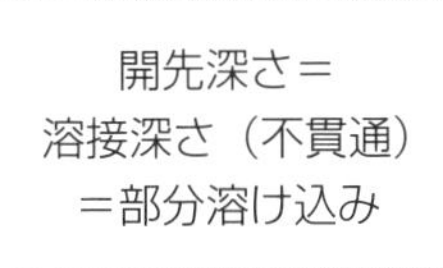

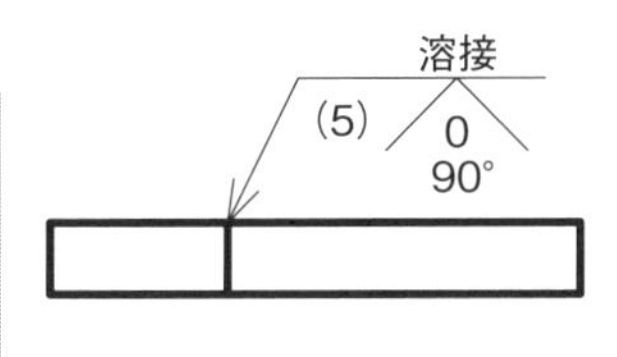

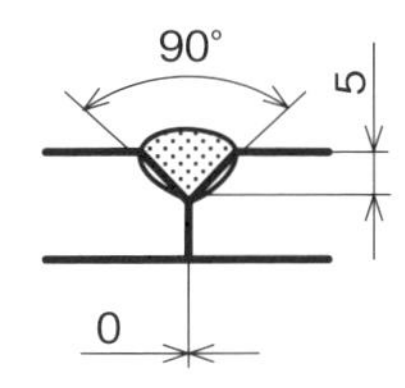

b) 開先深さと溶接深さが同じ部分溶け込み溶接

開先深さ≠
溶接深さ（貫通）
＝完全溶け込み

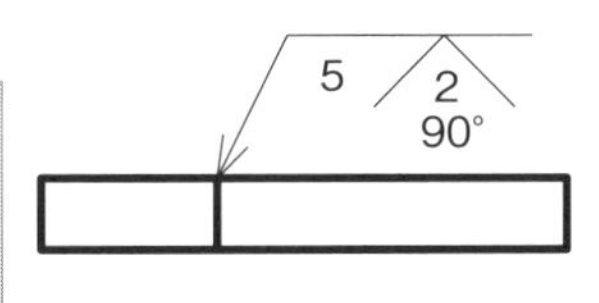

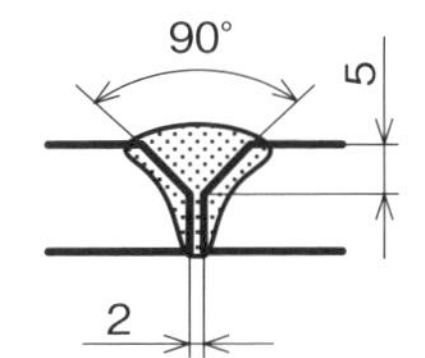

c) 完全溶け込み溶接

隅肉溶接の脚長と同じような感じで、開先溶接の場合は、溶け込み深さを指示することができます。かなり複雑になりますので、図面を描く設計者も解釈を間違える可能性が高いといえます。

φ(@°▽°@) メモメモ

部分溶け込み溶接の新旧

2010年に部分溶け込み溶接の指示方法が変更されています。

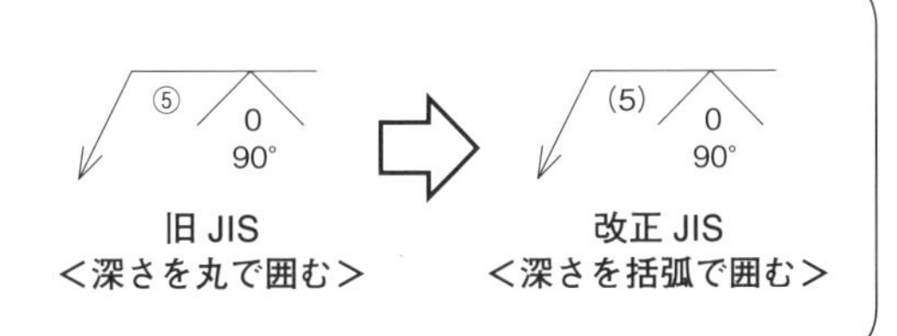

3) スポット溶接

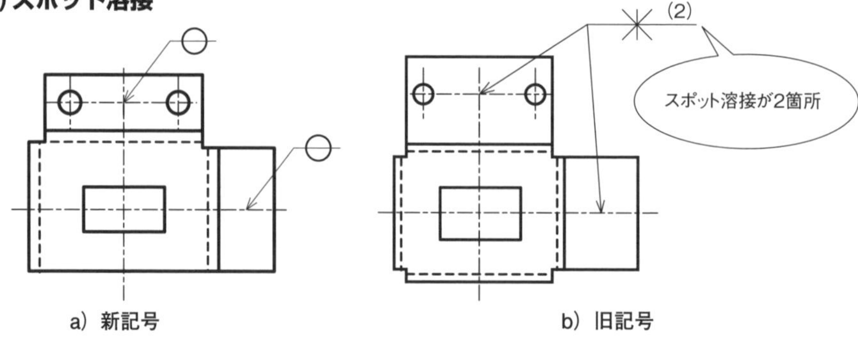
(2)
スポット溶接が2箇所

a) 新記号　　b) 旧記号

スポット溶接は、2枚の薄板を接合するための溶接です。

スポット溶接は点溶接とも呼ばれ、ニュースなどで自動車のボディをロボットが「バチッ！バチッ！」火花を発しながら溶接している映像を見た人も多いと思います。スポット溶接の記号には、新旧の記号があります。

したがって、古い図面を流用する場合は、古い記号が使われますので、新旧両方の記号で覚えるようにしましょう。

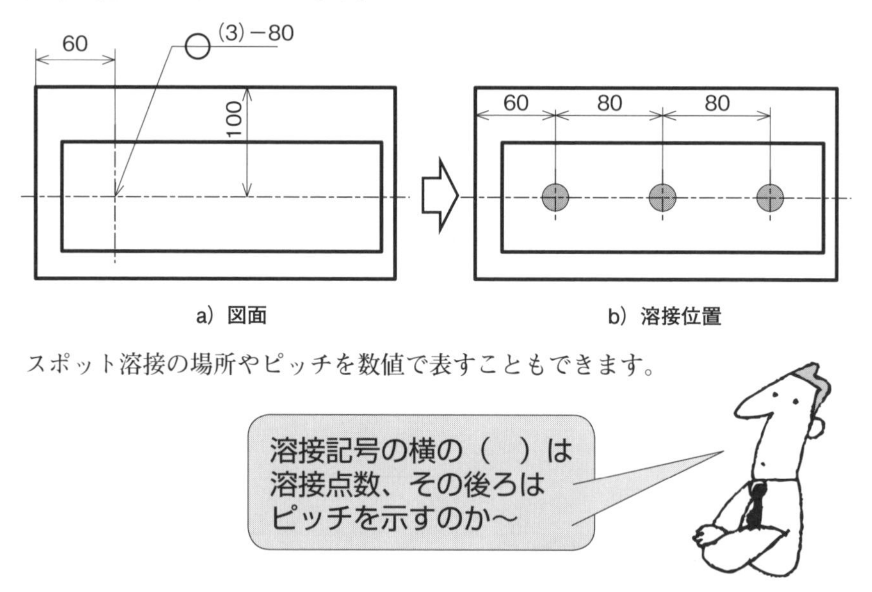
60
(3)−80
100
60
80
80
溶接記号の横の（　）は
溶接点数、その後ろは
ピッチを示すのか〜

a) 図面　　b) 溶接位置

スポット溶接の場所やピッチを数値で表すこともできます。

製造業で用いられる現場用語や現場の声

スポット溶接する部分のことを「打点（だてん）」といいます。

4) プラグ溶接／スロット溶接

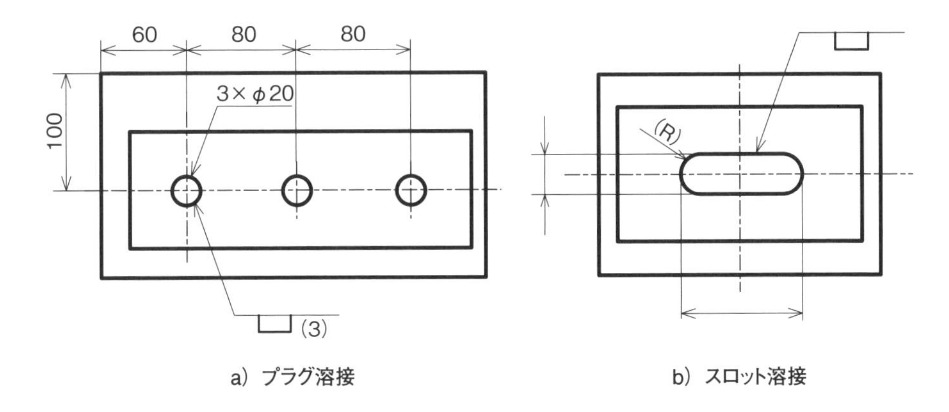

a) プラグ溶接　　b) スロット溶接

プラグ溶接とは、2枚の厚板を重ね、一方の板に丸穴を開け、その穴を溶加材で埋めて接合するものです。

スロット溶接とは、2枚の厚板を重ね一方の板に長穴を開け、その穴を溶加材で埋めて接合するものです。丸穴より長穴になった分だけ接合面積が増えるため、溶接強度が向上します。

穴の形状が違うだけやから、
プラグ溶接もスロット溶接も
溶接記号は一緒なんや！

第9章

専門用語を知らな読めへん図面があるねん!

なんか、普通の図面と違うけど、
どない解釈したらええねん

(ノ≧ o ≦)ノ ┫ﾟ・∵。

図面の中に専門用語が記載されていることがあり、
投影図だけでは図面を読むことができない場合があります。
特殊な図面例から専門用語を理解しましょう。

(*￣∀￣)"b" チッチッチッ

第9章	1	# ばねの専門用語を知って図面を読む

ばね

ばねとは、金属やゴムなどの材料が持っている弾性を有効に利用できるような形にしたもので、変形を受けても元の形に復元する特徴を持ちます。

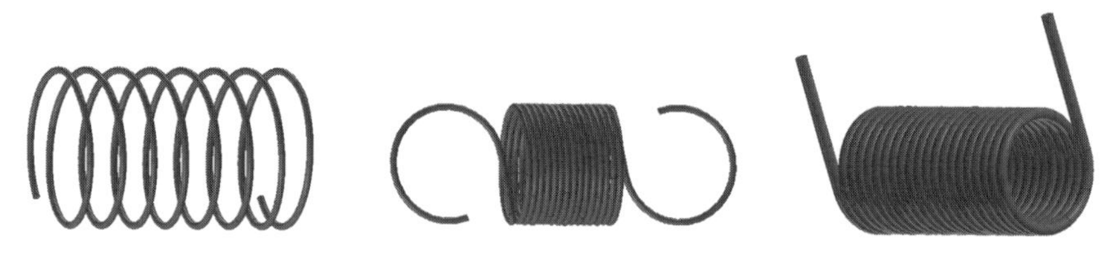

a)圧縮コイルばね　b)引張りコイルばね　a)ねじりコイルばね

金属材料を円筒形状に巻きつけたものをコイルばねと呼び、圧縮コイルばね、引張りコイルばね、ねじりコイルばねに大別されます。

ばねの図面の特徴は次の通りです。

①形状を表す投影図に加えて要目表（ようもくひょう）が併記されます。
②圧縮コイルばねや引張りコイルばねは、実際の形状ではなく模擬的な投影図で示される場合があります。
③コイルばねの投影図には、自由状態から荷重のかかる位置、さらに最大動作時の位置や荷重を表す図が示されることが一般的です。
④コイルばねや板ばねの投影図は、荷重のかかっていない自由状態で描かれます。

ばねの図面には、どんな特徴があるん？

1）ばねの投影図例

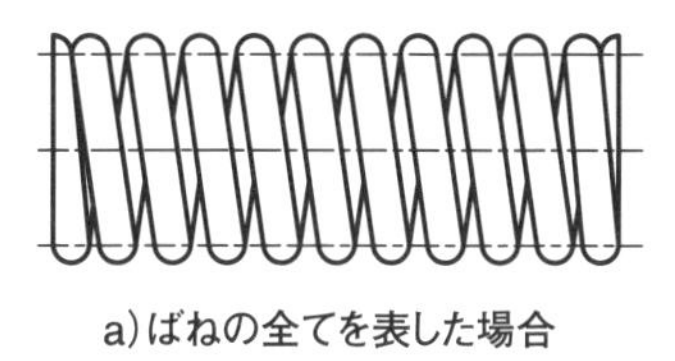

a）ばねの全てを表した場合

b）ばねの一部省略図（外形図）

c）ばねの一部省略図（断面図）

①ばねの投影図は、一般的に簡略図で表されます。

ばねは、中心軸を横から見た方向（全長が見える方向）を正面図とし、軸線が水平に配置されます。コイルばねの図面では、ねじりばねを除いて、ばねの形状を全て描くことは少なく、ばねの一部が省略して描かれます。

②投影図に加えてばねの要目表が併記されます。

ばね加工業者は、この要目表を見て要求仕様を満足するように加工します。

製造業で用いられる現場用語や現場の声

圧縮コイルばねと引張りコイルばねの図面は、要目表を見て加工されることから、正確な大きさの投影図は必要ないのです。

この場合、投影図はあくまでも参考レベルとして見てかまいません。また尺度は、第2章で説明したような「NTS」や「SCALE：NONE」などと記載されることが多く、尺度不問と解釈します。

φ(@°▽°@) メモメモ

各種ばねの専門用語（1）

・圧縮コイルばね

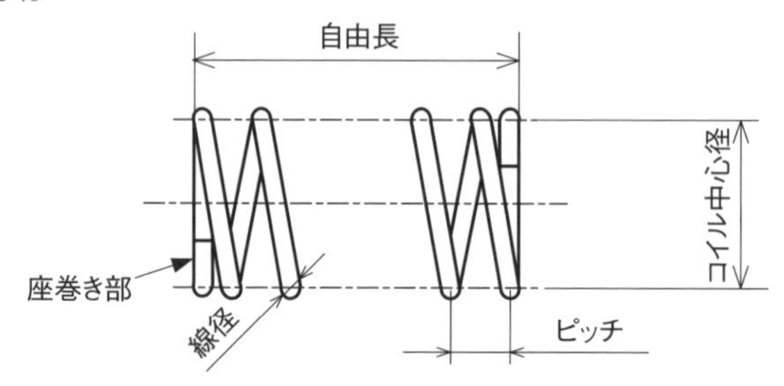

・引張りコイルばね

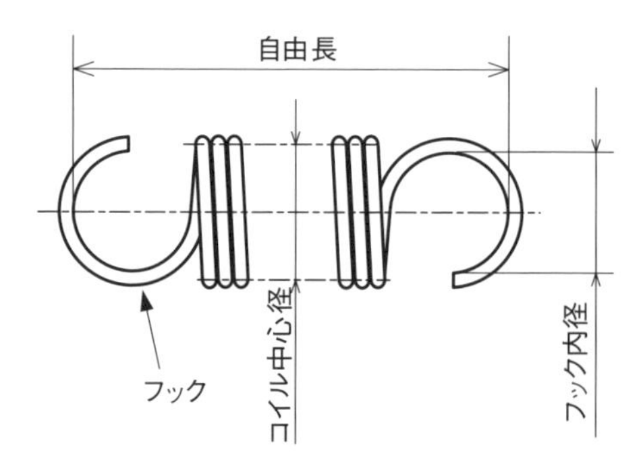

・ねじりコイルばね

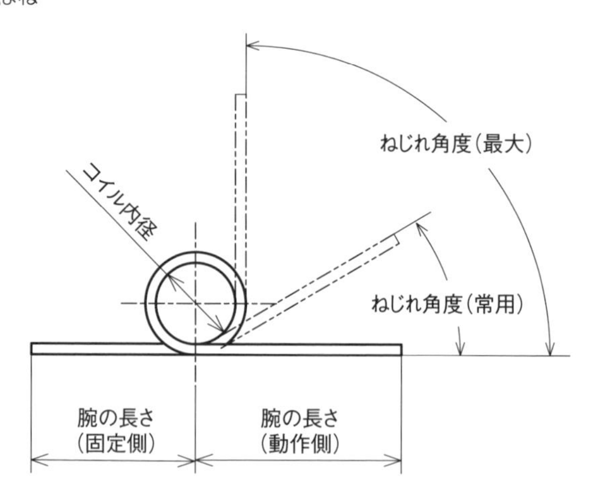

φ(@°▽°@) メモメモ

各種ばねの専門用語（2）

・線径（せんけい）
　ワイヤー素材の直径。

・コイル平均径
　ワイヤーを円形に巻きつけたときの外径と内径の平均径。

・有効巻数（ゆうこうまきすう）
　ばね定数を計算するとき基礎になる巻数。一般的に全巻数から両端の座巻を引いた値になります。

・座巻（ざまき）
　見かけ上、ばねに作用しない部分（有効巻数以外）の巻数。通常は、両端合わせて座巻数は2とされます。

・自由高さ
　無負荷時のばねの全長。

・密着長（みっちゃくちょう）
　圧縮ばねが全圧縮となり、隣りあうコイルが密着したときの全長。

・ばね定数（じょうすう）
　ばねに圧縮や引張りやねじりなどの荷重を加えて、1mm（あるいは1°）たわませたときに発生する反力。コイルばねの場合、たわみに対して発生する力は線形（比例直線）となります。

・初張力（しょちょうりょく）
　引張りコイルばねを密着巻にしたときに、接している材料の間に生じる力。初張力を超える荷重がかかるまで引張りばねは伸びません。

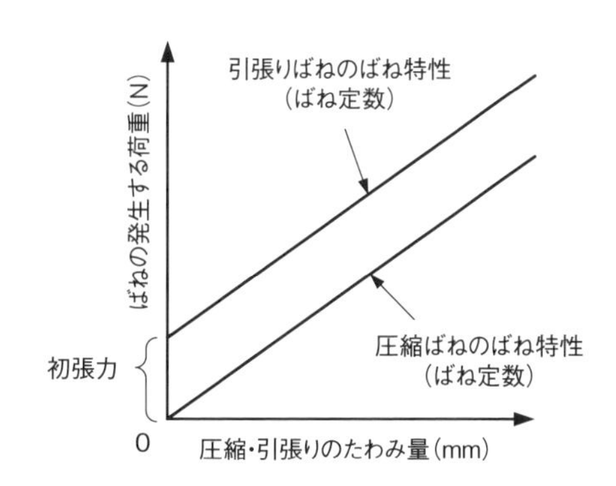

圧縮コイルばねの図面例を下記に示します。

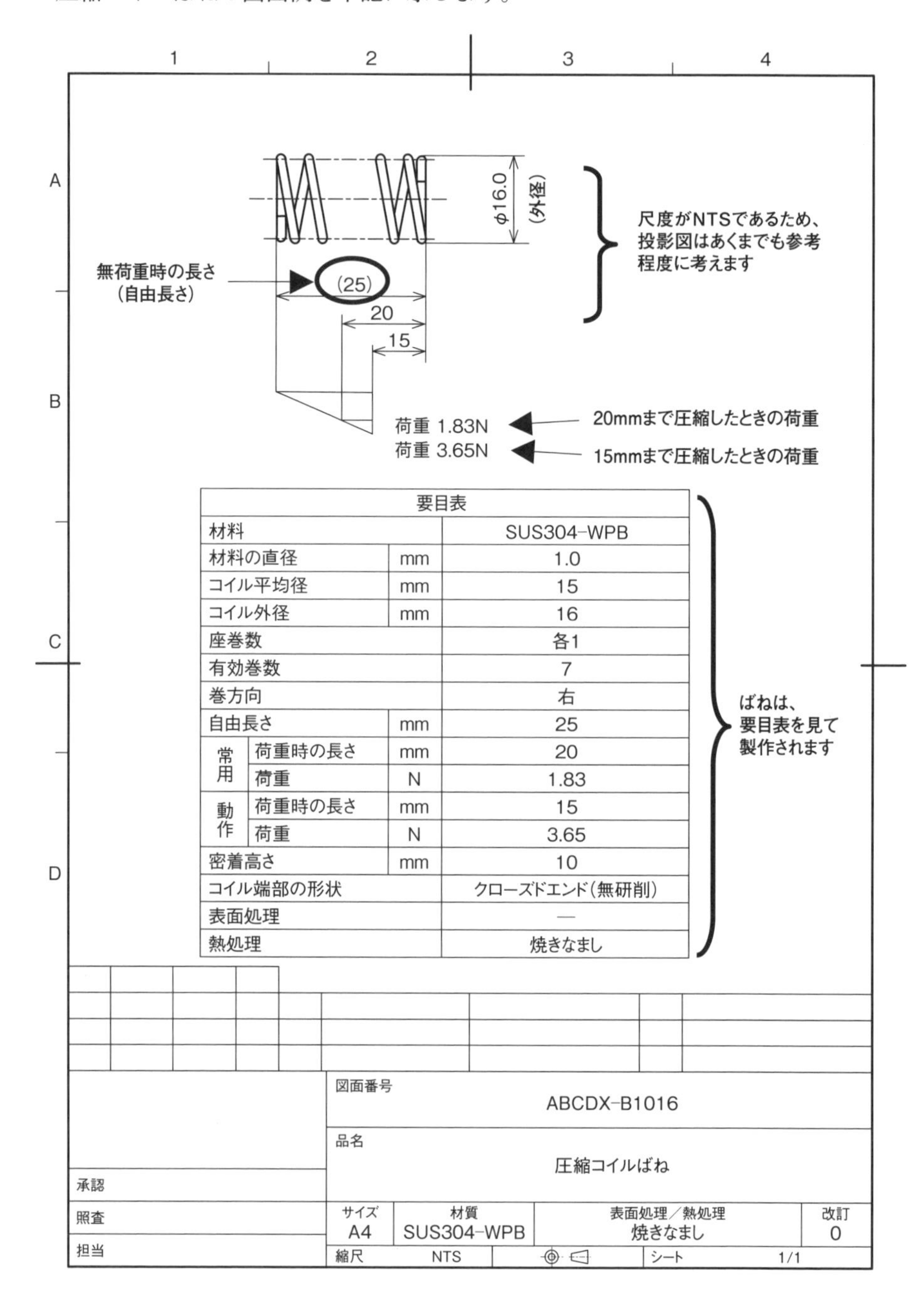

要目表			
材料			SUS304-WPB
材料の直径		mm	1.0
コイル平均径		mm	15
コイル外径		mm	16
座巻数			各1
有効巻数			7
巻方向			右
自由長さ		mm	25
常用	荷重時の長さ	mm	20
	荷重	N	1.83
動作	荷重時の長さ	mm	15
	荷重	N	3.65
密着高さ		mm	10
コイル端部の形状			クローズドエンド(無研削)
表面処理			—
熱処理			焼きなまし

引張りコイルばねの図面例を下記に示します。

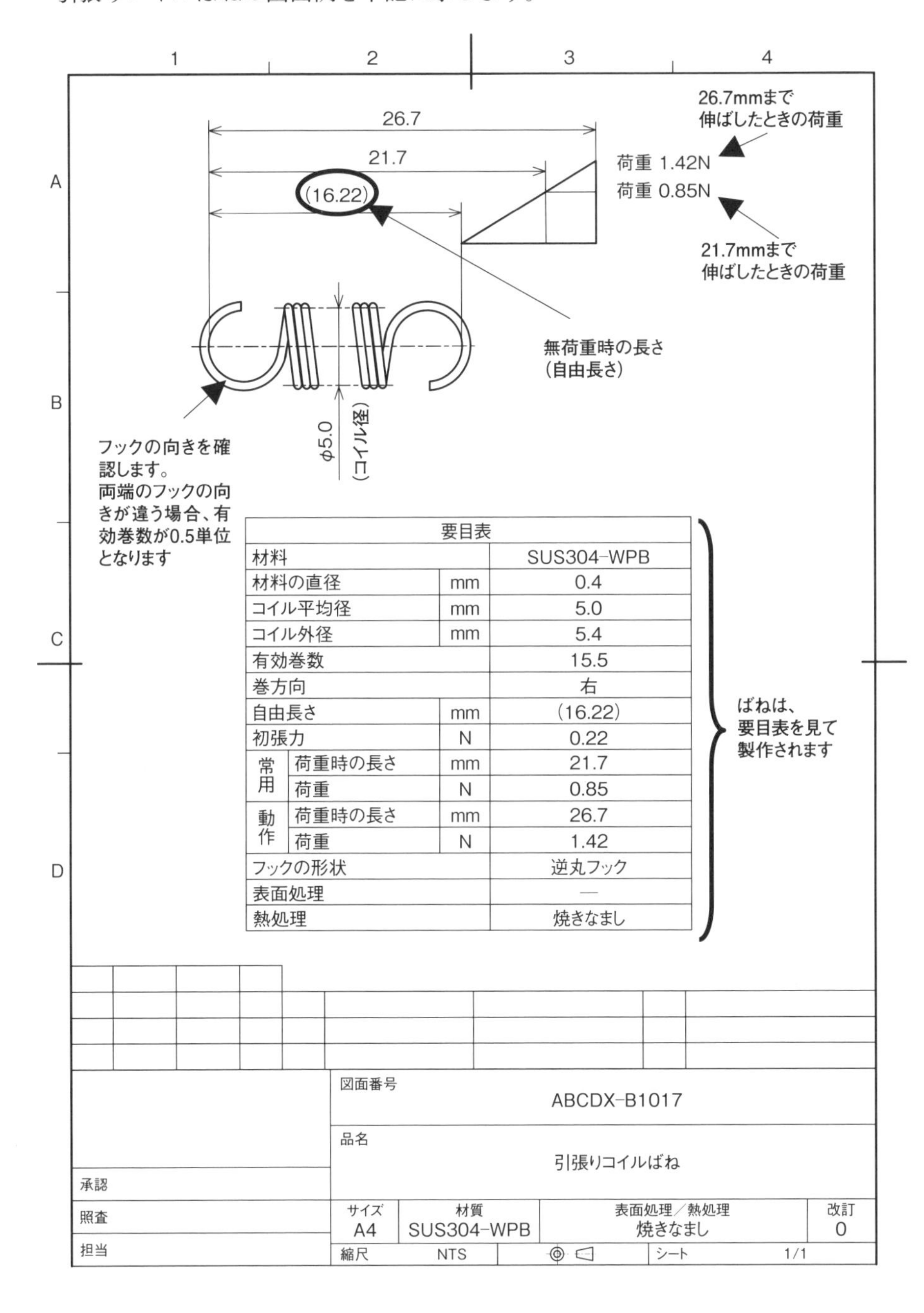

要目表			
材料			SUS304-WPB
材料の直径		mm	0.4
コイル平均径		mm	5.0
コイル外径		mm	5.4
有効巻数			15.5
巻方向			右
自由長さ		mm	(16.22)
初張力		N	0.22
常用	荷重時の長さ	mm	21.7
	荷重	N	0.85
動作	荷重時の長さ	mm	26.7
	荷重	N	1.42
フックの形状			逆丸フック
表面処理			—
熱処理			焼きなまし

ねじりコイルばねの図面例を下記に示します。

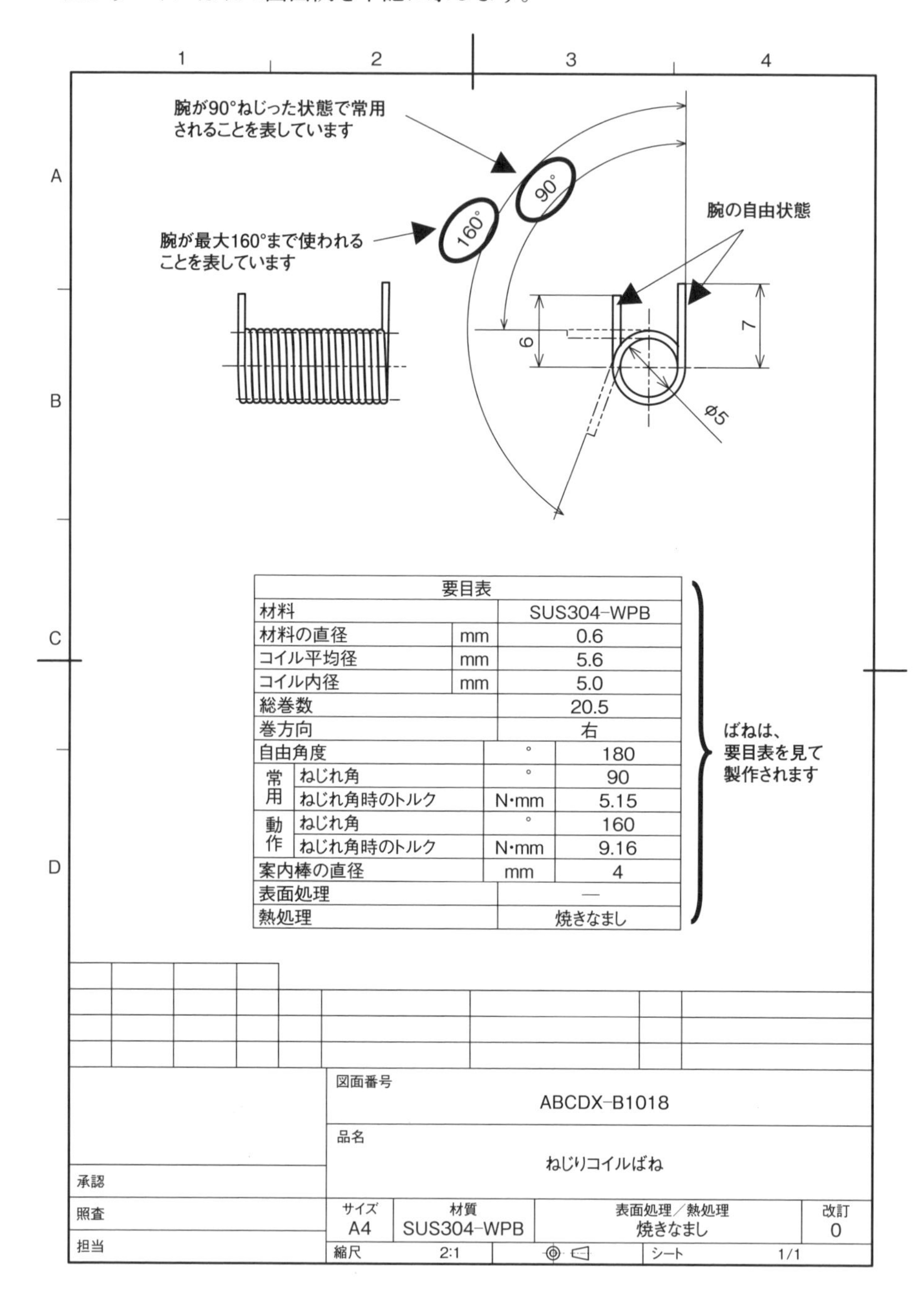

要目表			
材料			SUS304-WPB
材料の直径		mm	0.6
コイル平均径		mm	5.6
コイル内径		mm	5.0
総巻数			20.5
巻方向			右
自由角度		°	180
常用	ねじれ角	°	90
	ねじれ角時のトルク	N･mm	5.15
動作	ねじれ角	°	160
	ねじれ角時のトルク	N･mm	9.16
案内棒の直径		mm	4
表面処理			—
熱処理			焼きなまし

第9章　2

歯車の専門用語を知って図面を読む

歯車（はぐるま）

歯車とは、回転できる二軸に固定する剛体に凹凸面（歯）を設け、一方の凸面が相手の凹面に次々に入り込んで、すべり接触を行うことによって、一つの軸から他の軸に回転運動（一方が直進運動を行うラックも含む）を伝えるものをいいます。

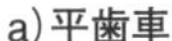
a)平歯車

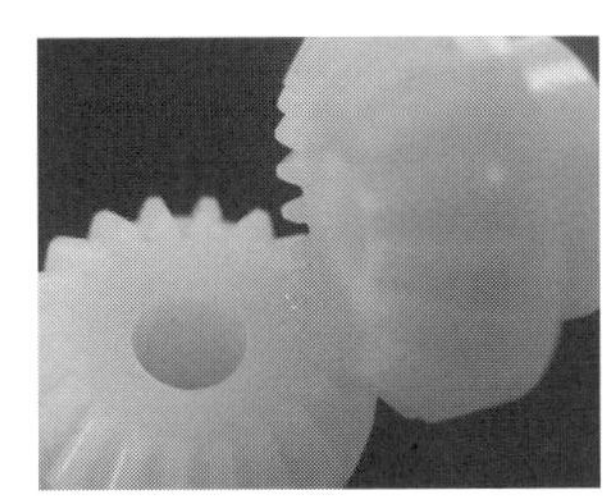

b)かさ歯車

c)ウォームギア

歯車は形状や用途などから様々な種類に分類できますが、歯車軸の構造によって、二軸が互いに平行である歯車（平歯車など）、二軸が一点で交差する歯車（かさ歯車など）、二軸が食い違う歯車（ウォームギヤなど）に分類されます。

φ(@°▽°@) メモメモ

歯車に関する専門用語

・モジュール

歯の大きさを表す単位です。基準面でのピッチを円周率（π）で割り、ミリメートル単位で表示した値で表されます。標準的な平歯車の場合、モジュールに歯数を掛けるとピッチ円直径になります。

・圧力角（あつりょくかく）

歯の倒れの角度のことを指し、歯形上の任意の点を通る半径線と歯形の接線とのなす角度のことをいいます。一般的に使う圧力角は、20°で、以前は14.5°が標準的に使用されていました。その他の角度として15°、17.5°、22.5°なども使われ、圧力角が大きいほど高強度となります。

・転位（てんい）

歯車を切削する際、工具の刃先で歯元をえぐり取る現象をいいます。圧力角20°で切り下げの生じない限界歯数は17枚です。

・またぎ歯厚（はあつ）

歯厚マイクロメータ（下図参照）で何枚かの歯をまたいで歯厚を測定する検査方法です。またぎ歯数は計算によって求めることができます。歯の形状が正しいかどうかを確認するために、またぎ歯厚かオーバーピン径のどちらかが要目表に指示されます。

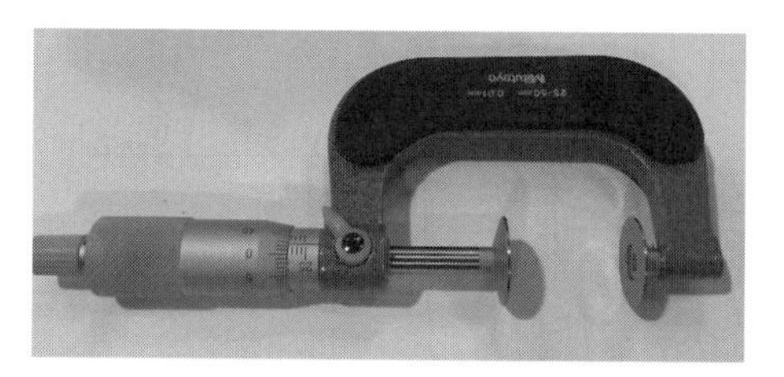

・オーバーピン径

歯の谷部と谷部に計算から求める規程の径のピンを挟んで、その長さを測定する際に用いるピンの直径のことです。

歯の形状が正しいかどうかを確認するために、オーバーピン径かまたぎ歯厚のどちらかが要目表に指示されます。

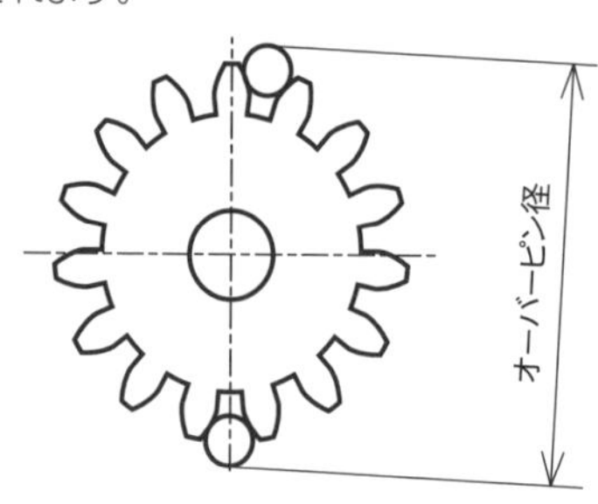

歯車の図面には、どんな特徴があるん？

①歯車の歯は、ねじ山と同様に図面に描くことはなく、歯形を省略した簡略図で表されます。

歯車の図面の特徴は次の通りです。

・すぐ歯歯車の場合

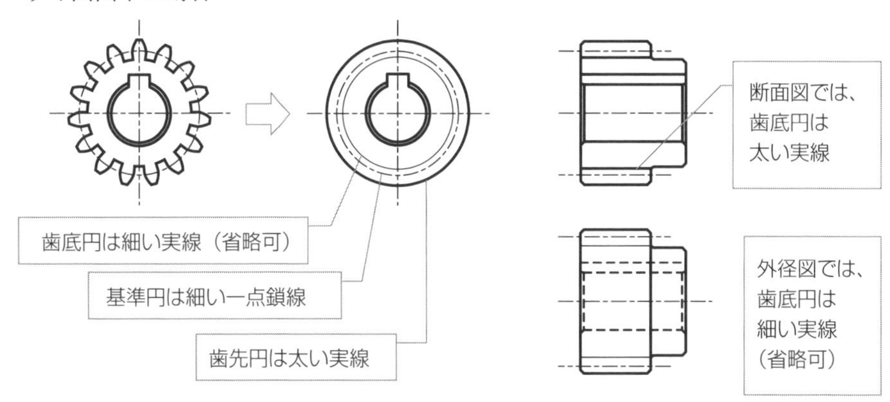

すぐ歯歯車とは、歯筋が中心線に対して平行（真っ直ぐ）な円筒歯車のことをいい、平歯車とも呼ばれます。

引用：KHKカタログより

歯車は、軸に直角な方向（歯すじが見える方向）から見た図を正面図とし、軸線を水平に配置します。

円周上に存在する歯車の歯は、インボリュート歯形という突起が一般的ですが、投影図として歯形は描きません。そこで、歯形の代わりに下記のような簡略図を用います。

- 歯先円（歯の先端）は、太い実線で表します。
- 基準円（互いの歯のかみ合い中心線）は、細い一点鎖線で表します。
- 歯底円（歯の谷底）は、細い実線で表します。ただし、軸に直角な方向から見た図（正面図）を断面図で図示するときは、歯底の線は太い実線で表します。なお、歯底円は記入を省略することができます。

・はすば歯車の場合

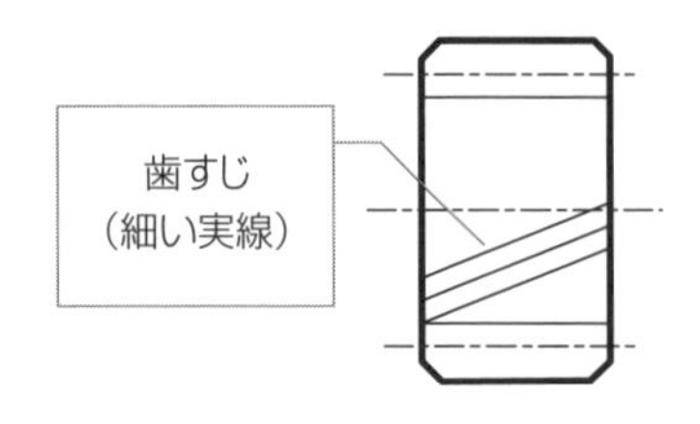

a）外形図の場合（左ねじれの例）

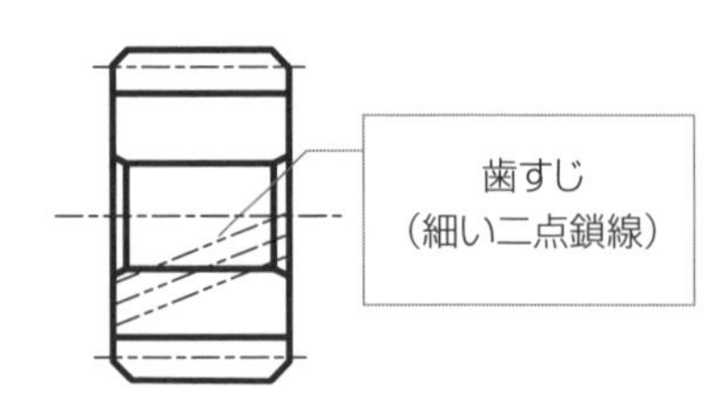

b）断面図の場合（左ねじれの例）

はすば歯車（歯が軸線に対して傾いているもの）は、歯すじ方向を図示します。

・外形図で表す場合、歯すじ方向は3本の細い実線で表します。
・断面図で表す場合、歯すじ方向は外形図にしたときに見える歯すじ方向を3本の細い二点鎖線（想像線）で表します。

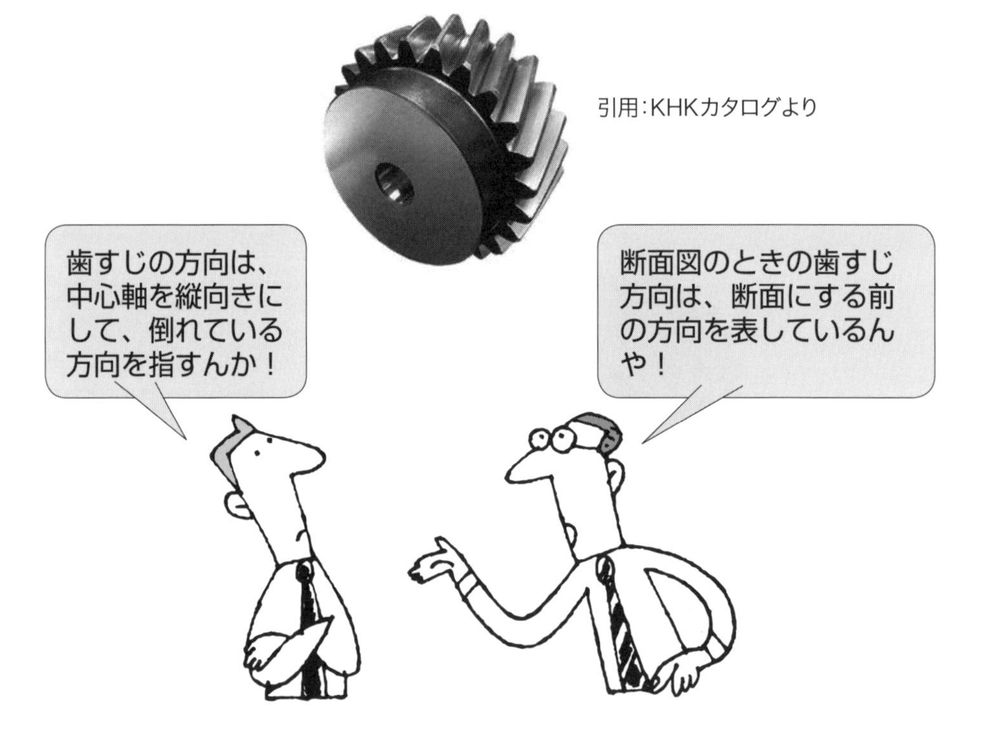

引用：KHKカタログより
歯すじの方向は、中心軸を縦向きにして、倒れている方向を指すんか！
断面図のときの歯すじ方向は、断面にする前の方向を表しているんや！

②投影図に加えて歯車諸元表が併記されます。

歯車加工業者は、この諸元表を見て要求仕様を満足するように加工します。

歯車では最も使用頻度の多い平歯車の図面例を下記に示します。

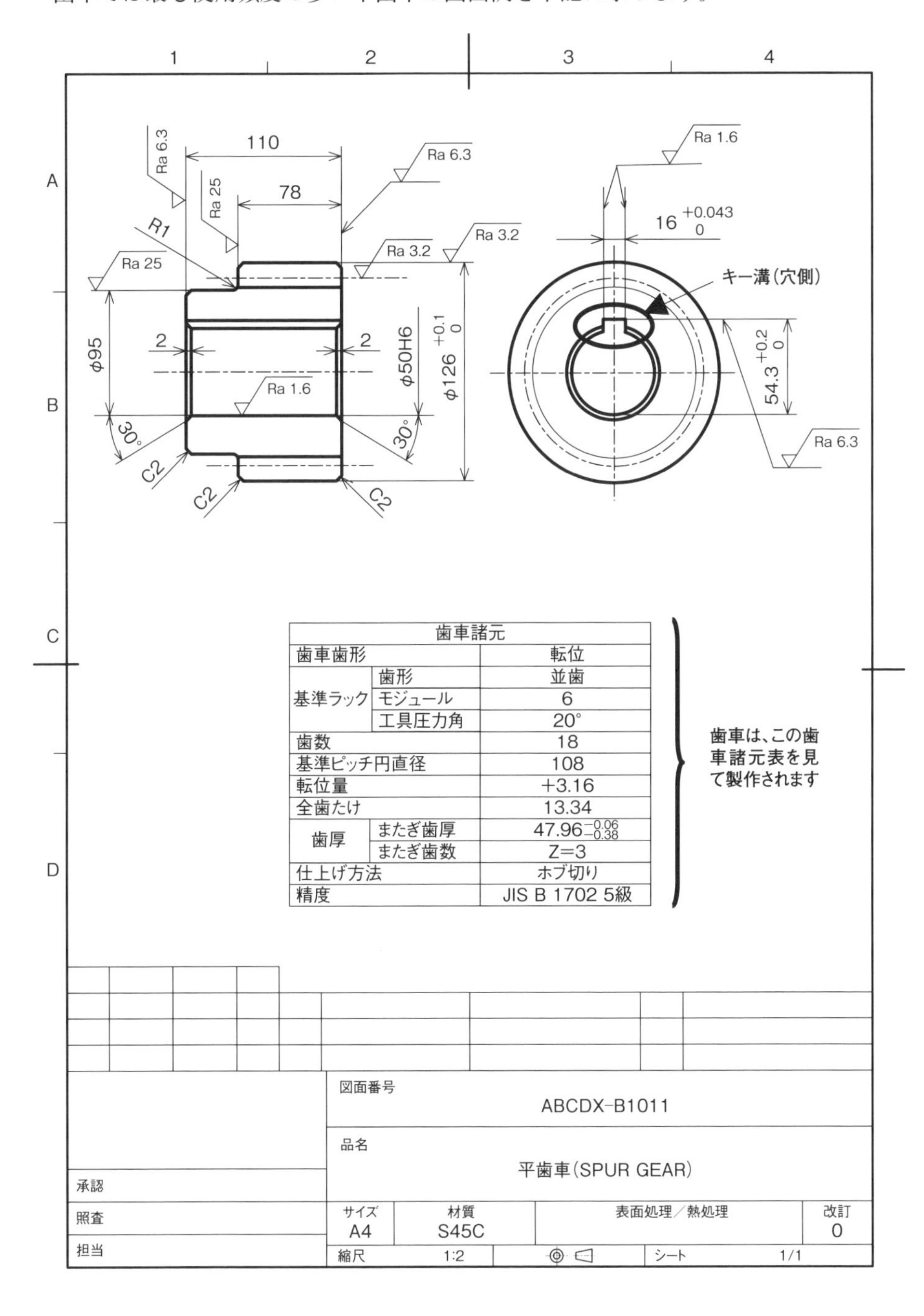

歯車諸元		
歯車歯形		転位
基準ラック	歯形	並歯
	モジュール	6
	工具圧力角	20°
歯数		18
基準ピッチ円直径		108
転位量		+3.16
全歯たけ		13.34
歯厚	またぎ歯厚	$47.96^{-0.06}_{-0.38}$
	またぎ歯数	Z=3
仕上げ方法		ホブ切り
精度		JIS B 1702 5級

板金の専門用語を知って図面を読む

板金の図面って、なんが特徴なん？

板金加工（ばんきんかこう）

板金とは、薄く延ばされた金属板を意味し、板金加工とは板金を打ち抜いたり、曲げたりして形状を作る作業のことをいいます。

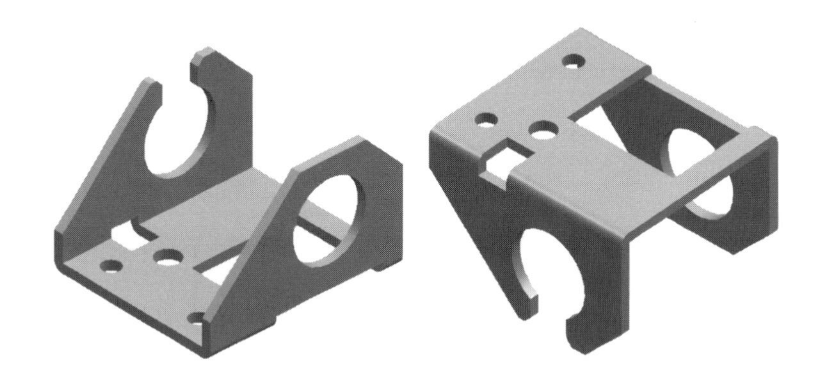

板金部品には、板金加工特有の専門用語が図面に指示されます。それらの意味を知らないと図面を読み解くことが不可能になります。よく使われる用語を理解しておきましょう。

板金部品の図面の特徴は次の通りです。
①板厚は、投影図の近辺あるいは投影図の中に寸法補助記号「ｔ」とともに指示されます。
②公差の必要ない直角曲げは、90°という角度寸法が省略されます。

φ(@°▽°@) メモメモ

板金部品に関する専門用語①

・バリ、カエリ、ダレ

板金部品の端面や抜き穴部は、パンチによって上から下へ打ち抜きます。このとき材料の延性によってパンチの挿入側にできる形状をダレ、その反対側にできる金属の毛羽（けば）をバリ（カエリ）といいます。バリ（カエリ）は、不用意に触ると手が切れるほど大変危険なため、図面では操作時に手が触れる部位やハーネス（電線）が通過接触する部位を指定して、「バリなきこと」あるいは「糸面取りのこと」と指示されています。

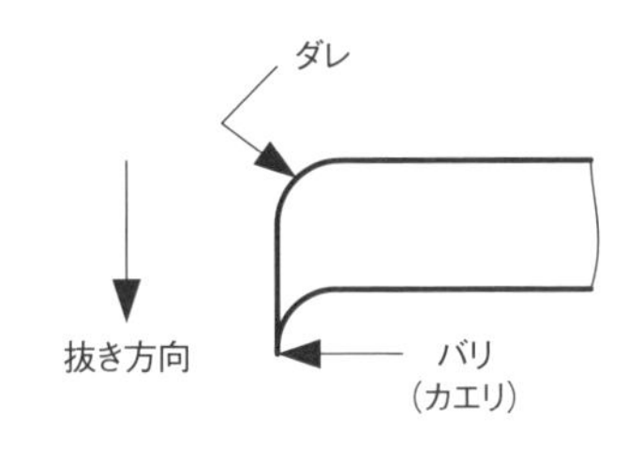

・バーリング

バーリングとは、板金に穴をあけ山状に押し出し成形した形状をいいます。山の裏側は、逆にすり鉢状の凹みとなります。板金にねじ加工する場合、ねじ山を確保する場合にも使用されます。

バーリング

・ダボ

板金を打ち抜かずハーフパンチによって直径3～4mm程度で板厚の約半分を突起させてボス形状にしたものです。

実務の声	企業によっては、“半抜き”や“ハーフピアス”と呼ぶ場合もあります。

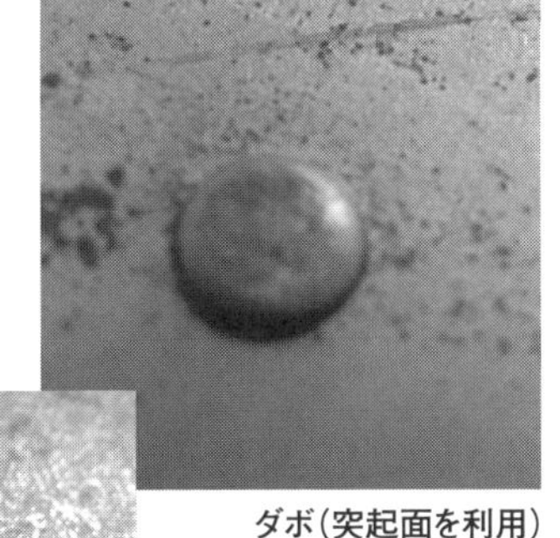
ダボ（突起面を利用）

ダボ裏面
（機能上利用しない）

φ(@°▽°@) メモメモ

板金部品に関する専門用語①

・カウンターシンク

板金を絞って山形状にしたもので、切削部品の深ざぐりと同様の機能を持ち、ねじ頭を飛び出させたくない場合に用いられます。

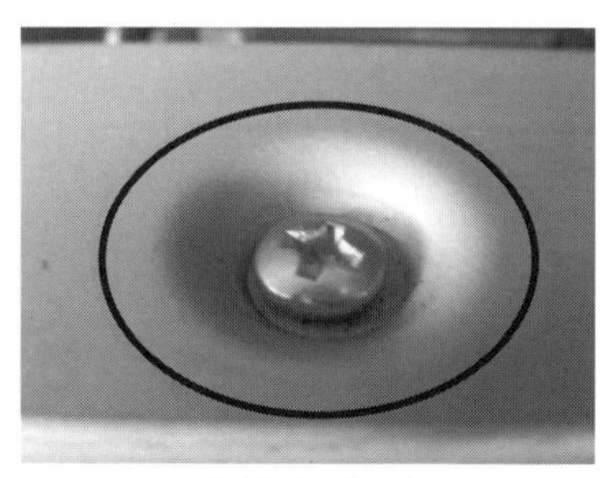

カウンターシンク

・カシメ

板金部品に用いるカシメとは、板金に穴を開け、そこに軸を貫通させて軸の先端を広げてつぶすことで板金と軸がガタなく、回転しないよう結合する技術です。

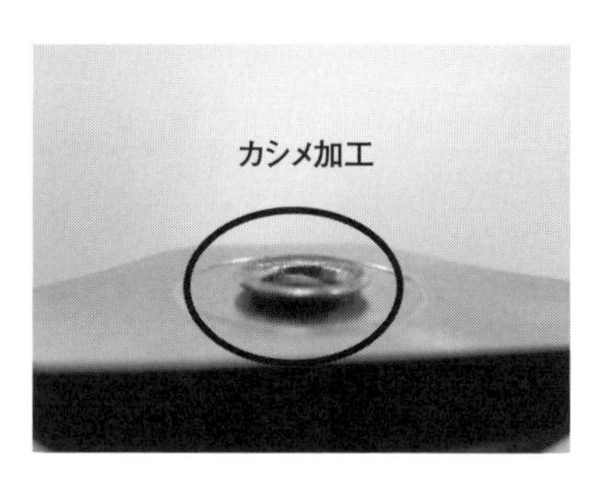

板金の両端を直角に曲げたブラケットの図面例を下記に示します。

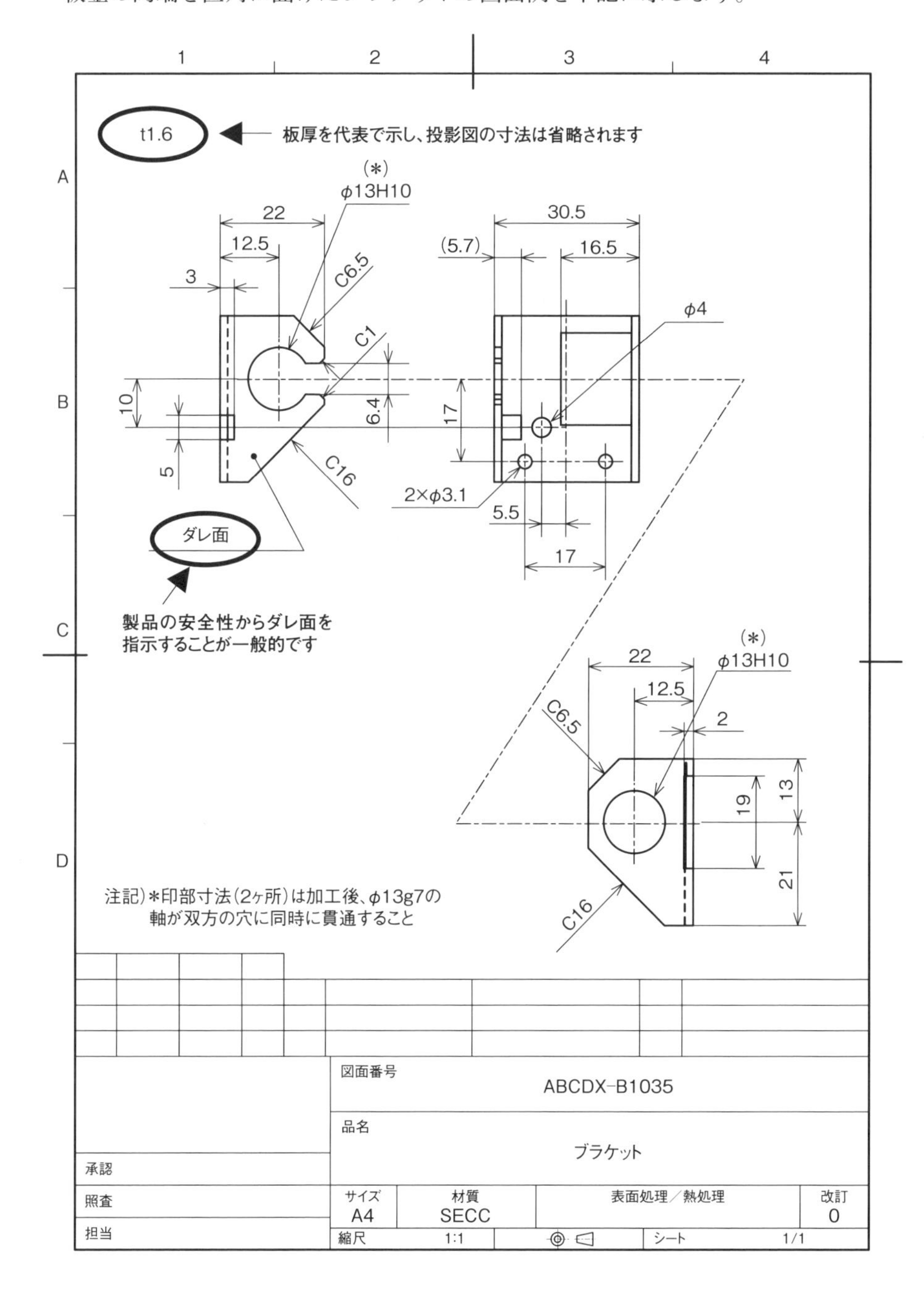

第9章	4	樹脂成形の専門用語を知って図面を読む

樹脂成形って何のこと？

樹脂成形（じゅしせいけい）

金型を必要とするため初期費用が発生しますが、大量生産できるためコストメリットが大きく家電や自動車部品などに多く利用されています。代表的な成形法に射出成形（しゃしゅつせいけい）などがあります。

a）少数ロットや試作確認の部品
（切削加工の形状）

b）大量生産部品
（樹脂成形加工の形状）

樹脂成形とは、樹脂を溶かしたり柔らかくしたりして形を作る加工法をいいます。なかでも、加熱して溶かした樹脂を金型に圧力をかけて送り込む成形法のことを射出（しゃしゅつ）成形といい、機械部品に多用されています。

樹脂成形に限らず、成形品の図面には、加工の専門用語が記入されることがあります。これらは形状把握に関連する用語ではありませんが、図面を読み解くためには意味を理解しておく必要があります。

樹脂成形部品の図面の特徴は次の通りです。
①成形加工に伴うパーティングラインやゲート部などが指示される場合があります。
必ずしも図面に指示されるわけではなく、生産技術部門や成形業者にお任せする場合もあります。その場合は最終形状のみが指示されます。
②肉厚を均一化するために「肉盗み」と呼ばれる凹みを持った形状が特徴です。

φ(@°▽°@) メモメモ

樹脂成形部品に関する専門用語①

・パーティングライン（記号PL）

　型と型との合わせ目にできる段差のことです。外観上、見栄えが悪くなることから、設計者としては目立って欲しくないと思わせるラインです。

樹脂成形のパーティングライン

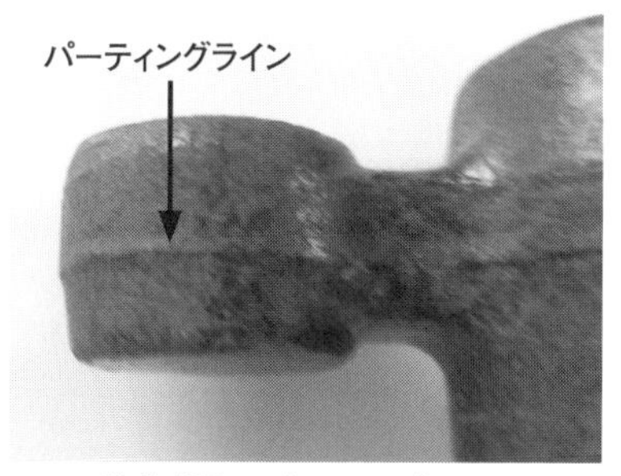

鋳物部品のパーティングライン

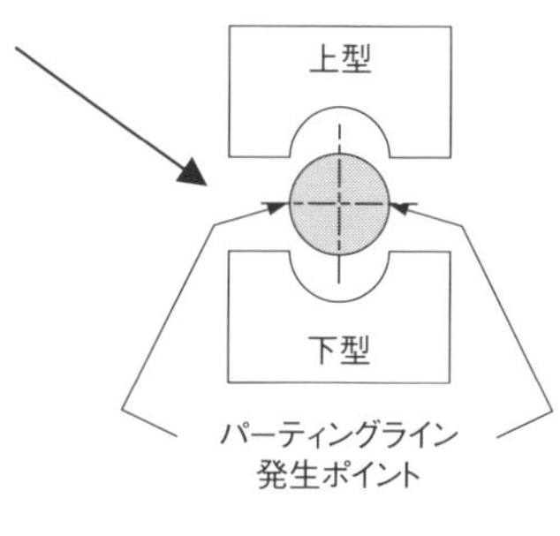

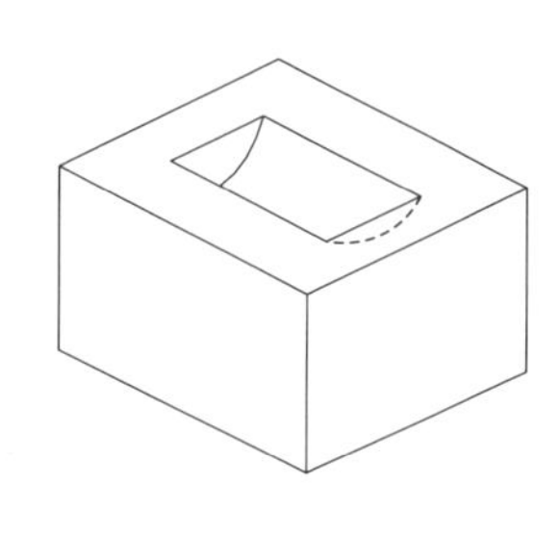

・抜き勾配（ぬきこうばい）

　樹脂成形品を製作する金型の離型性（りけいせい）を向上するために必要なものです。通常1°程度の抜き勾配が指定されます。

上型（固定側）をキャビティ、下型（可動側：動いて製品を取り出す側）をコアという。コアの可動方向と直角方向にスライドする型をスライドコアという。

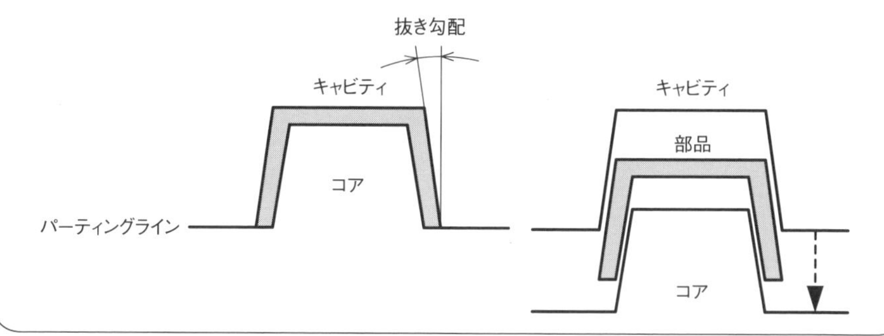

φ(@°▽°@)　メモメモ

樹脂成形部品に関する専門用語②

・アンダカット

金型から成形品を取り出す際に、型が分離できない凹凸部をもった形状のことをいいます。設計上、アンダカットが発生しないよう形状を決めなければいけませんが、設計機能上からアンダカットになる部分を設計せざるを得ない場合があります。この場合は型と異なる方向に可動するスライドコアを使うことで対応することも可能です。

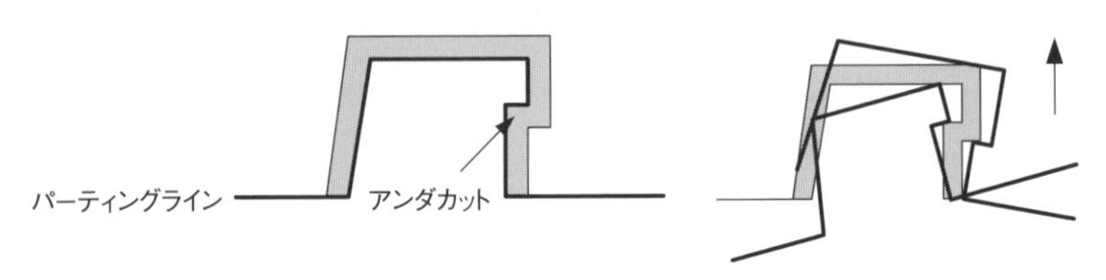

・スライドコア

金型の開閉に伴い、金型内部でスライドする部分をいい、一般的にスライドと呼ばれます。機能上アンダカットになる部分を実現させるために、金型の開閉処理と同時にスライドコアを移動させてアンダカットを解消するものです。

・ゲート痕（あと）

ゲートとは、金型の中に溶かした樹脂を流し込むための口のことです。ゲートから製品に樹脂がつながった状態で離型するため、樹脂の切断部の痕が残ります。機能上、このような突起が不可の場合、後加工によって除去するか右記写真のように凹みをつけてゲート痕の突起が飛び出さないようにするなど工夫をします。

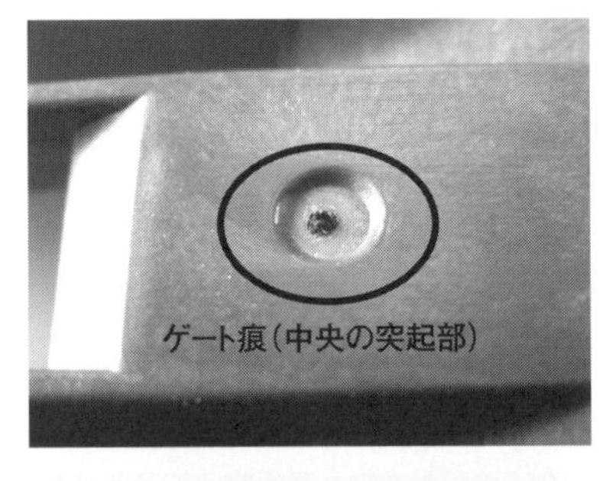

ゲート痕（中央の突起部）

・エジェクタピン痕

エジェクタピンとは、成形品を金型から押し出すためのピンです。金型に埋め込まれたピンの高さが金型と面一にできないため、0.1mm程度の目視でわかる程度のピンの痕が凹凸として残ります。

押出しピンとも呼ばれます。

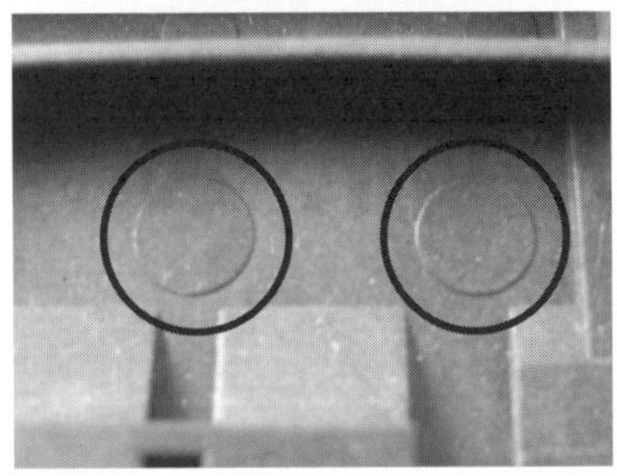

エジェクタピン痕

円筒形状の樹脂成型品の図面例を核に示します。

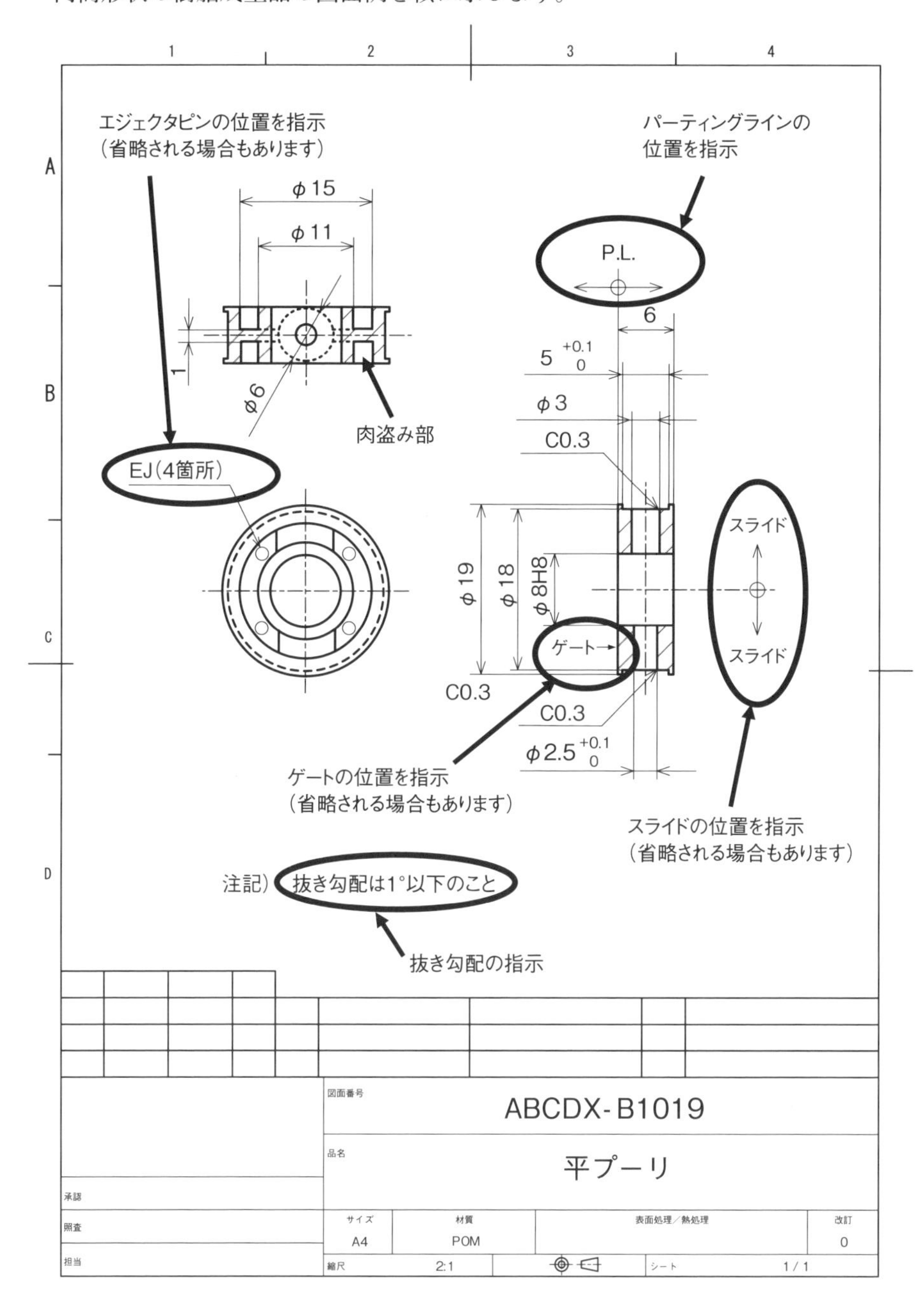
1
2
3
4
A
B
C
D
エジェクタピンの位置を指示
（省略される場合もあります）
φ15
φ11
1
φ6
肉盗み部
EJ（4箇所）
パーティングラインの
位置を指示
P.L.
6
5 +0.1 0
φ3
C0.3
φ19
φ18
φ8H8
ゲート
C0.3
C0.3
φ2.5 +0.1 0
スライド
スライド
ゲートの位置を指示
（省略される場合もあります）
スライドの位置を指示
（省略される場合もあります）
注記）抜き勾配は1°以下のこと
抜き勾配の指示
図面番号
ABCDX-B1019
品名
平プーリ
承認
照査
担当
サイズ
A4
材質
POM
表面処理／熱処理
改訂
0
縮尺
2:1
シート
1/1

第10章

図面管理に必要な記号を見逃したらあかんねん!

三角形の中に数字が書いた記号があるけど、
これはいったい何やねん

(ノ≧o≦)ノ ┤゜・∵。

図面はいったん描きあげると設計作業が完了するわけではありません。製品の不具合対策や仕様変更、あるいはコストダウンなどの理由によって図面は修正されながら進化し続けるのです

(*￣∀￣)"b"チッチッチッ

10-1 図面が訂正・変更されるとつけられる記号

第10章	1	図面が訂正・変更されるとつけられる記号

図面はなんで修正や変更されるん？

図面の変更

図面内容を変更する場合は、変更後の形状や寸法を正しい位置に配置し、修正前の寸法数値を取り消し線で表記し、その近くに三角形に改正番号を加えた記号を指示します。

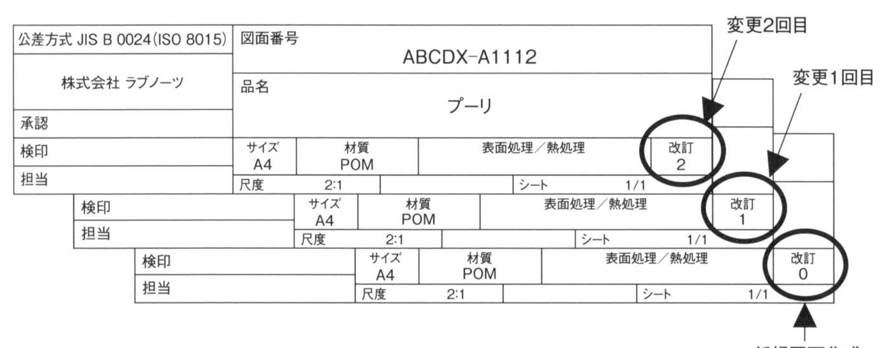

製品の不具合対応や仕様変更、コストダウンなどの理由により形状やサイズなどに変更が生じるたびに図面に改定が加えられます。

図面に改定が加えられたことを示すために、改定番号や改定履歴の項目が表題欄あるいは表題欄とは別の改定記事欄など図面内に記載されます。

つまり、変更点がわかるように変更前後の履歴を図面に残さなければいけない決まりごとがあるのです。

製造業で用いられる現場用語や現場の声

版数（はんすう）／リビジョン

図面内容の変更を表す改訂番号のことを版数あるいは英語でリビジョンといいます。新図の版数はゼロであり、修正が一度加わり承認された図面の版数は1となり、さらに修正が加わる毎に版数の番号が上がって更新されます。

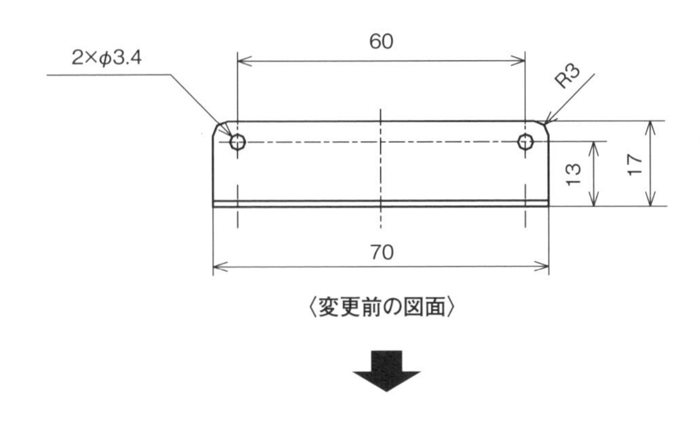
60
2×φ3.4
R3
13
17
70

〈変更前の図面〉

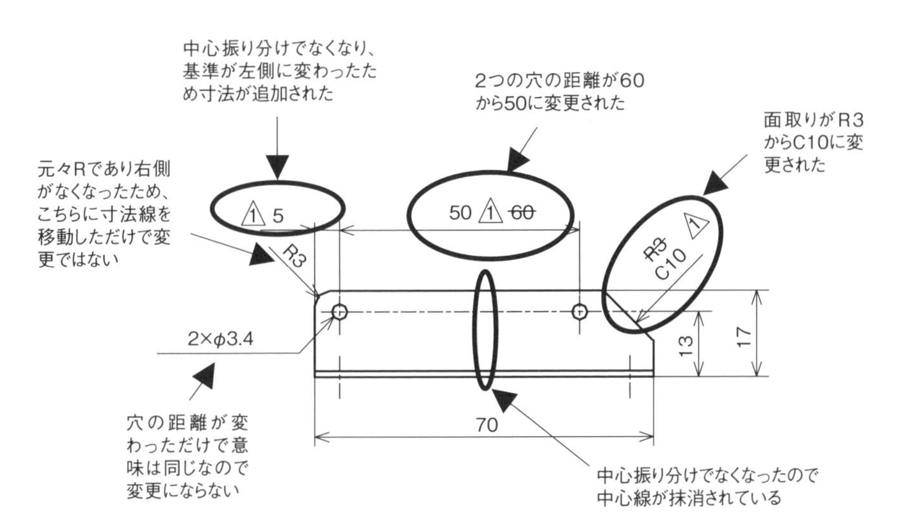
中心振り分けでなくなり、
基準が左側に変わったため寸法が追加された
2つの穴の距離が60から50に変更された
面取りがR3からC10に変更された
元々Rであり右側がなくなったため、こちらに寸法線を移動しただけで変更ではない
1 5
50 1 60
R3
R3
C10 1
2×φ3.4
13
17
70
穴の距離が変わっただけで意味は同じなので変更にならない
中心振り分けでなくなったので中心線が抹消されている

〈変更後の図面〉

図面に変更点が発生した場合、変更前の寸法数値を取り消し線で消したうえ、改正された寸法数値を正しい位置に記入し、その近辺に三角マークの中に改定番号と同じ数字が付与されます。

製造業で用いられる現場用語や現場の声

改正マーク

JISの図例には三角マークの中に数字を記入するタイプが使われていますが、企業によっては、「三角マークにアルファベット」「丸いマークに数字」「四角いマークに数字」など企業ごとのローカルルールに従って使われています。

それでは、さらに変更点が追加された場合はどう解釈すればよいでしょうか？この場合、古い改正を生かしたまま、新しい改正も適用して図面を見ます。

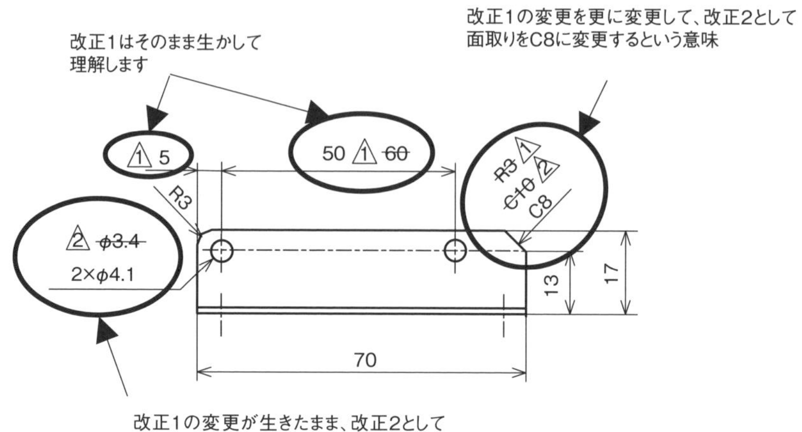
改正1はそのまま生かして
理解します
改正1の変更を更に変更して、改正2として
面取りをC8に変更するという意味
1 5
50 1 60
R3
R3 1
C10 2
C8
2 φ3.4
2×φ4.1
13
17
70
改正1の変更が生きたまま、改正2として
穴の大きさをφ4.1に変更するという意味

数字のついた
三角マークは、
変更した回数を
表すマークなんか〜
企業によっては、
改正マークを図枠の
外に描く場合もあるから、
注意せなあかんで

改正個数を表した例

△2 6	2010.05.25	客先仕様変更に伴う修正	ウエシマ	テラカド	ヒゴ
△1 3	2010.04.01	組立時の干渉不具合の改善	クロサワ	ムラカミ	オオシマ
No.	年月日	記事	担当	検印	承認

改正マークの見落としをなくすため、改正記事欄に修正個数を記入する場合があります。

改正マークが多すぎて図面として見づらくなり誤解を与えると判断される場合は、新規に図面を作成して大幅変更であることが明記されます。

φ(@°▽°@) メモメモ

寸法数値の下線

寸法数値に下線がついた場合、何を表しているのでしょうか？

CADで描かれた図面で見ることは、まずありませんが、古い手描きの図面では見ることができます。寸法数値に下線がついた場合、投影図を修正せず、寸法数値だけを変更し、「投影図の長さと寸法数値の関係が崩れている」ことを表しています。

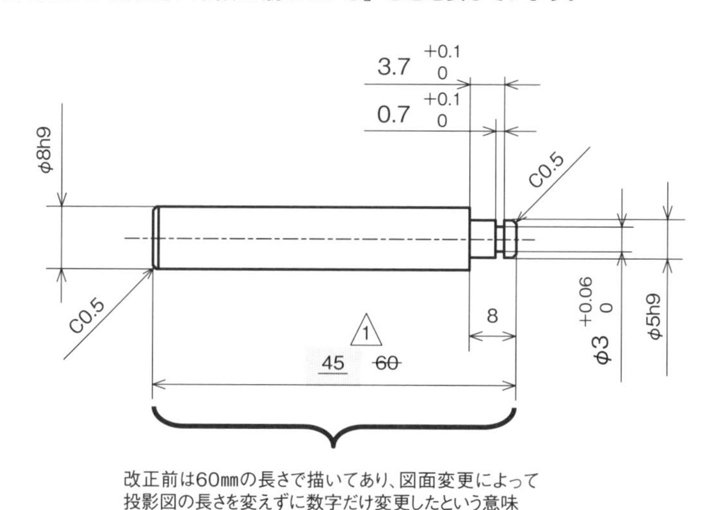

改正前は60mmの長さで描いてあり、図面変更によって
投影図の長さを変えずに数字だけ変更したという意味

前向きな姿勢で図面を読み解こう

本来、機械図面はJISなどの規格を忠実に守って描かれるべきですが、JISにない表現をしなければいけない状況も多々あり、その場合はローカルルールとして図面が描かれます。ところがJISで規定されている決まりごとまで勝手に自前のルールを作って図面が描かれていることも現実です。

図面を描く立場では、しっかりとルールを守るように学習させ、気をつければよいのです。しかし、図面を読むだけの立場では、受け取った図面が適当に描かれていても設計者の要求する意図を読み取りながら業務を進行しなければいけません。

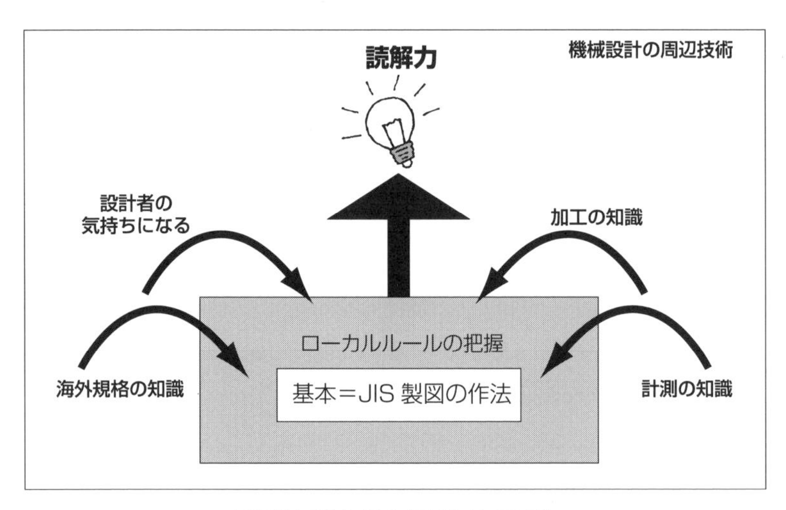

図面を正確に読み解くための要件

図面を読み業務を行う人も立派なエンジニアの仲間です。エンジニアの一人として、モノづくりの一端を担っているわけですから、常に自身のスキル（技術力）を向上させようとする努力を怠らず、モチベーションを維持してください。

それでは、読者の皆さんがいかなる図面にも屈せず、読み解けるエンジニアとなれるよう、魔法をかけてご挨拶に代えさせていただきます。

ちちんぷいぷい！ (*ﾟ▽ﾟ) ノ☆｡・:*:.・★,｡・:*:.・☆

著者より

用語索引（50音順）

記号・欧文

あ行

か行

さ行

た行

な行

は行

ま行

や行

ら行

●著者紹介

山田　学（やまだ　まなぶ）

S38年生まれ、兵庫県出身。ラブノーツ 代表取締役。

著書として、『図面って、どない描くねん！ 第2版』、『図面って、どない描くねん！ LEVEL2 第2版』、『設計の英語って、どない使うねん！』、『めっちゃ使える！ 機械便利帳』、『図解力・製図力 おちゃのこさいさい』、『めっちゃ、メカメカ！ リンク機構99→∞』、『メカ基礎バイブル〈読んで調べる！〉設計製図リストブック』、『図面って、どない描くねん！ Plus +』、『めっちゃ、メカメカ！2 ばねの設計と計算の作法』、『めっちゃ、メカメカ！ 基本要素形状の設計』、『設計センスを磨く空間認識力 “モチアゲ”』、『図面って、どない描くねん！バイリンガル』、共著として『CADって、どない使うねん！』（山田学・一色桂 著）、『設計検討って、どないすんねん！』（山田学 編著）などがある。

図面って、どない読むねん! LEVEL 00【第2版】
現場設計者が教える図面を読みとるテクニック　NDC 531.9

2010年 4月23日 初版1刷発行
2019年 8月 9日 初版27刷発行
2020年 7月28日 第2版1刷発行
2024年 9月30日 第2版9刷発行

発行者　井水 治博
発行所　日刊工業新聞社
東京都中央区日本橋小網町14番1号
（郵便番号103-8548）
書籍編集部　電話03-5644-7490
販売・管理部　電話03-5644-7403
FAX03-5644-7400
URL　https://pub.nikkan.co.jp/
e-mail　info_shuppan@nikkan.tech
振替口座 00190-2-186076
本文デザイン・DTP——志岐デザイン事務所（矢野貴文）
本文イラスト——小島早恵
印刷——新日本印刷

定価はカバーに表示してあります
落丁・乱丁本はお取り替えいたします。
2020 Printed in Japan
ISBN 978-4-526-08070-8　C3053

日刊工業新聞社の好評図書

図解力・製図力 おちゃのこさいさい
―図面って、どない描くねん! LEVEL0

山田 学 著
B5判228頁（2色刷）　定価（本体2400円＋税）

ついに登場した究極の製図入門書。ヒット作「図面って、どない描くねん!」のLEVEL0にあたるレベルでありながら、「図解力と製図力を身につけることを目的とした」ドリル形式の入門書です。「図解力が乏しいということは設計力が弱いことを意味する」と主張する著者が世界一やさしい製図本を目指して書いています。学習しやすい横レイアウト、全編2色刷の見やすい内容、豊富な演習問題(Work Shop)、従来の製図書にはなかった設計の基本的な計算問題にも対応、そして何より楽しく学習するための工夫がいっぱい詰まっています。

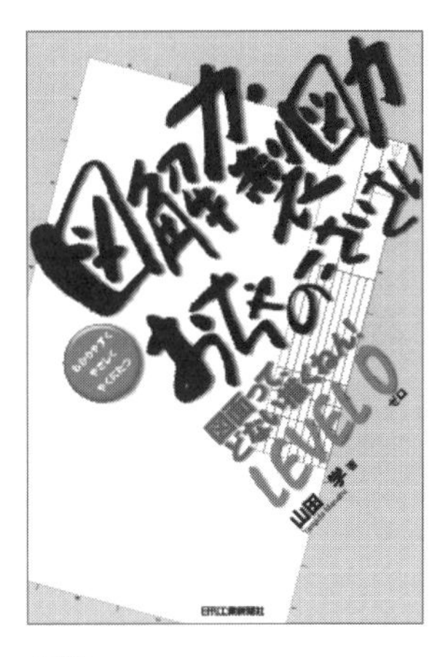

<目次>

めっちゃ使える! 機械便利帳
―すぐに調べる設計者の宝物

山田 学 編著
新書判176頁　定価（本体1400円＋税）

著者自身が工場の現場や、CADの前でちょっとした基本的なことを調べたいときにあると便利だと思い、自作していたポケットサイズの手帳を商品化したもの。工場の現場でクレーム対応している最中や、デザインレビュー等の会議の場ですぐに利用できる手軽なデータ集です。

記入できるメモ部分もありますので、どんどん使い込んで自分だけの便利帳にしてください。装丁は、デニム調のビニール上製特別仕立て。まさに設計現場で戦うエンジニアの宝物です。

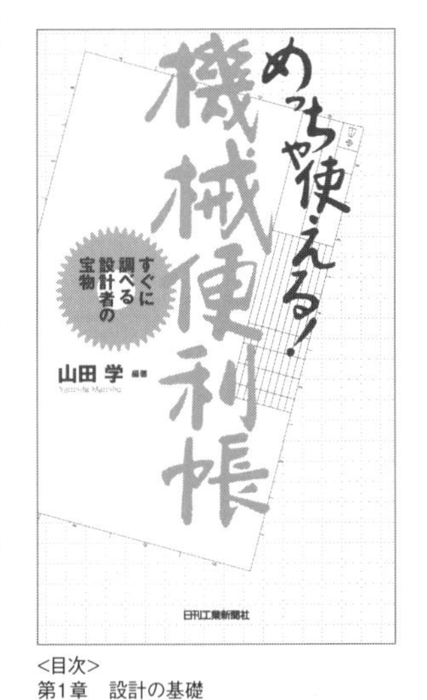

<目次>